Ab Klasse 8

Friedhelm Heitmann

Grundbildung Trigonometrie

... kinderleicht erlernen!

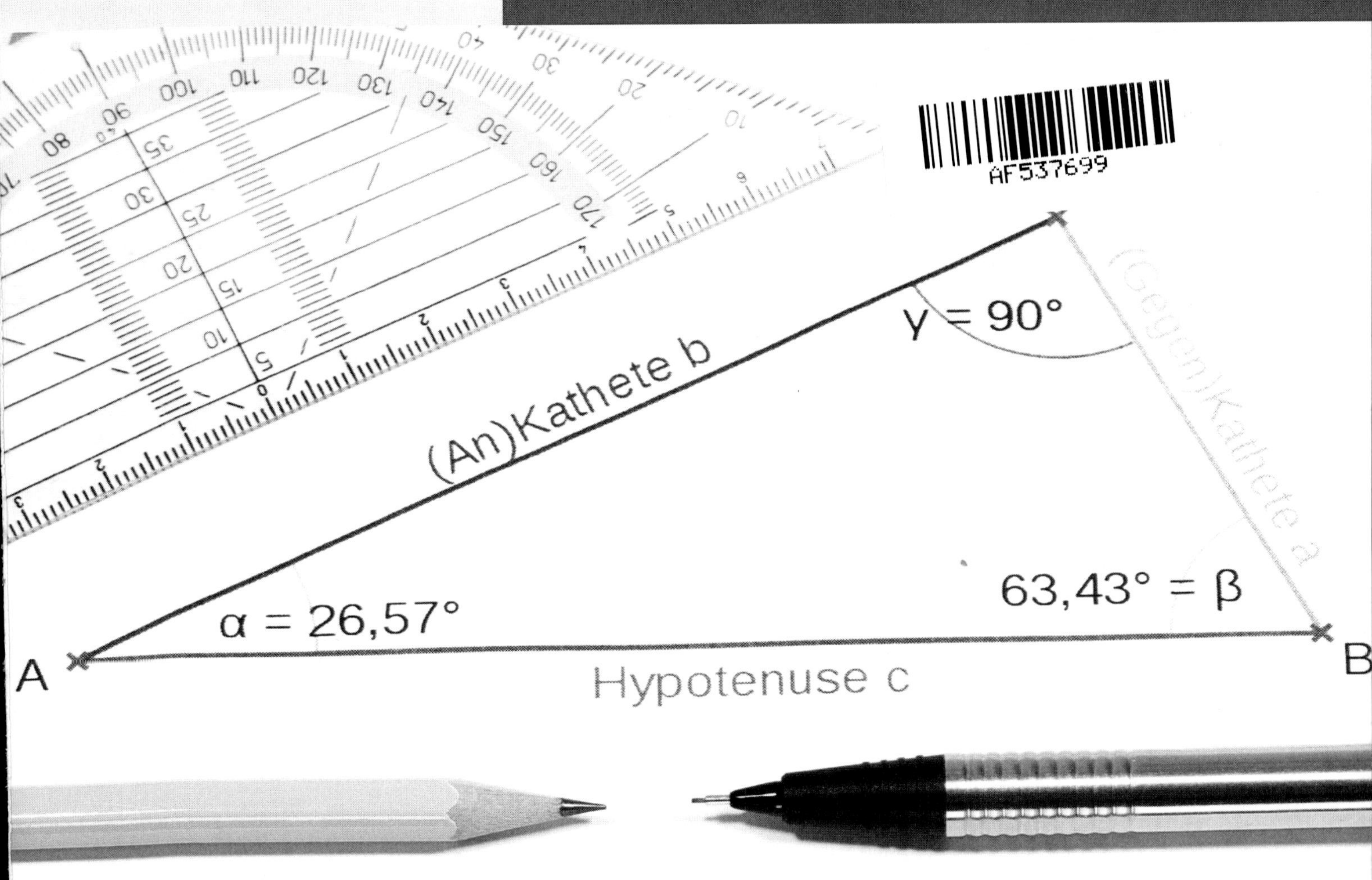

Kleinschrittig, Regeln, Zusammenhänge, Aufgaben

Mit ausführlichen Lösungen

Grundbildung Trigonometrie

Kleinschrittig, Regeln, Zusammenhänge, Aufgaben

8. Auflage 2026

Inhalt: Friedhelm Heitmann
Umschlagbild: © blende11.photo - AdobeStock.com
Grafik & Satz: Kohl-Verlag
Redaktion: Kohl-Verlag
Druck: farbo prepress GmbH, Köln

Bestell-Nr. 12 117

ISBN: 978-3-96040-386-9

Bildquellen: Seite 4, 27, 28, 115, 116 und 144 © Thodoris Tibilis - Fotolia.com;
Seite 14 - 15 © clipart.com; Seite 18 © Steve Young - Fotolia.com;
Seite 39 - 40 © Gabriele Rohde - Fotolia.com; Seite 144 © clipart.com

Kontakt: Kohl-Verlag, An der Brennerei 37-45, 50170 Kerpen
Tel: +49 2275 331610, Mail: info@kohlverlag.de

Inhalt

Inhalt

KOHL VERLAG **Grundbildung Trigonometrie** Aus der Schulpraxis für die Schulpraxis - **Bestell-Nr. 12 117**

Vorwort

Liebe Kolleginnen, liebe Kollegen,

die Lehr- und Bildungspläne der einzelnen Bundesländer in der Bundesrepublik Deutschland sehen für das Fach Mathematik in der Sekundarstufe I verbindlich vor, u.a. das Thema Trigonometrie im Unterricht zu behandeln. Etliche Schulbücher für Mathematik befassen sich mit der Trigonometrie. Jedoch ist das Manko der allermeisten dieser Bücher:

- Viele Seiten sind zu voll (übervoll).
- Kenntnisse werden vorausgesetzt, die vor allem lern-/leistungsschwächere Schüler* nicht besitzen.
- Mathematisches wird häufig nicht (genügend) allgemeinverständlich erklärt.
- Die Struktur der gestellten Aufgaben ändert sich (zu) häufig.
- Zahlreiche Gedankensprünge werden von den Schülern erwartet.

Kurzum gesagt: Zahlreiche Seiten in den angesprochenen Mathematikbüchern motivieren so manche Schüler nicht, überfordern sie, ja schrecken sie davon ab, sich mit den Texten und Aufgaben auseinanderzusetzen.

Aufgrund der genannten Gegebenheiten entstand der vorliegende Band zur Thematik Trigonometrie. Er ging hervor aus der Schulpraxis, aus meiner langjährigen Tätigkeit als Lehrer (vor allem aus der Arbeit mit lern-/leistungsschwächeren Heranwachsenden), und wäre sonst überhaupt nicht zustande gekommen.

Der dargebotene Band behandelt die Thematik Trigonometrie allgemeinverständlich in (sehr) kleinen Schritten. Zielsetzungen sind die Vermittlung, Festigung sowie Überprüfung von grundlegenden Kenntnissen sowie Erkenntnissen zur Trigonometrie. In der ersten Hälfte des Bandes geht es nach der Klärung von elementaren Begriffen zu Dreiecken um trigonometrische Berechnungen in rechtwinkligen Dreiecken mit Hilfe der Winkelfunktionen Sinus, Kosinus und Tangens. Die zweite Hälfte des Bandes befasst sich mit trigonometrischen Berechnungen in beliebigen Dreiecken. Dabei werden gründlich zunächst der Sinussatz, später der Kosinussatz thematisiert. Für die Schüler heißt es, den Sinussatz und Kosinussatz situationsbezogen anzuwenden. Der präsentierte Band hält u.a. Tests/Arbeiten bereit, mit denen der jeweilige Lern- und Leistungsstand der Schüler überprüft werden kann. Die im Band dargebotenen Materialien wurden des Öfteren in der Schulpraxis erprobt und bewährten sich. Sie trugen zu besseren mathematischen Kenntnissen der Heranwachsenden bei.

Für Hinweise auf etwaige Fehler im Band und sonstige Verbesserungsvorschläge sei an dieser Stelle im Voraus gedankt. Viele Erfolge beim Einsatz der präsentierten Materialien im Unterricht wünscht Ihnen das Team des Kohl-Verlages und

Friedhelm Heitmann

---

* Mit Schülern bzw. Lehrern sind im gesamten Band selbstverständlich auch die Schülerinnen und Lehrerinnen gemeint!

I. Grundlagen

1. Trigonometrie – was ist das?

1. Die Trigonometrie gehört zur Geometrie. Inzwischen bezeichnen allerdings manche Mathematiker die Trigonometrie als ein eigenes Gebiet der Mathematik.

2. Der Begriff Geometrie kommt ursprünglich aus der alten griechischen Sprache und heißt in die deutsche Sprache übersetzt so viel wie Erd(ver)messung, Feldermessung.
   geometria (griech.) = Feldmesskunst

3. In der Geometrie geht es um Punkte, Linien, Winkel, Flächen, Räume …

4. Die Trigonometrie befasst sich bei Dreiecken mit den Beziehungen (= Verhältnissen) zwischen den Winkel- und den Seiten(längen).
   trigonon (griech.) = Dreieck; gonia (griech.) = Winkel; metron (griech.) = Maß

5. Trigonometrie wird manchmal auch als Dreieckswinkelmessung oder Dreiecksberechnung bezeichnet.

6. Schon Wissenschaftler im alten Griechenland besaßen gewisse trigonometrische Kenntnisse.

7. Diese gebrauchten einige damalige Wissenschaftler u.a. dafür, die Entfernungen zwischen der Erde und dem Mond sowie der Sonne zu berechnen.

8. In vielen Bereichen wird die Trigonometrie heute benutzt, z.B. in der Astronomie (= Himmelfahrtskunde), Geodäsie (= Landvermessung), Seefahrt, Luftfahrt, Physik.

9. Durch Anwendung von Regeln (Definitionen, Sätze …) lassen sich bei Dreiecken Winkelgrößen und Seitenlängen berechnen.

10. Werte bei rechtwinkligen Dreiecken können einfacher berechnet werden als bei nicht rechtwinkligen Dreiecken.

Aufgabe: *Schreibe in eigenen Sätzen auf, was du vom Text „Trigonometrie – was ist das?“ verstanden hast.*

KOHL VERLAG Grundbildung Trigonometrie
Aus der Schulpraxis für die Schulpraxis - Bestell-Nr. 12 117

I. Grundlagen

2. Ein rechtwinkliges Dreieck (I)

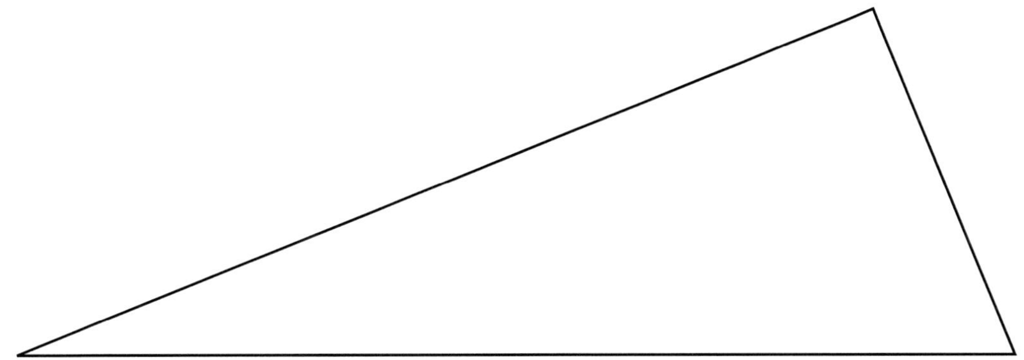

Aufgabe 1: *Benenne die 3 Eckpunkte des rechtwinkligen Dreiecks, beginnend von links gegen den Uhrzeigerverlauf mit A, B und C.*

Aufgabe 2: *Benenne die 3 Seiten des rechtwinkligen Dreiecks mit den Kleinbuchstaben a, b und c.*

Hinweis: Die Seite a liegt gegenüber vom Eckpunkt A, die Seite b gegenüber vom Eckpunkt B, die Seite c gegenüber vom Eckpunkt C.

Aufgabe 3: *Benenne den Innenwinkel beim Eckpunkt A mit α, den Innenwinkel beim Eckpunkt B mit β sowie den Innenwinkel beim Eckpunkt C mit γ.*

Aufgabe 4: *Kennzeichne den 90°-Winkel (= rechter Winkel) mit einem Punkt vor einem kleinen Kreisbogen (⦝).*

Aufgabe 5: *Benenne die Hypotenuse des rechtwinkligen Dreiecks mit H, die beiden Katheten mit jeweils K.*

Aufgabe 6: *Der Satz des Pythagoras sagt aus: In jedem rechtwinkligen Dreieck ist das Quadrat der Hypotenuse genauso groß wie die Summe der beiden Katheten-Quadrate. Also gilt:*

$H^2 = K_I^2 + K_{II}^2$

Dies bedeutet beim oben vorliegenden Dreieck, dessen eine Kathete 5 cm und dessen andere Kathete 12 cm lang ist:

$H^2 = (5\text{ cm})^2 + (12\text{ cm})^2$

Berechne, wie lang die Hypotenuse ist.

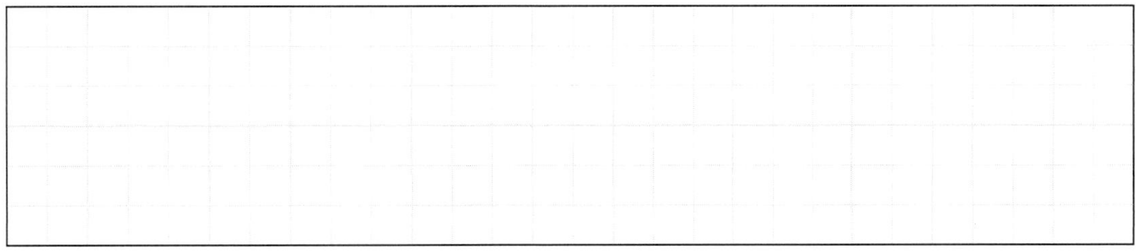

I. Grundlagen

2. Ein rechtwinkliges Dreieck (I) – Lösungen

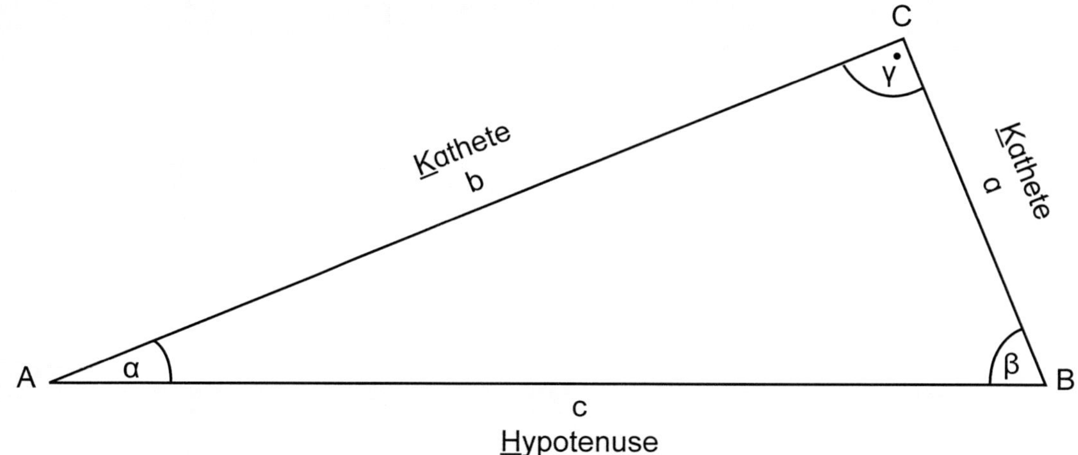

Aufgabe 1: *Benenne die 3 Eckpunkte des rechtwinkligen Dreiecks, beginnend von links gegen den Uhrzeiger Verlauf mit A, B und C.*

Aufgabe 2: *Benenne die 3 Seiten des rechtwinkligen Dreiecks mit den Kleinbuchstaben a, b und c.*

Hinweis: die Seite a liegt gegenüber vom Eckpunkt A, die Seite b gegenüber vom Eckpunkt B, die Seite c gegenüber vom Eckpunkt C.

Aufgabe 3: *Benenne den Innenwinkel beim Eckpunkt A mit α, den Innenwinkel beim Eckpunkt B mit β sowie den Innenwinkel beim Eckpunkt C mit γ.*

Aufgabe 4: *Kennzeichne den 90°-Winkel (= rechter Winkel) mit einem Punkt vor einem kleinen Kreisbogen ( ).*

Aufgabe 5: *Benenne die Hypotenuse des rechtwinkligen Dreiecks mit H, die beiden Katheten mit jeweils K.*

Aufgabe 6: *Der Satz des Pythagoras sagt aus: In jedem rechtwinkligen Dreieck ist das Quadrat der Hypotenuse genauso groß wie die Summe der beiden Katheten--Quadraten. Also gilt:*

$$H^2 = K_I^2 + K_{II}^2$$

Dies bedeutet beim oben vorliegenden Dreieck, dessen eine Kathete 5 cm und dessen andere Kathete 12 cm lang ist:

$$H^2 = (5\ cm)^2 + (12\ cm)^2$$

Berechne, wie lang die Hypotenuse ist.

$$H^2 = 25\ cm^2 + 144\ cm^2$$
$$H^2 = 169\ cm^2 \quad |\sqrt{\ }$$
$$\mathbf{H = 13\ cm}$$

I. Grundlagen

3. Ein rechtwinkliges Dreieck (II)

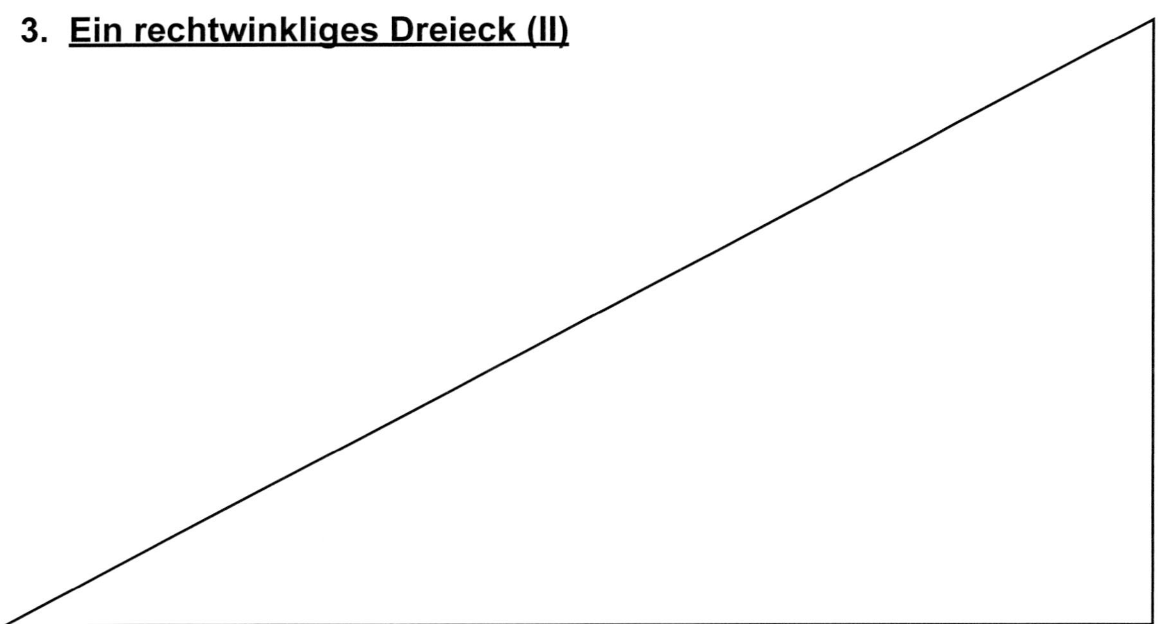

Aufgabe 1: *Benenne die jeweils 3 Eckpunkte, Seiten und Innenwinkel des rechtwinkligen Dreiecks.*

Aufgabe 2: *Kennzeichne den 90°-Winkel, die Hypotenuse sowie 2 Katheten des rechtwinkligen Dreiecks.*

Aufgabe 3: *Berechne die Länge der Hypotenuse, wenn du weißt: Die eine Kathete ist 15 cm lang, die andere Kathete 8 cm lang.*

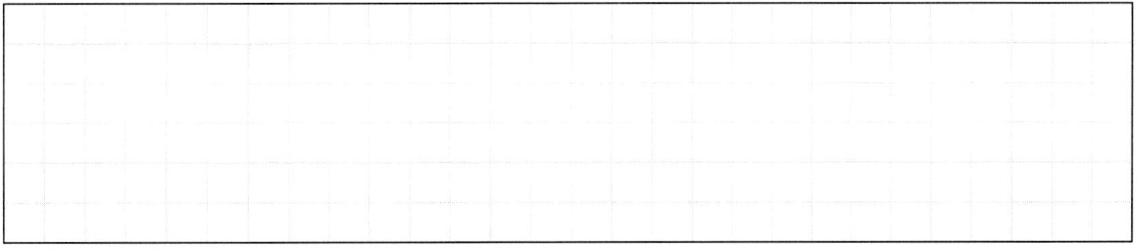

Aufgabe 4: *Berechne die Länge einer Kathete, wenn du weißt: Die andere Kathete ist 15 cm lang, die Hypotenuse ist 17 cm lang.*

Aufgabe 5: *Berechne die Länge einer Kathete, wenn du weißt: Die andere Kathete ist 8 cm lang, die Hypotenuse ist 17 cm lang.*

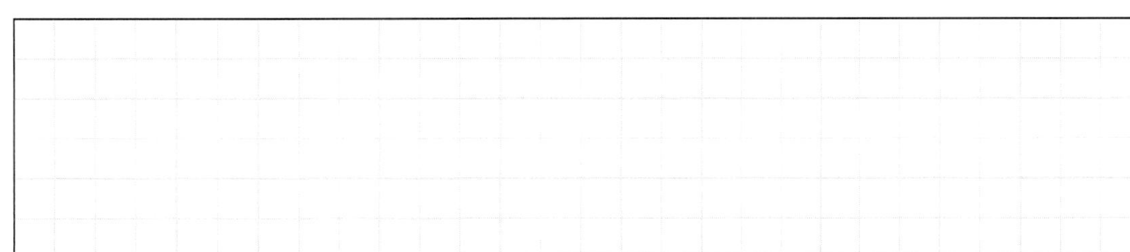

KOHL VERLAG Grundbildung Trigonometrie
Aus der Schulpraxis für die Schulpraxis - Bestell-Nr. 12 117

I. Grundlagen

3. Ein rechtwinkliges Dreieck (II) – Lösungen

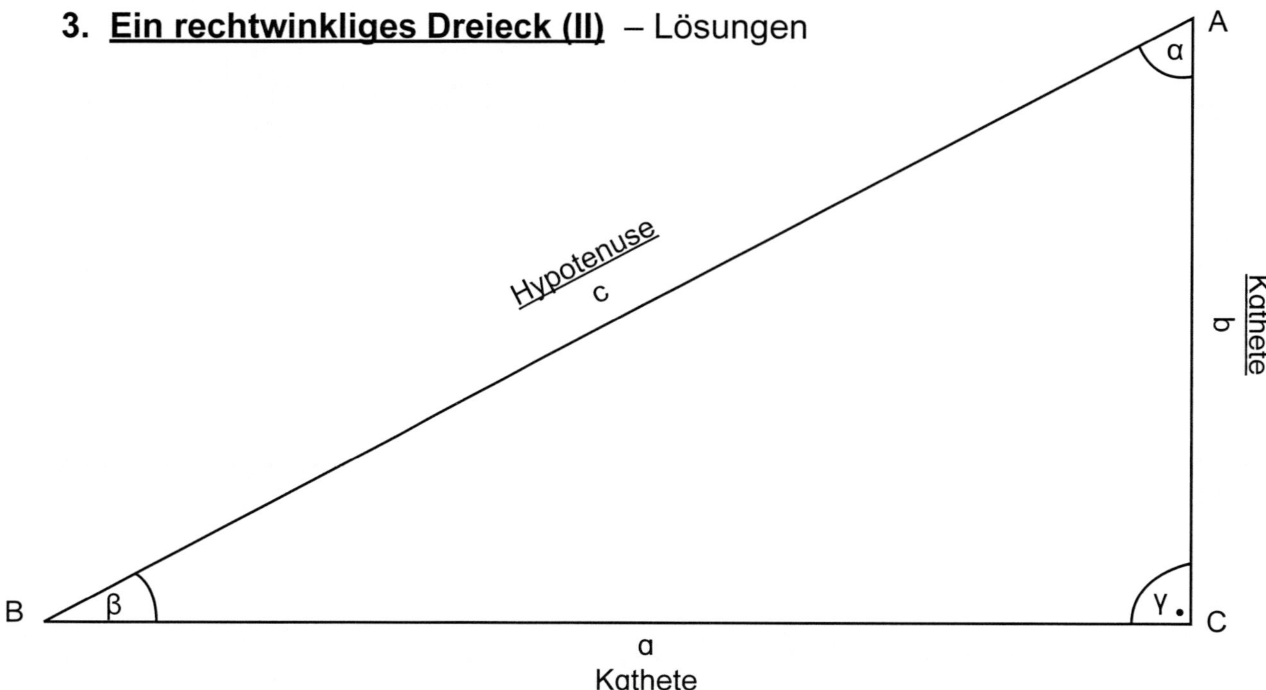

Aufgabe 1: *Benenne die jeweils 3 Eckpunkte, Seiten und Innenwinkel des rechtwinkligen Dreiecks.*

Aufgabe 2: *Kennzeichne den 90°-Winkel, die Hypotenuse sowie 2 Katheten des rechtwinkligen Dreiecks.*

Aufgabe 3: *Berechne die Länge der Hypotenuse, wenn du weißt: Die eine Kathete ist 15 cm lang, die andere Kathete 8 cm lang.*

$H^2 = K_I^2 + K_{II}^2$
$H^2 = (15\text{ cm})^2 + (8\text{ cm})^2$
$H^2 = 225\text{ cm}^2 + 64\text{ cm}^2$
$H^2 = 289^2 \qquad | \sqrt{}$
$H = 17\text{ cm}$

Aufgabe 4: *Berechne die Länge einer Kathete, wenn du weißt: Die andere Kathete ist 15 cm lang, die Hypotenuse ist 17 cm lang.*

$K_I^2 = H^2 - K_{II}^2$
$K_I^2 = (17\text{ cm})^2 - (15\text{ cm})^2$
$K_I^2 = 289\text{ cm}^2 - 225\text{ cm}^2$
$K_I^2 = 64\text{ cm} \qquad | \sqrt{}$
$K = 8\text{ cm}$

Aufgabe 5: *Berechne die Länge einer Kathete, wenn du weißt: Die andere Kathete ist 8 cm lang, die Hypotenuse ist 17 cm lang.*

$K_{II}^2 = H^2 - K_I^2$
$K_{II}^2 = (17\text{ cm})^2 - (8\text{ cm})^2$
$K_{II}^2 = 289\text{ cm}^2 - 64\text{ cm}^2$
$K_{II}^2 = 225\text{ cm}^2 \qquad | \sqrt{}$
$H_{II} = 15\text{ cm}$

KOHL VERLAG Grundbildung Trigonometrie
Aus der Schulpraxis für die Schulpraxis - Bestell-Nr. 12 117

I. Grundlagen

4. Die Winkelsumme in Dreiecken

Die Summe der 3 Innenwinkel in jedem Dreieck beträgt 180°.

Zwei Beispiele:

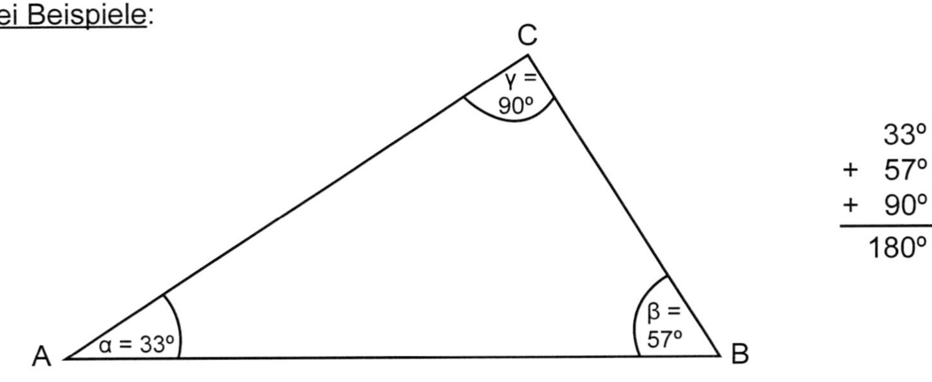

$$\begin{array}{r} 33° \\ +\ 57° \\ +\ 90° \\ \hline 180° \end{array}$$

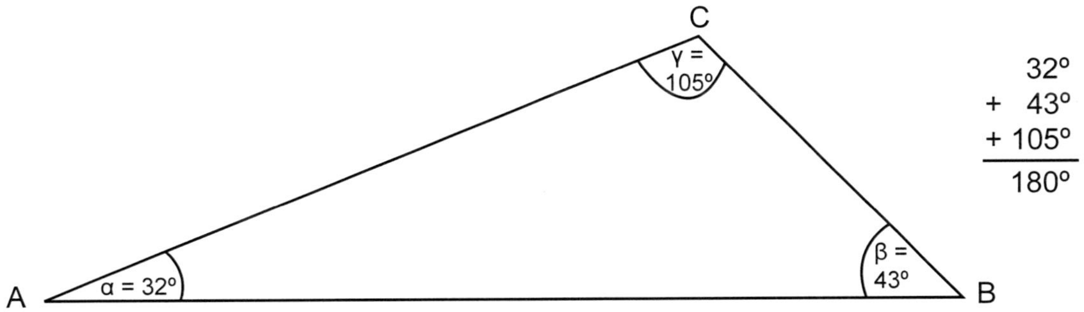

$$\begin{array}{r} 32° \\ +\ 43° \\ +\ 105° \\ \hline 180° \end{array}$$

Wenn von einem Dreieck 2 Winkelgrößen bekannt sind (z.B. α und γ), weiß man durch Berechnung, wie groß der dritte Winkel (in diesem Fall β) ist.

$$\boldsymbol{\beta = 180° - \alpha - \gamma}$$

Der Beweis, dass die Summe der 3 Innenwinkel 180° beträgt:

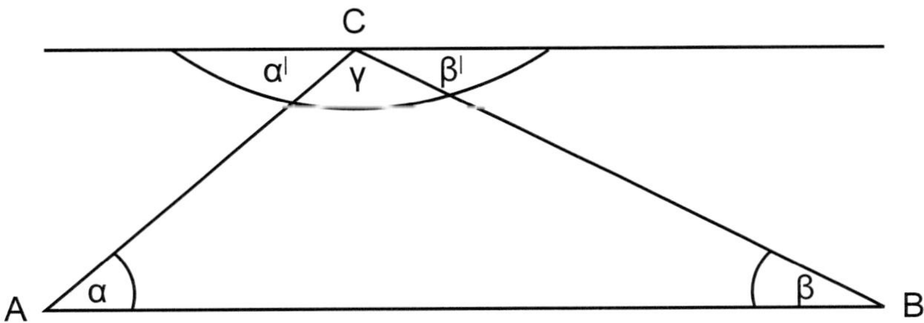

Durch den Punkt C wird eine Parallele zur Strecke $\overline{AB}$ gezogen. Somit:

1. $\alpha' + \gamma + \beta' = 180°$ (da ein gestreckter Winkel)
2. $\alpha' = \alpha$ sowie $\beta' = \beta$ (da Wechselwinkel)

Somit: **$\alpha + \beta + \gamma = 180°$**

II. Der Sinus

1. 4 rechtwinklige Dreiecke im Vergleich (I)

Aufgabe 1:

Vergleiche folgende 4 Dreiecke miteinander:

– AB_1C_1 – AB_2C_2
– AB_3C_3 – AB_4C_4

Was stellst du fest?

____

____

____

____

____

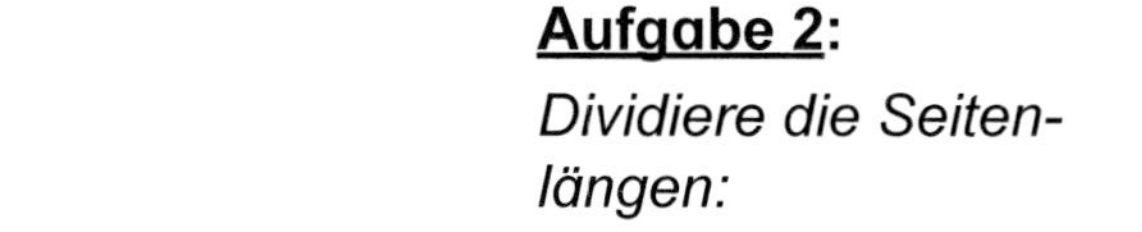
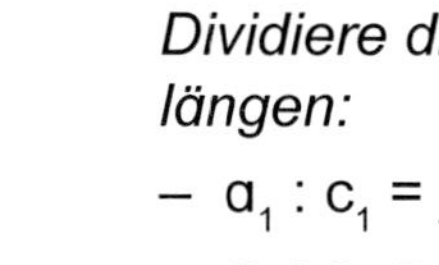

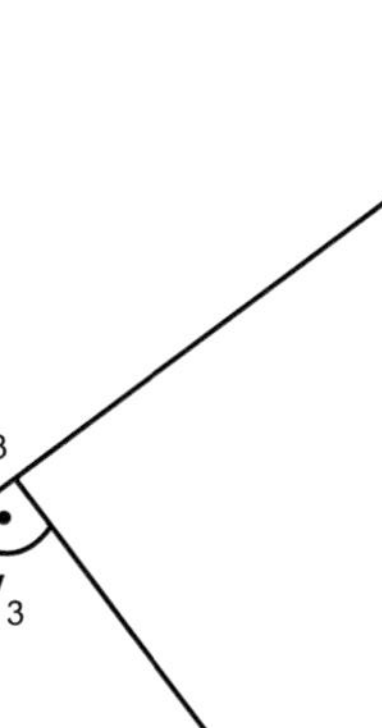
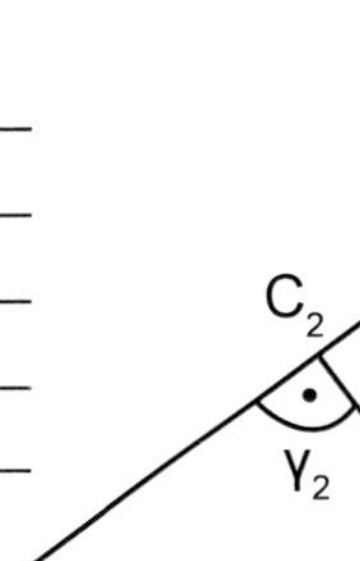

Seite c_1

Seite c_2

Seite c_3

Seite c_4

Aufgabe 2:

Dividiere die Seitenlängen:

– $a_1 : c_1$ = ______________
– $a_2 : c_2$ = ______________
– $a_3 : c_3$ = ______________
– $a_4 : c_4$ = ______________

Was stellst du fest?

____

____

____

____

____

II. Der Sinus

1. 4 rechtwinklige Dreiecke im Vergleich (I) – Lösungen

Aufgabe 1:

Vergleiche folgende 4 Dreiecke miteinander:

– AB_1C_1 – AB_2C_2
– AB_3C_3 – AB_4C_4

Was stellst du fest?

a) Die 4 Dreiecke sind unterschiedlich groß.

b) Sie ähneln einander, die entsprechenden Winkel sind gleich groß.

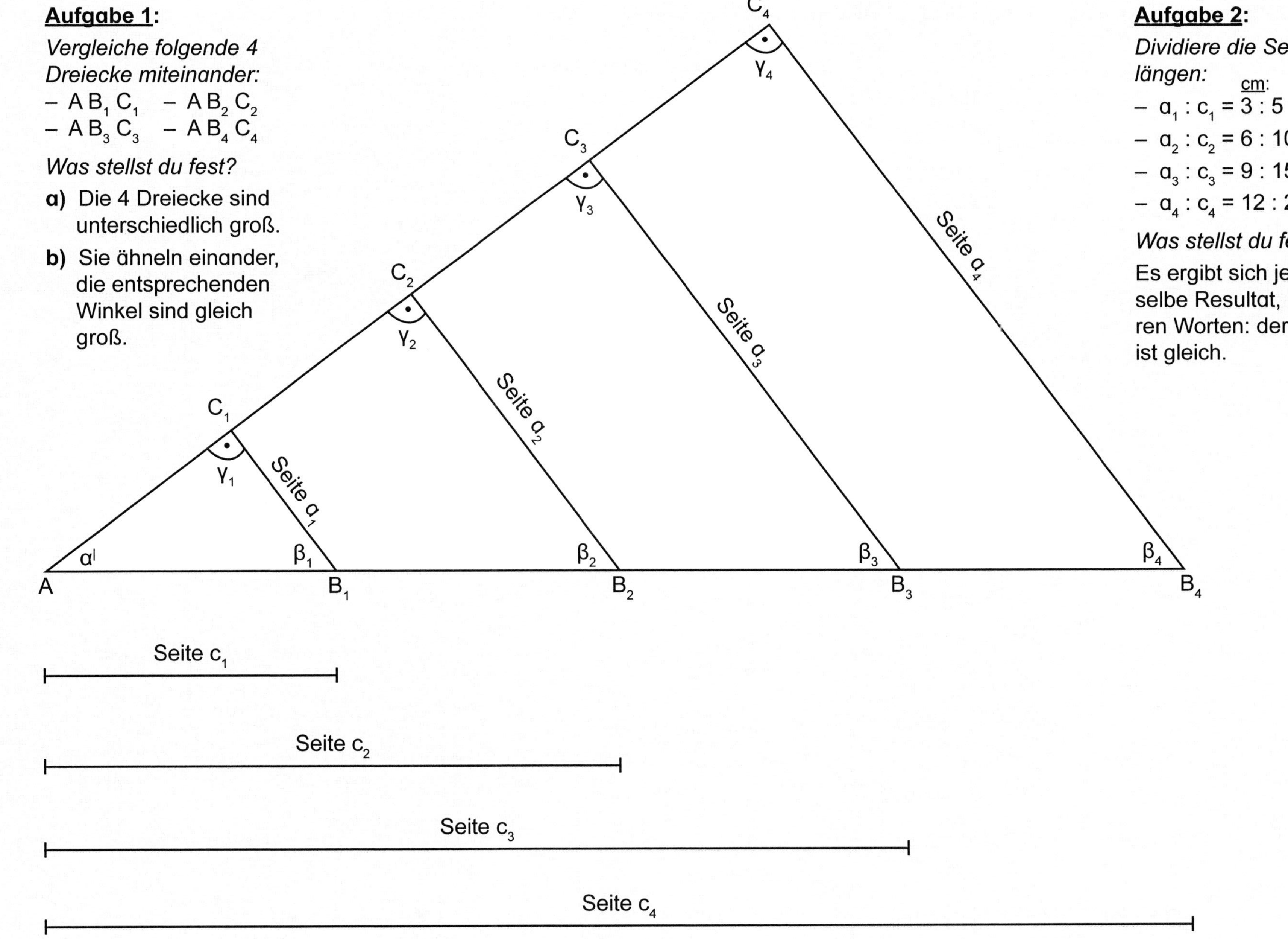

Aufgabe 2:

Dividiere die Seitenlängen:

cm:

– $a_1 : c_1 = 3 : 5 = 0{,}6$
– $a_2 : c_2 = 6 : 10 = 0{,}6$
– $a_3 : c_3 = 9 : 15 = 0{,}6$
– $a_4 : c_4 = 12 : 20 = 0{,}6$

Was stellst du fest?

Es ergibt sich jeweils dasselbe Resultat, mit anderen Worten: der Quotient ist gleich.

II. Der Sinus

2. Wir stellen fest und merken uns

Die 4 rechtwinkligen Dreiecke (siehe vorherige Seite) sind ______________________.

In jedem Dreieck haben die entsprechenden Winkel dieselbe ____________________.

Der Winkel α bildet in jedem Dreieck den Ausgangswinkel. Im Weiteren ______________:

$$\beta_1 = \beta_2 = \beta_3 = \beta_4 \;;\; \gamma_1 = \gamma_2 = \gamma_3 = \gamma_4$$

Vom Winkel α gehen wir aus:

Wenn man bei den 4 gegebenen Dreiecken die Länge der gegenüberliegenden ____________ (= Gegenkathete) durch die Länge der Hypotenuse dividiert (= teilt), ergibt sich als Quotient jeweils dasselbe _______________.

Der Quotient ist (also) das Verhältnis der Gegenkathete zur __________________.

Dieses Verhältnis und die Größe des Winkels α ____________________ voneinander ab.

In der Trigonometrie bezeichnet man das Verhältnis der ____________________ zur Hypotenuse als Sinus[1)] eines Winkels. Die Formel heißt:

$$\sin \alpha = \frac{\textbf{Gegenkathete (G)}}{\textbf{Hypotenuse (H)}}$$

Jeder Sinuswert ist eine Verhältniszahl. Diese Verhältniszahl ___________________ einer bestimmten Winkelgröße, die sich aus einer Sinustafel oder vom Taschenrechner __________ lässt.

[1)] sinus (lateinisch) = Bogen, Krümmung

KOHL VERLAG Grundbildung Trigonometrie
Aus der Schulpraxis für die Schulpraxis - Bestell-Nr. 12 117

II. Der Sinus

2. Wir stellen fest und merken uns – Lösungen

Die 4 rechtwinkligen Dreiecke (siehe vorherige Seite) sind ähnlich.

In jedem Dreieck haben die entsprechenden Winkel dieselbe Größe.

Der Winkel α bildet in jedem Dreieck den Ausgangswinkel. Im Weiteren gilt:

$$\beta_1 = \beta_2 = \beta_3 = \beta_4 \; ; \; \gamma_1 = \gamma_2 = \gamma_3 = \gamma_4$$

Vom Winkel α gehen wir aus:

Wenn man bei den 4 gegebenen Dreiecken die Länge der gegenüberliegenden Seite (= Gegenkathete) durch die Länge der Hypotenuse dividiert (= teilt), ergibt sich als Quotient jeweils dasselbe Resultat.

Der Quotient ist (also) das Verhältnis der Gegenkathete zur Hypotenuse.

Dieses Verhältnis und die Größe des Winkels α hängen voneinander ab.

In der Trigonometrie bezeichnet man das Verhältnis der Gegenkathete zur Hypotenuse als Sinus[1)] eines Winkels. Die Formel heißt:

$$\sin \alpha = \frac{\text{Gegenkathete (G)}}{\text{Hypotenuse (H)}}$$

Jeder Sinuswert ist eine Verhältniszahl. Diese Verhältniszahl entspricht einer bestimmten Winkelgröße, die sich aus einer Sinustafel oder vom Taschenrechner ablesen lässt.

Grundbildung Trigonometrie
Aus der Schulpraxis für die Schulpraxis - Bestell-Nr. 12 117

KOHL VERLAG

[1)] sinus (lateinisch) = Bogen, Krümmung

II. Der Sinus

3. Zeichnerische Darstellung von Sinuswerten in rechtwinkligen Dreiecken

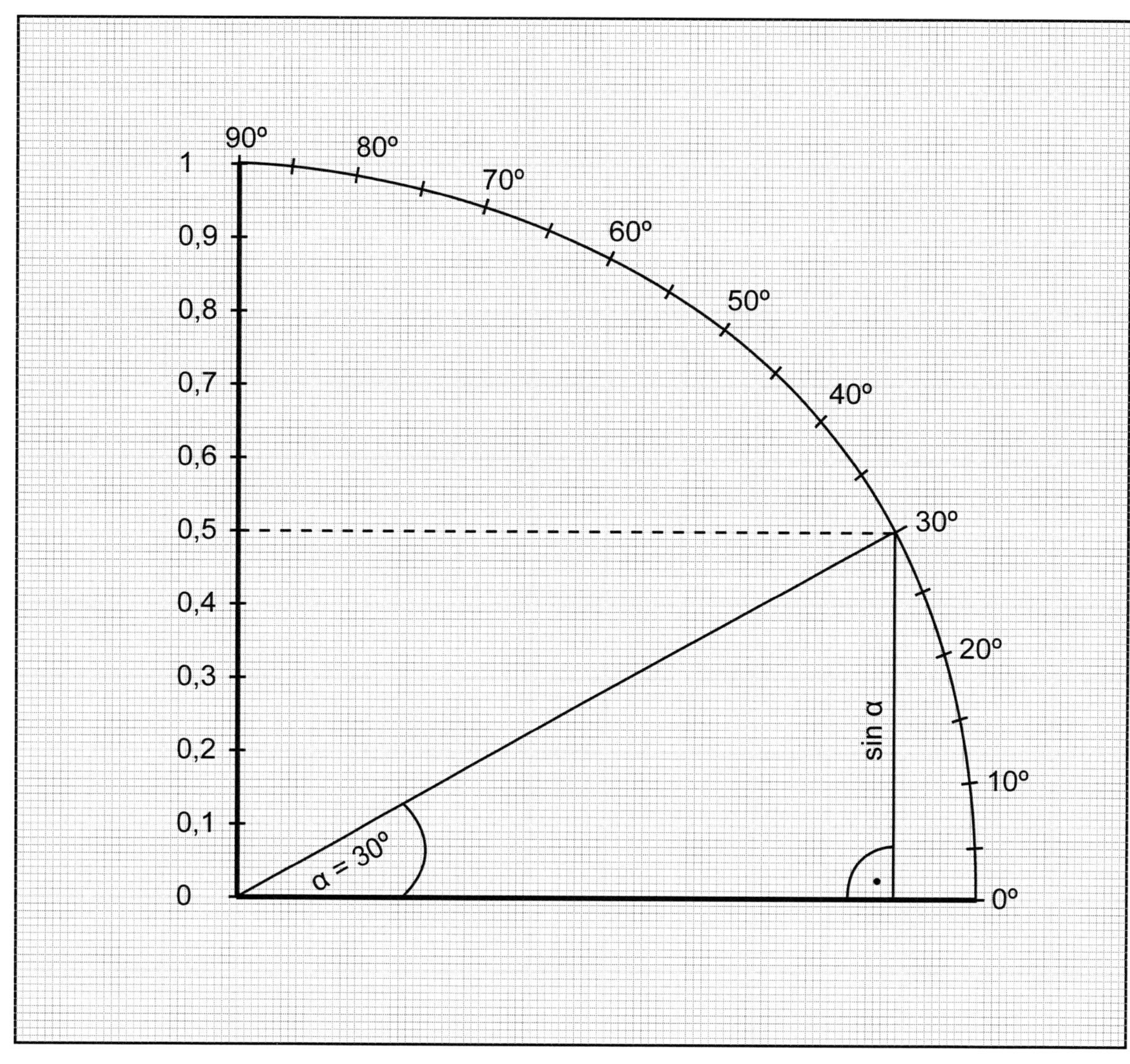

Anhand der oberen Darstellung lassen sich die Sinuswerte bei rechtwinkligem Dreiecken verstehen und (in etwa) ablesen.

Aufgabe 1: *Wie viel beträgt der zugehörige Sinuswert, wenn …*

a) der Winkel α genau 30° groß ist? ________

b) der Winkel α genau 0° groß ist? ________

c) der Winkel α genau 90° groß ist? ________

Aufgabe 2: *In welchen Zahlenbereichen liegen die Sinuswerte bei rechtwinkligen Dreiecken?*

____

Aufgabe 3: *Etwa wie viel beträgt der zugehörige Sinuswert, wenn …*

a) der Winkel α 10° groß ist? ______________________________

b) der Winkel α 60° groß ist? ______________________________

c) der Winkel α 45° groß ist? ______________________________

Hinweis: Die genaueren Werte bieten Sinustafeln und Taschenrechner.

Grundbildung Trigonometrie
Aus der Schulpraxis für die Schulpraxis - Bestell-Nr. 12 117
KOHL VERLAG

II. Der Sinus

3. <u>Zeichnerische Darstellung von Sinuswerten in rechtwinkligen Dreiecken</u> – Lösungen

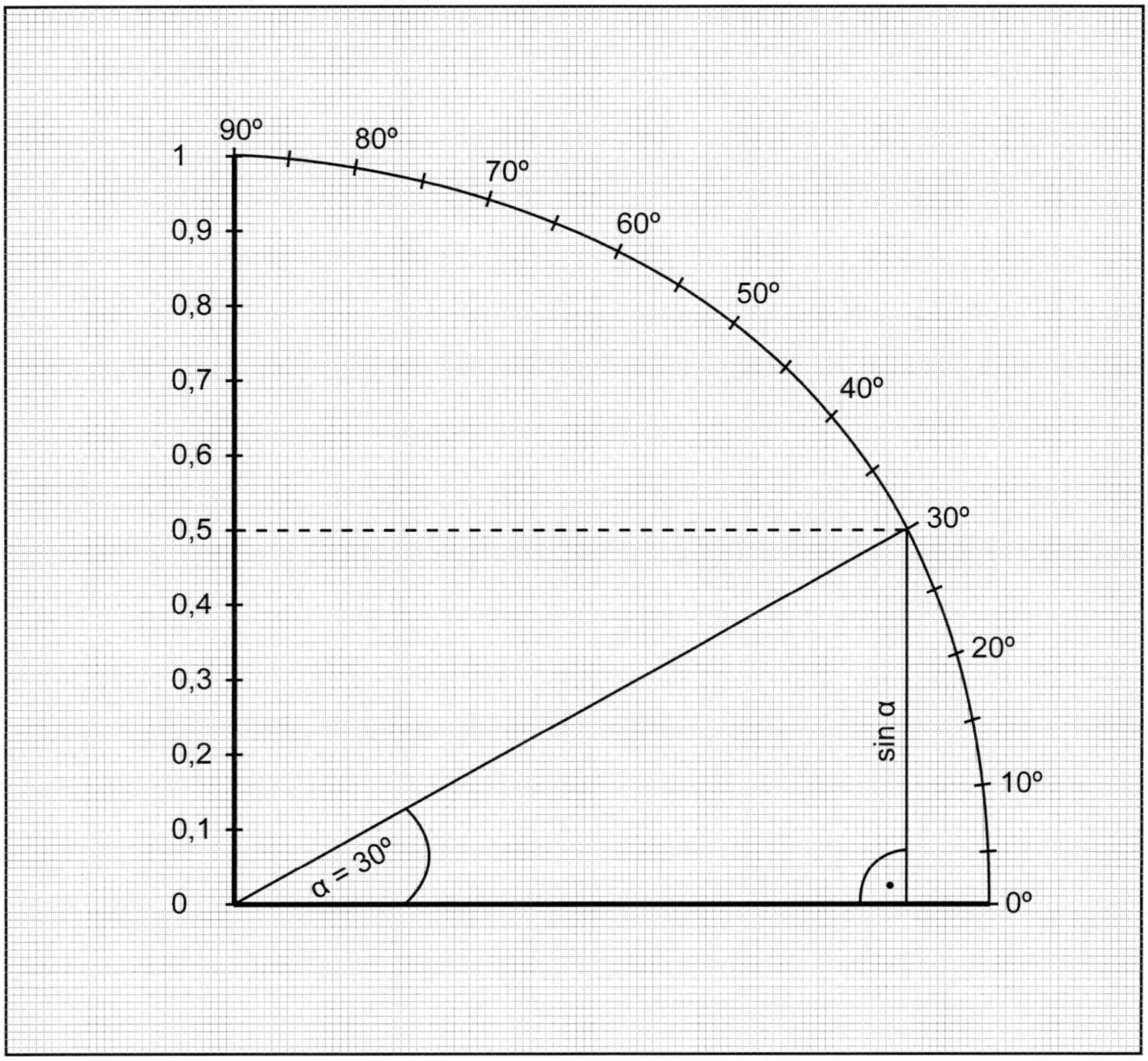

Anhand der oberen Darstellung lassen sich die Sinuswerte bei rechtwinkligen Dreiecken verstehen und (in etwa) ablesen.

<u>Aufgabe 1</u>: *Wie viel beträgt der zugehörige Sinuswert, wenn …*

a) der Winkel α genau 30° groß ist? **0,5**

b) der Winkel α genau 0° groß ist? **0**

c) der Winkel α genau 90° groß ist? **1**

<u>Aufgabe 2</u>: *In welchen Zahlenbereichen liegen die Sinuswerte bei rechtwinkligen Dreiecken?*

Im Zahlenbereich von 0 bis 1

<u>Aufgabe 3</u>: *Etwa wie viel beträgt der zugehörige Sinuswert, wenn …*

a) der Winkel α 10° groß ist? **ca. 0,18 (genauer: 0,1736…)**

b) der Winkel α 60° groß ist? **ca. 0,86 (genauer: 0,8660…)**

c) der Winkel α 45° groß ist? **ca. 0,71 (genauer: 0,7071…)**

<u>Hinweis</u>: Die genaueren Werte bieten Sinustafeln und Taschenrechner.

Grundbildung Trigonometrie
Aus der Schulpraxis für die Schulpraxis - **Bestell-Nr. 12 117**

II. Der Sinus

4. Berechnung der Sinuswerte, Kosinuswerte, Tangenswerte sowie entsprechender Winkelgrößen mit einem Taschenrechner

Die allermeisten Taschenrechner besitzen die Tasten (SIN), (COS) und (TAN).

Für die Berechnung der richtigen Sinuswerte, Kosinuswerte, Tangenswerte sowie entsprechender Winkelgrößen ist die Voraussetzung: Der Taschenrechner muss auf DEG eingestellt sein oder noch eingestellt werden.

DEG ist die Abkürzung für das englische Wort „degree" (= Grad).

Bei manchen Taschenrechnern erhält man den jeweiligen Sinuswert, Kosinuswert und Tangenswert auf folgende Weise: Du drückst die Taste (SIN), (COS) oder (TAN) und gibst dann die Gradzahl (z.B. 50) in den Taschenrechner ein. Anschließend betätigst du die Taste (=) und erhälst dann den gewünschten Sinuswert, Kosinuswert bzw. Tangenswert.

Bei anderen Taschenrechnern bekommt man den jeweiligen Sinuswert, Kosinuswert und Tangenswert so: Du gibst die Gradzahl (z.B. 50) in den Taschenrechner ein und drückst danach auf die Taste (SIN), (COS) oder (TAN). Anschließend liest du auf dem Taschenrechner den entsprechend Sinuswert, Kosinuswert bzw. Tangenswert ab. Du musst also nicht die Taste (=) betätigen.

Bei deinem Taschenrechner musst du ausprobieren, nach welchem oder beiden genannten Verfahren du zu den richtigen Sinuswerten, Kosinuswerten und Tangenswerten kommst.

Wie erhält man durch einen Taschenrechner die zugehörige Gradzahl zu einem bestimmten Sinuswert, Kosinuswert oder Tangenswert (z.B. 0,5)? Dafür muss der Taschenrechner auf die „Umkehrfunktion" eingestellt werden. Du drückst auf die Taste (SHIFT), (INV) oder (2ndF), wenn dein Taschenrechner eine der genannten Tasten hat. Das englische Wort „shift" heißt in die deutsche Sprache übersetzt soviel wie „verlagern, umstellen ...". Inv ist die Abkürzung für das englische Wort „inverse" (= umgekehrt). 2ndF ist die Abkürzung für „second (= 2.) function" (= 2. Funktion).

Ist die Umstellung erfolgt, kommst du bei manchen Taschenrechnern folgendermaßen zu der Gradzahl: Du betätigst die Taste (SIN), (COS) oder (TAN), drückst sodann auf die Taste (=) und liest auf dem Taschenrechner die entsprechende Gradzahl ab.

Bei anderen Taschenrechnern gibst du nach der Umstellung den jeweiligen Sinuswert oder Kosinuswert (z.B. 0,5) in den Taschenrechner ein, drückst die Taste (SIN), (COS) oder (TAN) und liest sogleich die Gradzahl vom Taschenrechner ab, ohne die Taste (=) betätigen zu müssen.

II. Der Sinus

5. Berechnung der Größe von Winkeln in rechtwinkligen Dreiecken

Ein Beispiel:

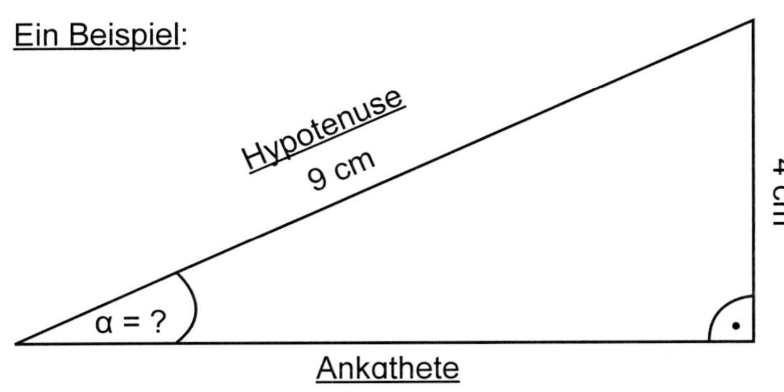

$$\sin \alpha = \frac{\text{Gegenkathete}}{\text{Hypotenuse}}$$

$$\sin \alpha = \frac{4\text{ cm}}{9\text{ cm}}$$

$$\sin \alpha \approx 0{,}444$$

$$\boldsymbol{\alpha \approx 26{,}4°}$$

Aufgabe 1: *Bestimme vom Winkel α aus die Gegenkathete, Ankathete, Hypotenuse und berechne die Winkelgröße von α.*

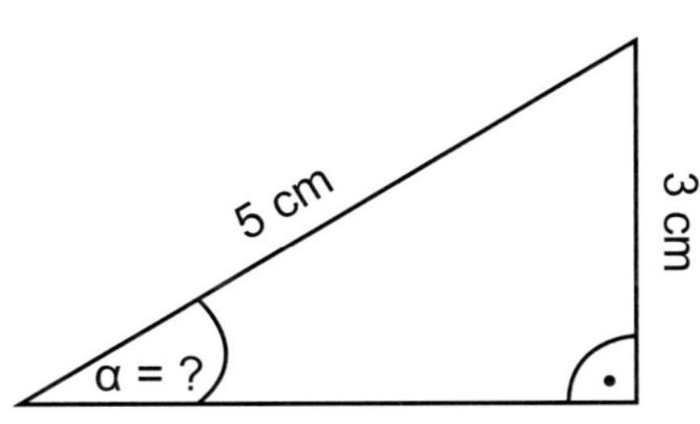

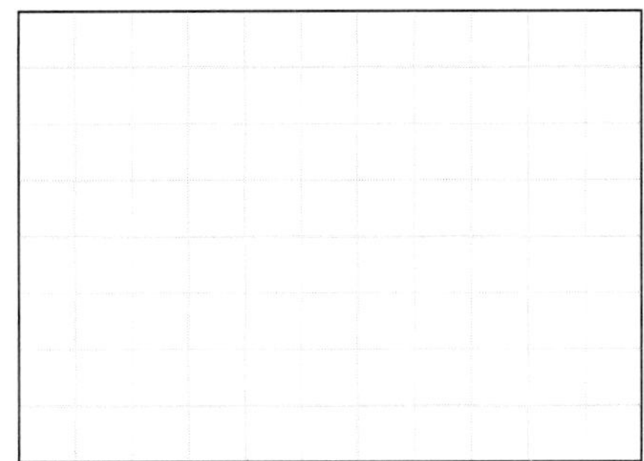

Aufgabe 2: *Bestimme vom Winkel β aus die Gegenkathete, Ankathete, Hypotenuse und berechne die Winkelgröße von β.*

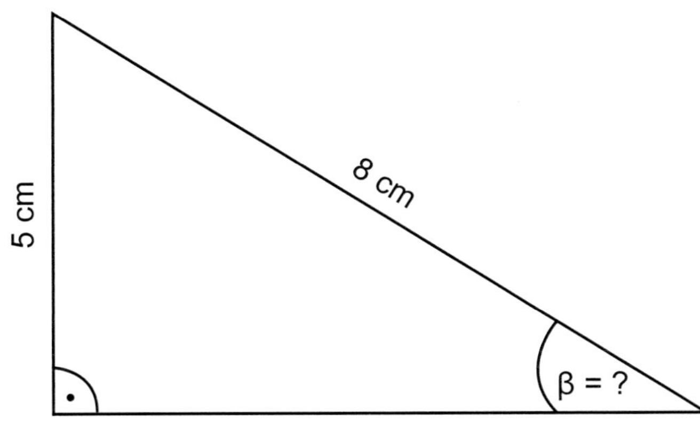

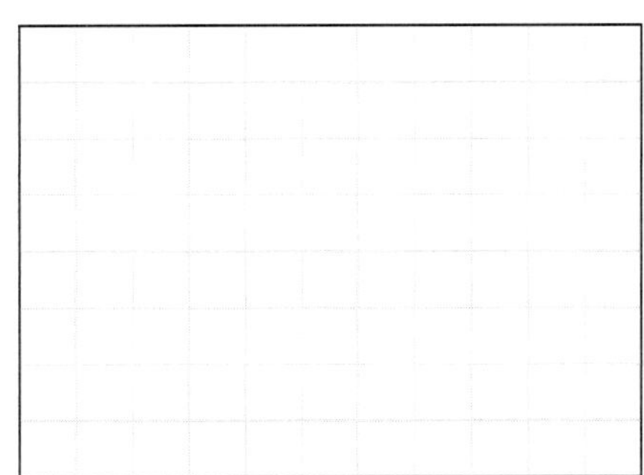

Aufgabe 3: *Bestimme vom Winkel γ aus die Gegenkathete, Ankathete, Hypotenuse und berechne die Winkelgröße von γ.*

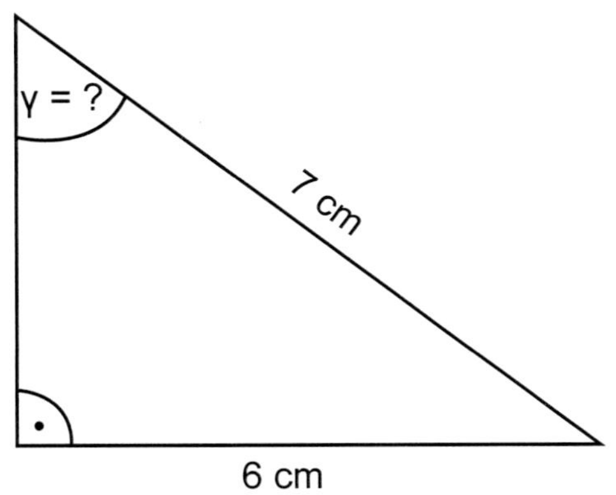

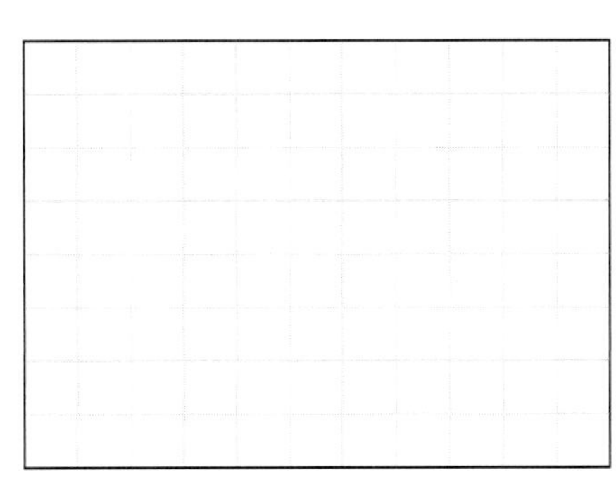

KOHL VERLAG Grundbildung Trigonometrie
Aus der Schulpraxis für die Schulpraxis - Bestell-Nr. 12 117

II. Der Sinus

5. Berechnung der Größe von Winkeln in rechtwinkligen Dreiecken – Lösungen

Ein Beispiel:

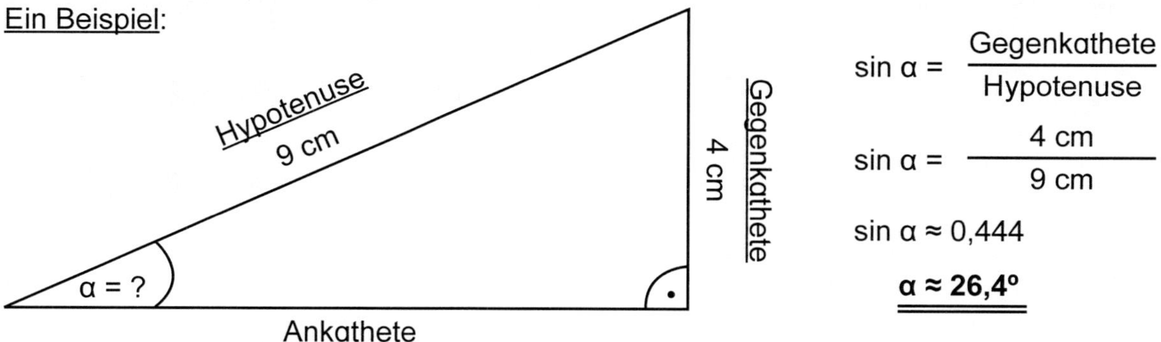

$$\sin \alpha = \frac{\text{Gegenkathete}}{\text{Hypotenuse}}$$

$$\sin \alpha = \frac{4\text{ cm}}{9\text{ cm}}$$

$\sin \alpha \approx 0{,}444$

$\alpha \approx 26{,}4^\circ$

Aufgabe 1: *Bestimme vom Winkel α aus die Gegenkathete, Ankathete, Hypotenuse und berechne die Winkelgröße von α.*

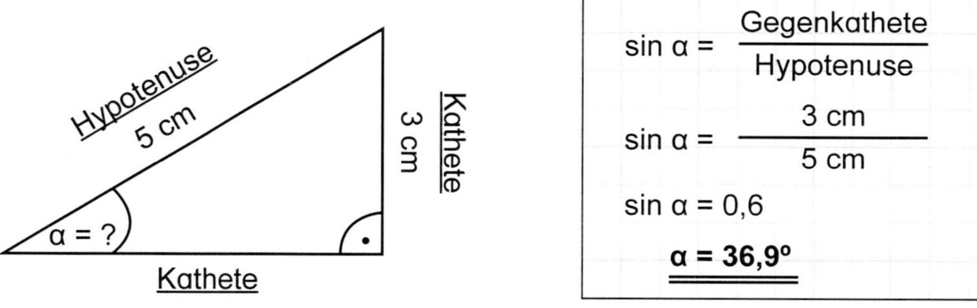

$$\sin \alpha = \frac{\text{Gegenkathete}}{\text{Hypotenuse}}$$

$$\sin \alpha = \frac{3\text{ cm}}{5\text{ cm}}$$

$\sin \alpha = 0{,}6$

$\alpha = 36{,}9^\circ$

Aufgabe 2: *Bestimme vom Winkel β aus die Gegenkathete, Ankathete, Hypotenuse und berechne die Winkelgröße von β.*

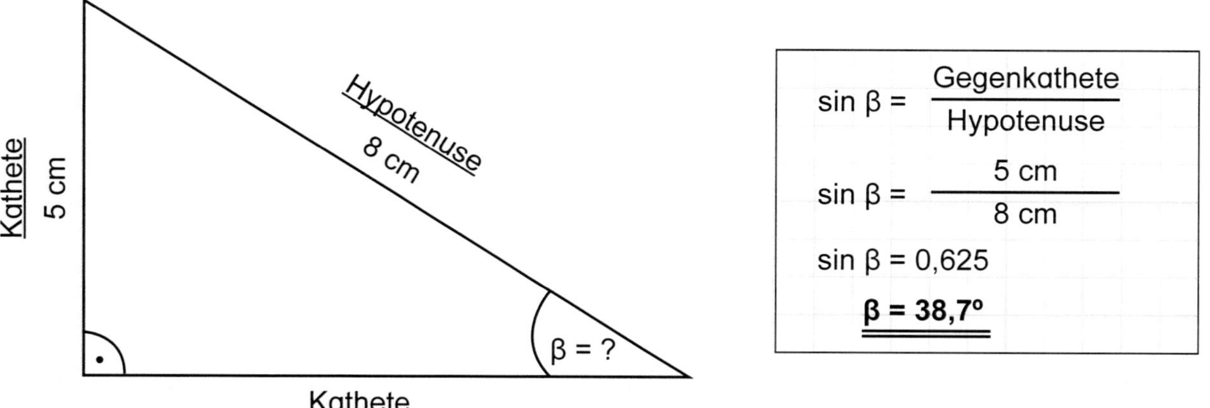

$$\sin \beta = \frac{\text{Gegenkathete}}{\text{Hypotenuse}}$$

$$\sin \beta = \frac{5\text{ cm}}{8\text{ cm}}$$

$\sin \beta = 0{,}625$

$\beta = 38{,}7^\circ$

Aufgabe 3: *Bestimme vom Winkel γ aus die Gegenkathete, Ankathete, Hypotenuse und berechne die Winkelgröße von γ.*

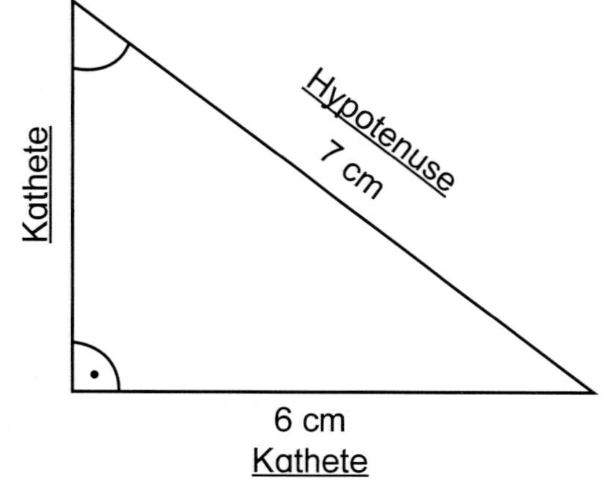

$$\sin \gamma = \frac{\text{Gegenkathete}}{\text{Hypotenuse}}$$

$$\sin \gamma = \frac{6\text{ cm}}{7\text{ cm}}$$

$\sin \gamma \approx 0{,}857$

$\gamma \approx 59{,}0^\circ$

II. Der Sinus

6. Berechnung der Länge von Seiten in rechtwinkligen Dreiecken

Beispiel 1:

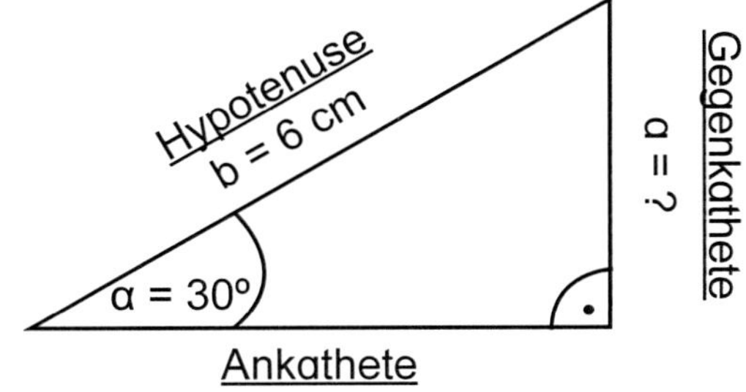

$$\frac{\text{Gegenkathete}}{\text{Hypotenuse}} = \sin \alpha$$

$$\frac{a}{6\text{ cm}} = \sin 30° \qquad | \cdot 6\text{ cm}$$

$a = 6\text{ cm} \cdot \sin 30°$

$a = 6\text{ cm} \cdot 0{,}5$

$\mathbf{a = 3\text{ cm}}$

Beispiel 2:

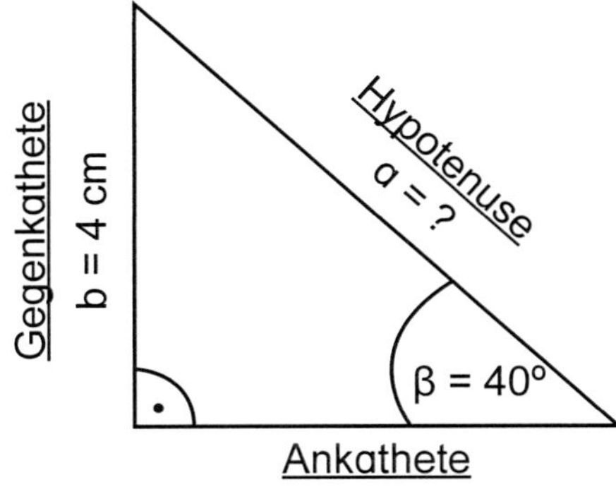

$$\sin \beta = \frac{\text{Gegenkathete}}{\text{Hypotenuse}}$$

$$\sin 40° = \frac{4\text{ cm}}{a} \qquad | \cdot a \quad | : \sin 40°$$

$$a = \frac{4\text{ cm}}{\sin 40°}$$

$$a = \frac{4\text{ cm}}{0{,}6428}$$

$\mathbf{a \approx 6{,}22\text{ cm}}$

Aufgabe 1: *Bestimme vom Winkel β aus die Gegenkathete, Ankathete, Hypotenuse und berechne die gesuchte Länge der angegebenen Seite.*

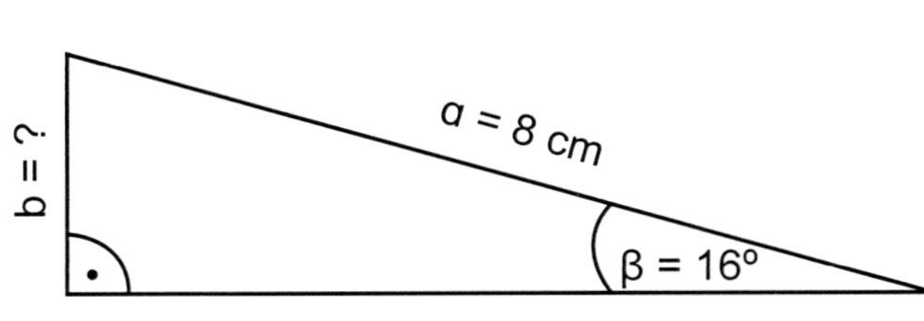

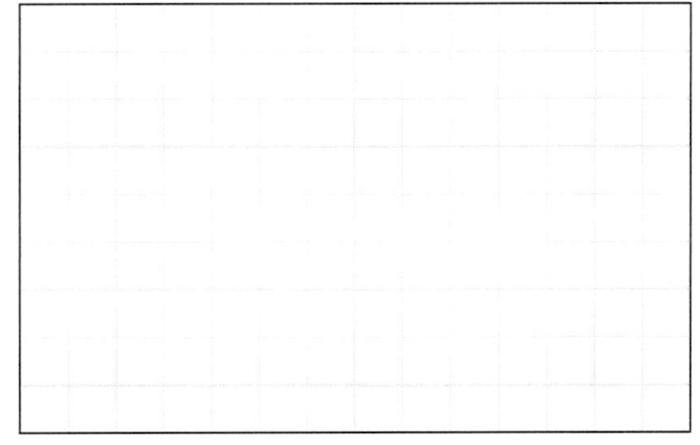

Aufgabe 2: *Bestimme vom Winkel γ aus die Gegenkathete, Ankathete, Hypotenuse und berechne die gesuchte Länge der angegebenen Seite.*

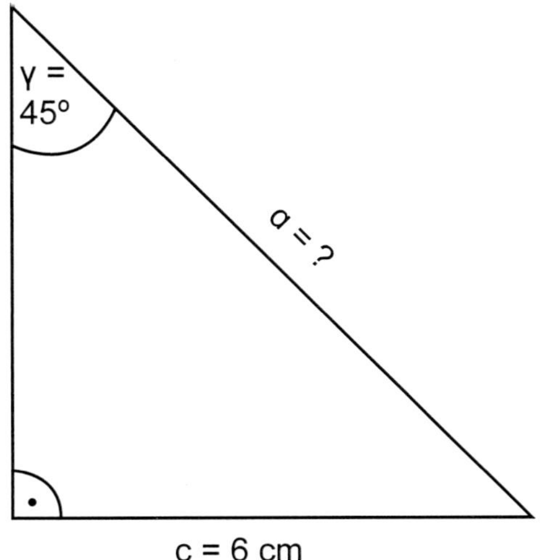

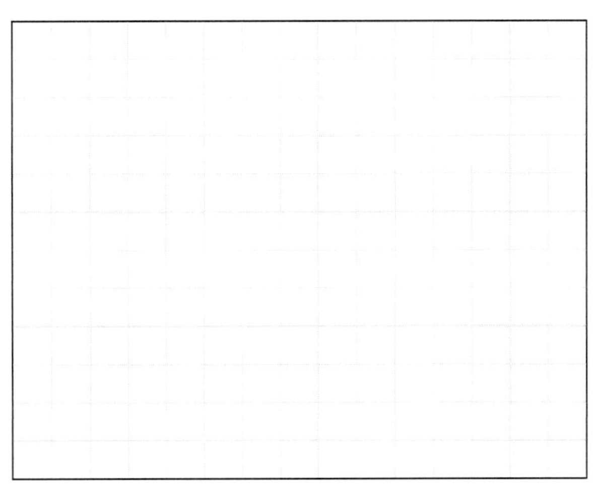

II. Der Sinus

6. Berechnung der Länge von Seiten in rechtwinkligen Dreiecken – Lösungen

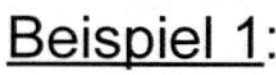

Beispiel 1:

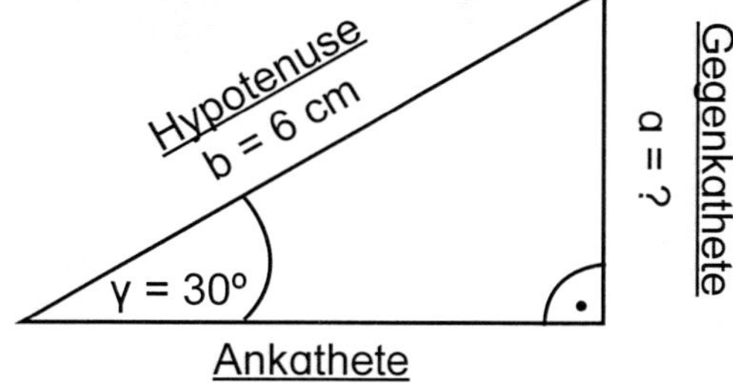

$$\frac{\text{Gegenkathete}}{\text{Hypotenuse}} = \sin \alpha$$

$$\frac{a}{6\text{ cm}} = \sin 30° \qquad | \cdot 6\text{ cm}$$

$$a = 6\text{ cm} \cdot \sin 30°$$

$$a = 6\text{ cm} \cdot 0{,}5$$

$$\mathbf{a = 3\text{ cm}}$$

Beispiel 2:

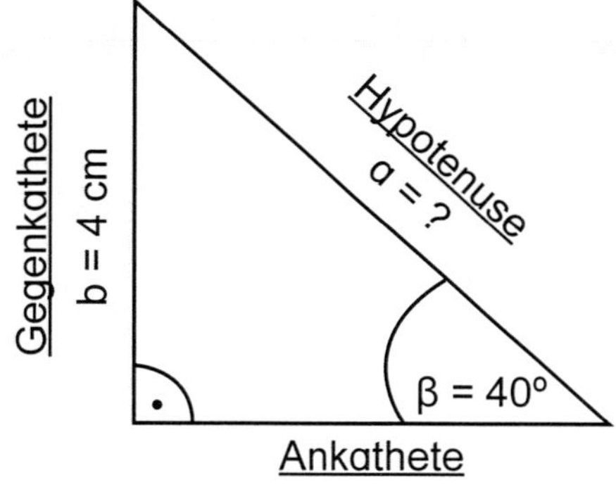

$$\sin \beta = \frac{\text{Gegenkathete}}{\text{Hypotenuse}}$$

$$\sin 40° = \frac{4\text{ cm}}{a} \qquad | \cdot a \quad | : \sin 40°$$

$$a = \frac{4\text{ cm}}{\sin 40°}$$

$$a = \frac{4\text{ cm}}{0{,}6428}$$

$$\mathbf{a \approx 6{,}22\text{ cm}}$$

Aufgabe 1: *Bestimme vom Winkel β aus die Gegenkathete, Ankathete, Hypotenuse und berechne die gesuchte Länge der angegebenen Seite.*

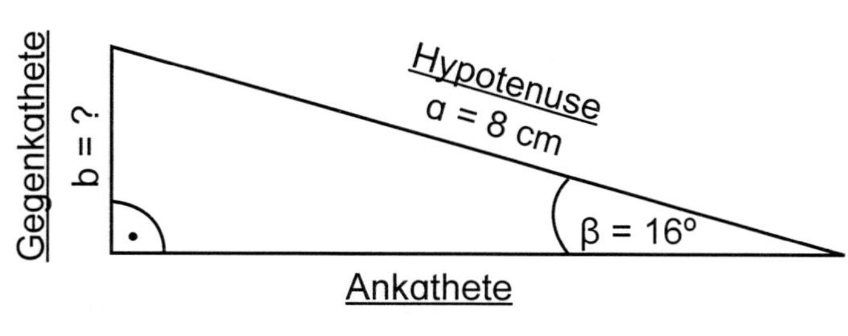

$$\frac{\text{Gegenkathete}}{\text{Hypotenuse}} = \sin \beta$$

$$\frac{b}{8\text{ cm}} = \sin 16° \qquad | \cdot 8\text{ cm}$$

$$b = 8\text{ cm} \cdot \sin 16°$$

$$b = 8\text{ cm} \cdot 0{,}2756$$

$$\mathbf{b = 2{,}21\text{ cm}}$$

Aufgabe 2: *Bestimme vom Winkel γ aus die Gegenkathete, Ankathete, Hypotenuse und berechne die gesuchte Länge der angegebenen Seite.*

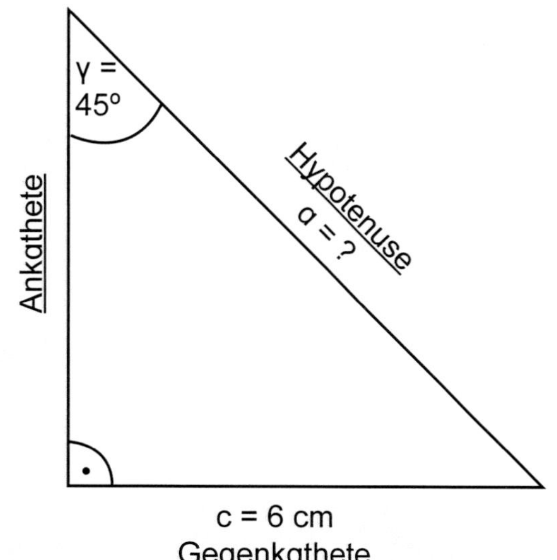

$$\sin \gamma = \frac{\text{Gegenkathete}}{\text{Hypotenuse}}$$

$$\sin 45° = \frac{6\text{ cm}}{a} \qquad | \cdot a \quad | : \sin 45°$$

$$a = \frac{6\text{ cm}}{\sin 45°}$$

$$a = \frac{6\text{ cm}}{0{,}7071}$$

$$\mathbf{a \approx 8{,}48\text{ cm}}$$

II. Der Sinus

7. Textaufgaben (Anwendung des Sinus in rechtwinkligen Dreiecken)

Mache bei jeder folgenden Aufgabe zuerst eine Skizze. Notiere dort ein Fragezeichen, was gesucht wird. Benenne in der Skizze, was gegeben ist. Rechne dann aus, was gesucht wird. Unterstreiche das Ergebnis mit zwei Linien. Schreibe zum Schluss einen (kurzen) Antwortsatz.

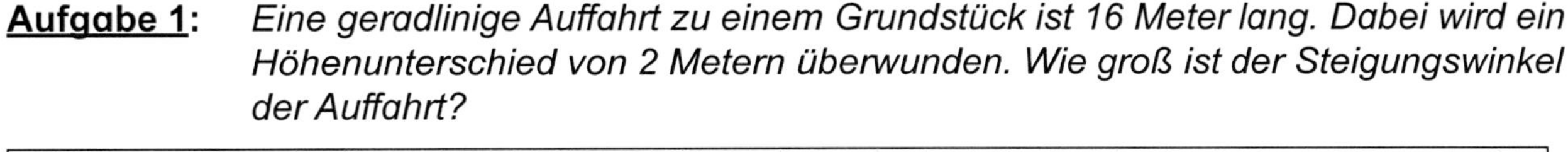

Aufgabe 1: *Eine geradlinige Auffahrt zu einem Grundstück ist 16 Meter lang. Dabei wird ein Höhenunterschied von 2 Metern überwunden. Wie groß ist der Steigungswinkel der Auffahrt?*

Aufgabe 2: *Bei einem Höhenwinkel von 55° verläuft vom Erdboden aus ein Stahlseil zur Spitze eines Mastes. Das Stahlseil ist 60 Meter lang. Wie hoch ist der Mast?*

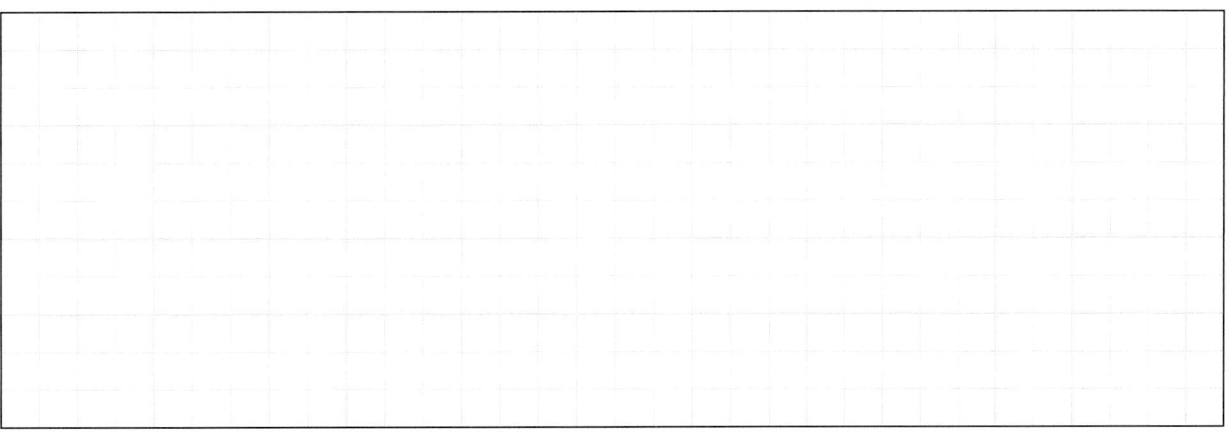

Aufgabe 3: *An einem Baumstamm steht schräg bei einem Höhenwinkel von 60° ein Balken. Der Balken berührt den Baumstamm in 6 Meter Höhe. Wie lang ist der Balken?*

KOHL VERLAG
Grundbildung Trigonometrie
Aus der Schulpraxis für die Schulpraxis - Bestell-Nr. 12 117

II. Der Sinus

7. Textaufgaben (Anwendung des Sinus in rechtwinkligen Dreiecken) – Lösungen

Mache bei jeder folgenden Aufgabe zuerst eine Skizze. Notiere dort ein Fragezeichen, was gesucht wird. Benenne in der Skizze, was gegeben ist. Rechne dann aus, was gesucht wird. Unterstreiche das Ergebnis mit zwei Linien. Schreibe zum Schluss einen (kurzen) Antwortsatz.

Aufgabe 1: *Eine geradlinige Auffahrt zu einem Grundstück ist 16 Meter lang. Dabei wird ein Höhenunterschied von 2 Metern überwunden. Wie groß ist der Steigungswinkel der Auffahrt?*

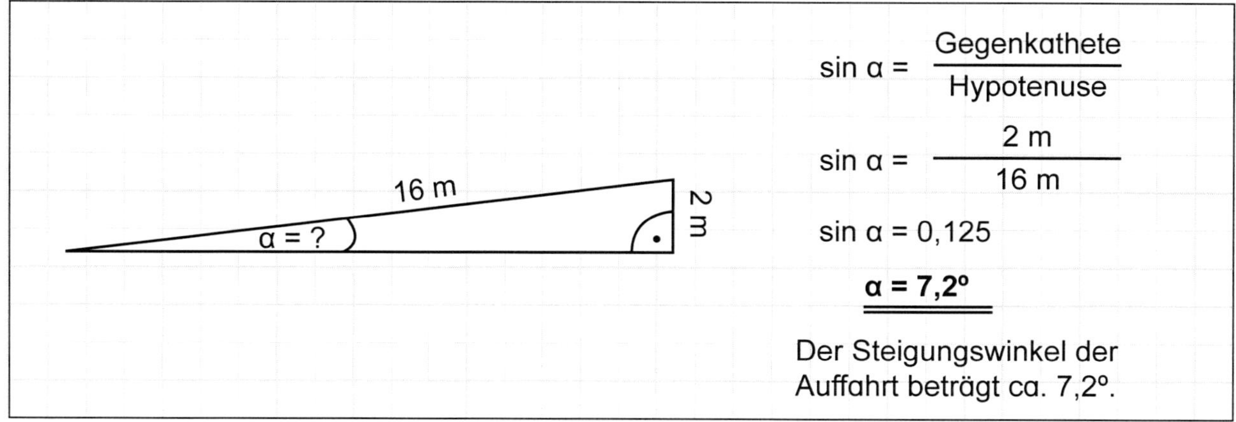

Aufgabe 2: *Bei einem Höhenwinkel von 55° verläuft vom Erdboden aus ein Stahlseil zur Spitze eines Mastes. Das Stahlseil ist 60 Meter lang. Wie hoch ist der Mast?*

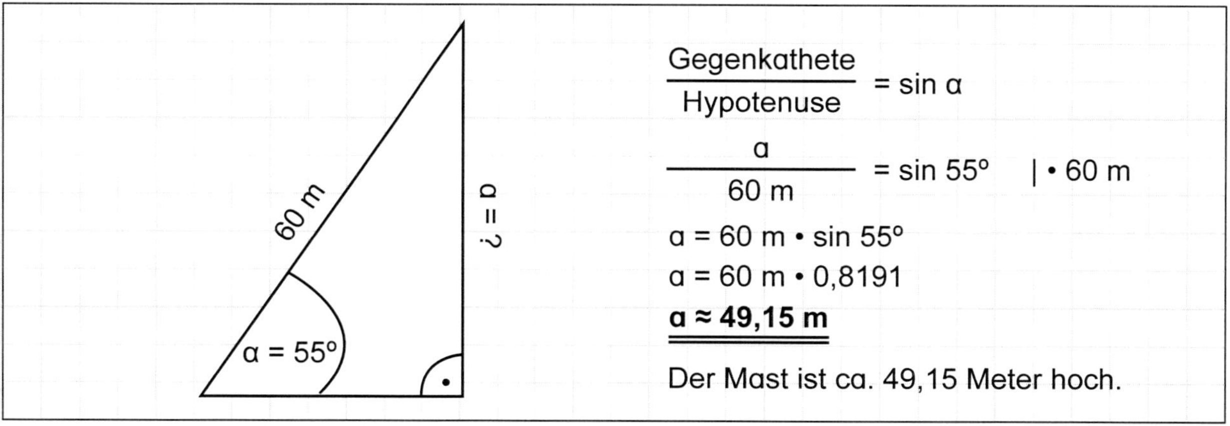

Aufgabe 3: *An einem Baumstamm steht schräg bei einem Höhenwinkel von 60° ein Balken. Der Balken berührt den Baumstamm in 6 Meter Höhe. Wie lang ist der Balken?*

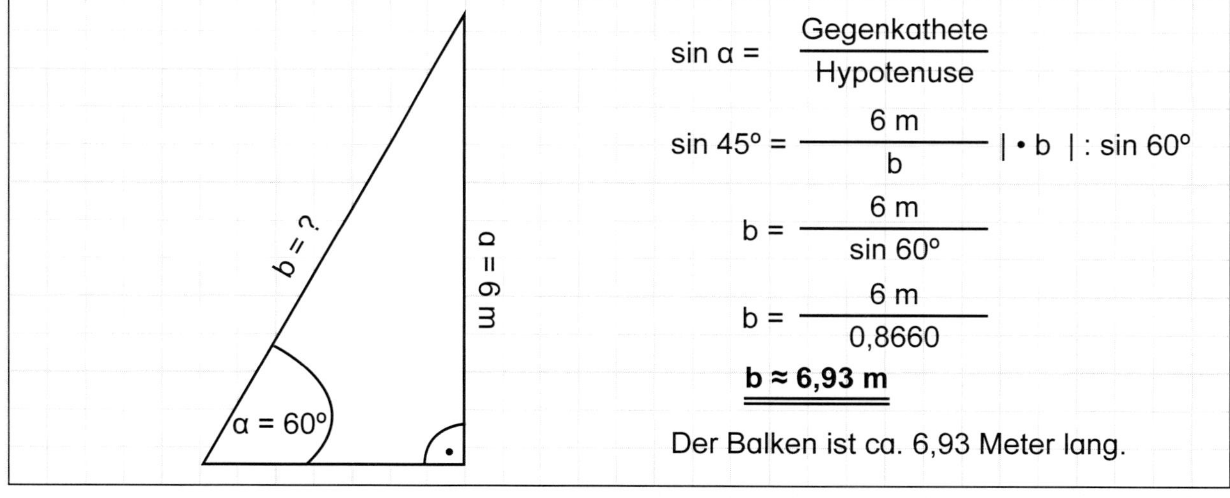

Grundbildung Trigonometrie
Aus der Schulpraxis für die Schulpraxis - Bestell-Nr. 12 117
KOHL VERLAG

III. Der Kosinus

1. 4 rechtwinklige Dreiecke im Vergleich (II)

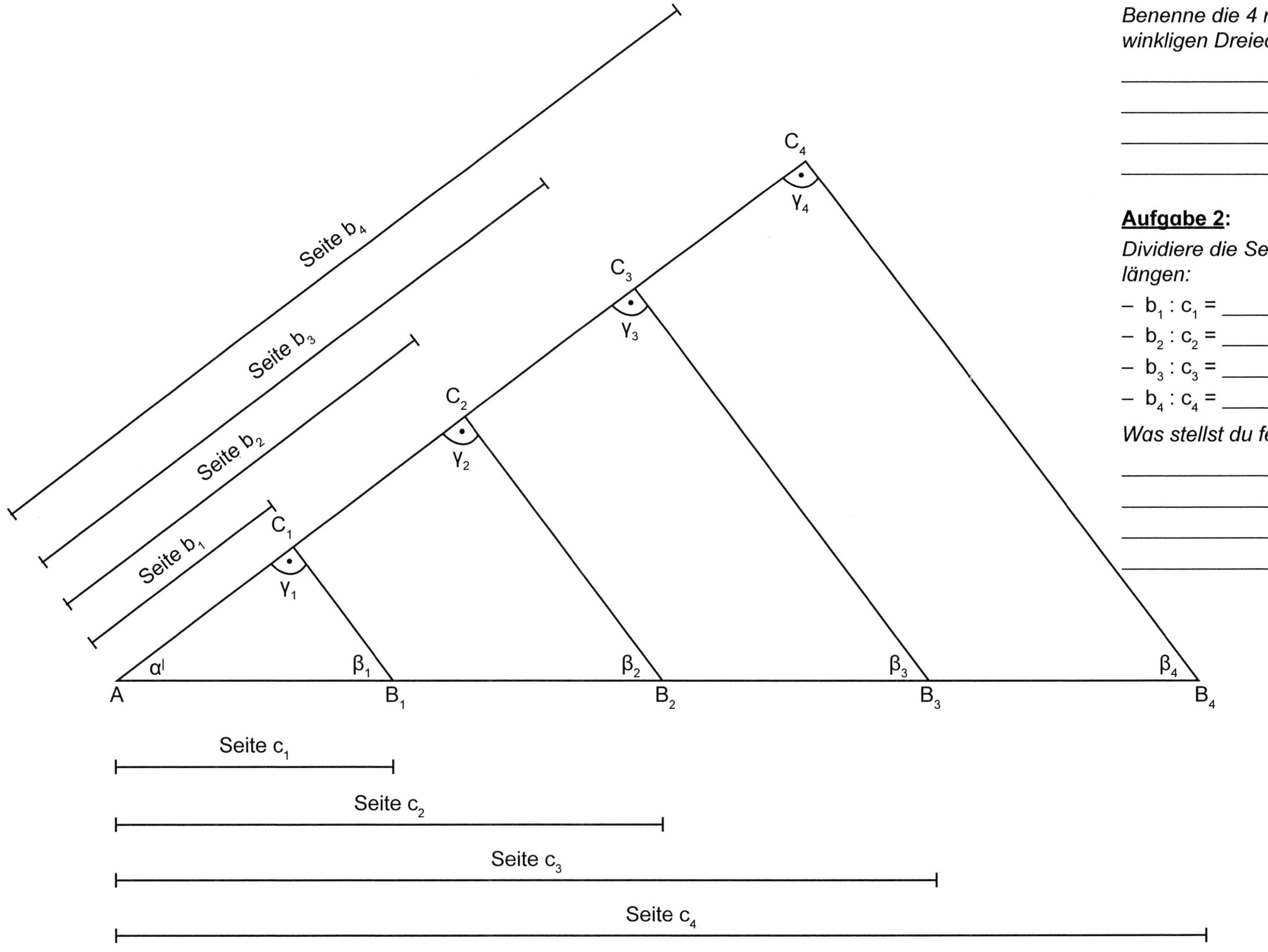

Aufgabe 1:

Benenne die 4 rechtwinkligen Dreiecke:

____

____

____

____

Aufgabe 2:

Dividiere die Seitenlängen:

- $b_1 : c_1 =$ __________
- $b_2 : c_2 =$ __________
- $b_3 : c_3 =$ __________
- $b_4 : c_4 =$ __________

Was stellst du fest?

____

____

____

____

III. Der Kosinus

1. 4 rechtwinklige Dreiecke im Vergleich (II) – Lösungen

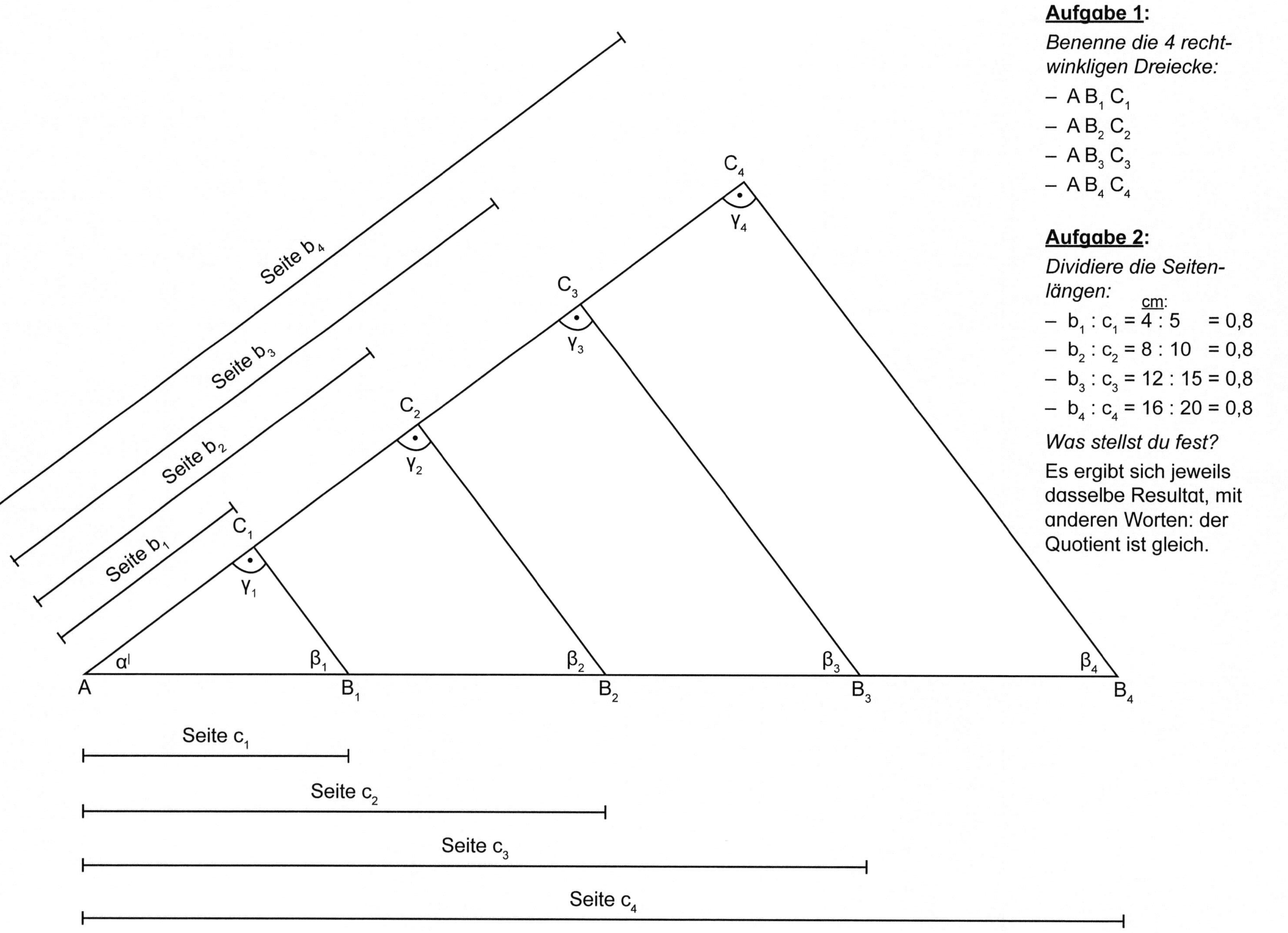

Aufgabe 1:

Benenne die 4 rechtwinkligen Dreiecke:

- $A B_1 C_1$
- $A B_2 C_2$
- $A B_3 C_3$
- $A B_4 C_4$

Aufgabe 2:

Dividiere die Seitenlängen: (cm:)

- $b_1 : c_1 = 4 : 5 = 0{,}8$
- $b_2 : c_2 = 8 : 10 = 0{,}8$
- $b_3 : c_3 = 12 : 15 = 0{,}8$
- $b_4 : c_4 = 16 : 20 = 0{,}8$

Was stellst du fest?

Es ergibt sich jeweils dasselbe Resultat, mit anderen Worten: der Quotient ist gleich.

III. Der Kosinus

2. <u>Wir stellen fest und merken uns</u>

Die 4 rechtwinkligen Dreiecke (siehe vorherige Seite) sind ______________________.

In jedem Dreieck haben die entsprechenden Winkel dieselbe ____________________.

Der Winkel α bildet in jedem Dreieck den Ausgangswinkel. Im Weiteren ______________:

$$\beta_1 = \beta_2 = \beta_3 = \beta_4 \;;\; \gamma_1 = \gamma_2 = \gamma_3 = \gamma_4$$

Vom Winkel α gehen wir aus:

Wenn man bei den 4 gegebenen Dreiecken die Länge der anliegenden ________________ (= Ankathete) durch die Länge der Hypotenuse dividiert (= teilt), ergibt sich als Quotient jeweils dasselbe ______________.

Der Quotient ist (also) das Verhältnis der Ankathete zur ____________________.

Dieses Verhältnis und die Größe des Winkels α ____________________ voneinander ab.

In der Trigonometrie bezeichnet man das Verhältnis der ____________________ zur Hypotenuse als Kosinus[1)] eines Winkels. Die Formel heißt:

$$\cos \alpha = \frac{\textbf{Ankathete (A)}}{\textbf{Hypotenuse (H)}}$$

Jeder Kosinuswert ist eine Verhältniszahl. Dieser Verhältniszahl ____________________ eine bestimmte Winkelgröße, die sich aus einer Kosinustafel oder vom Taschenrechner ______________ lässt.

1) Kosinus (abgekürzt cos) ergibt sich aus dem Lateinischen von complementi sinus. Damit ist die Ergänzung (= der andere Schenkel) vom 90°-Winkel gemeint.

KOHL VERLAG Grundbildung Trigonometrie Aus der Schulpraxis für die Schulpraxis - Bestell-Nr. 12 117

III. Der Kosinus

2. Wir stellen fest und merken uns – Lösungen

Die 4 rechtwinkligen Dreiecke (siehe vorherige Seite) sind **ähnlich**.

In jedem Dreieck haben die entsprechenden Winkel dieselbe **Größe**.

Der Winkel α bildet in jedem Dreieck den Ausgangswinkel. Im Weiteren **gilt**:

$$\beta_1 = \beta_2 = \beta_3 = \beta_4 \;;\; \gamma_1 = \gamma_2 = \gamma_3 = \gamma_4$$

Vom Winkel α gehen wir aus:

Wenn man bei den 4 gegebenen Dreiecken die Länge der anliegenden **Seite** (= Ankathete) durch die Länge der Hypotenuse dividiert (= teilt), ergibt sich als Quotient jeweils dasselbe **Resultat**.

Der Quotient ist (also) das Verhältnis der Ankathete zur **Hypotenuse**.

Dieses Verhältnis und die Größe des Winkels α **hängen** voneinander ab.

In der Trigonometrie bezeichnet man das Verhältnis der **Ankathete** zur Hypotenuse als Kosinus[1)] eines Winkels. Die Formel heißt:

$$\cos \alpha = \frac{\text{Ankathete (A)}}{\text{Hypotenuse (H)}}$$

Jeder Kosinuswert ist eine Verhältniszahl. Dieser Verhältniszahl **entspricht** eine bestimmte Winkelgröße, die sich aus einer Kosinustafel oder vom Taschenrechner **ablesen** lässt.

1) Kosinus (abgekürzt cos) ergibt sich aus dem lateinischen von complementi sinus. Damit ist die Ergänzung (= der andere Schenkel) vom 90°-Winkel gemeint.

KOHL VERLAG
Grundbildung Trigonometrie
Aus der Schulpraxis für die Schulpraxis - Bestell-Nr. 12 117

III. Der Kosinus

3. Zeichnerische Darstellung von Kosinuswerten in rechtwinkligen Dreiecken

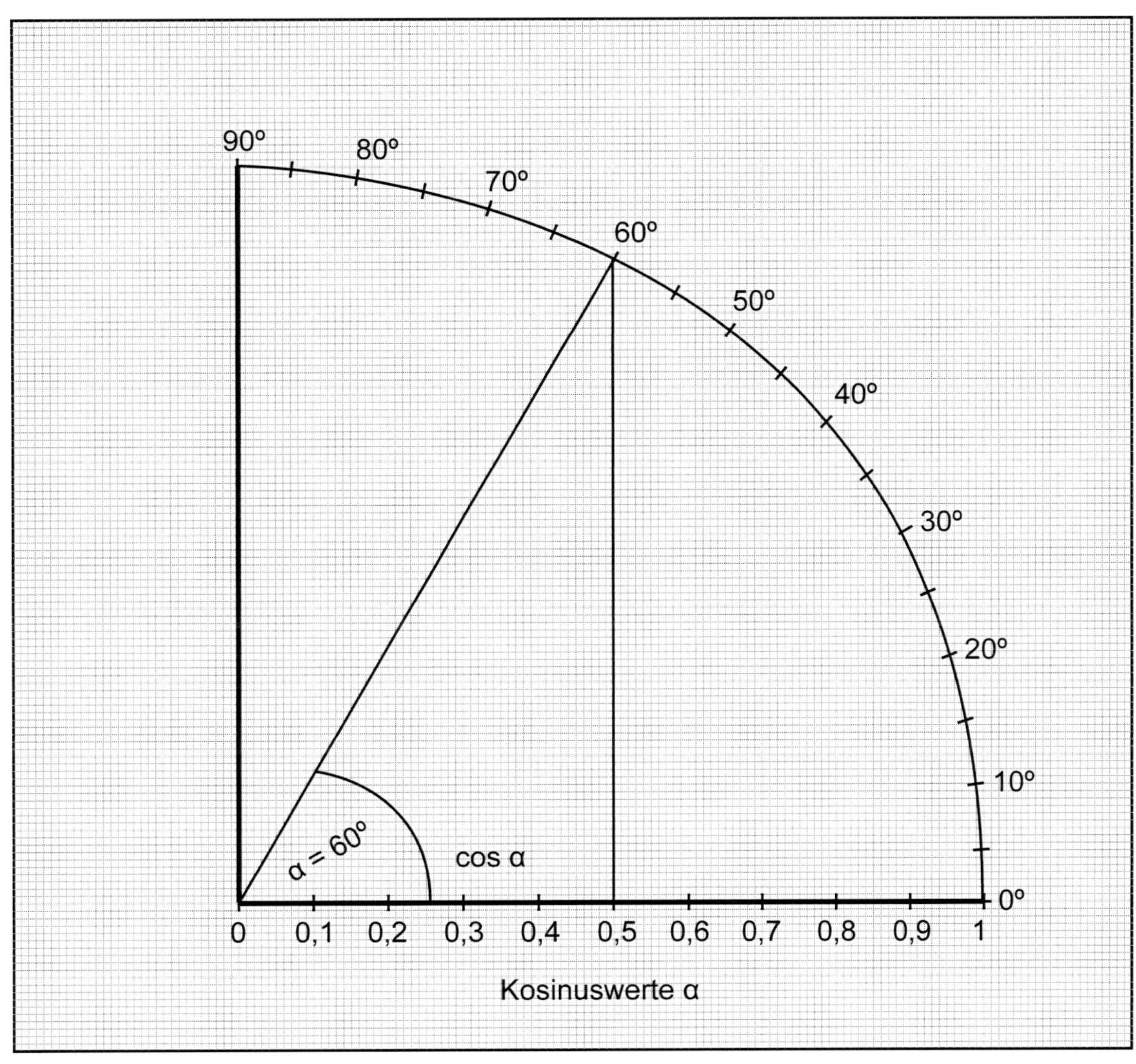

Anhand der oberen Darstellung lassen sich die Kosinuswerte bei rechtwinkligen Dreiecken verstehen und (in etwa) ablesen.

Aufgabe 1: *Wie viel beträgt der zugehörige Kosinuswert, wenn …*

a) der Winkel α genau 60° groß ist?

b) der Winkel α genau 0° groß ist? ________

c) der Winkel α genau 90° groß ist? ________

Aufgabe 2: *In welchen Zahlenbereichen liegen die Kosinuswerte bei rechtwinkligen Dreiecken?*

____

Aufgabe 3: *Etwa wie viel beträgt der zugehörige Kosinuswert, wenn …*

a) der Winkel α 10° groß ist? ______________________

b) der Winkel α 30° groß ist? ______________________

c) der Winkel α 45° groß ist? ______________________

Hinweis: Die genaueren Werte bieten Kosinustafeln und Taschenrechner.

Grundbildung Trigonometrie
Aus der Schulpraxis für die Schulpraxis - Bestell-Nr. 12 117
KOHL VERLAG

III. Der Kosinus

3. Zeichnerische Darstellung von Kosinuswerten in rechtwinkligen Dreiecken – Lösungen

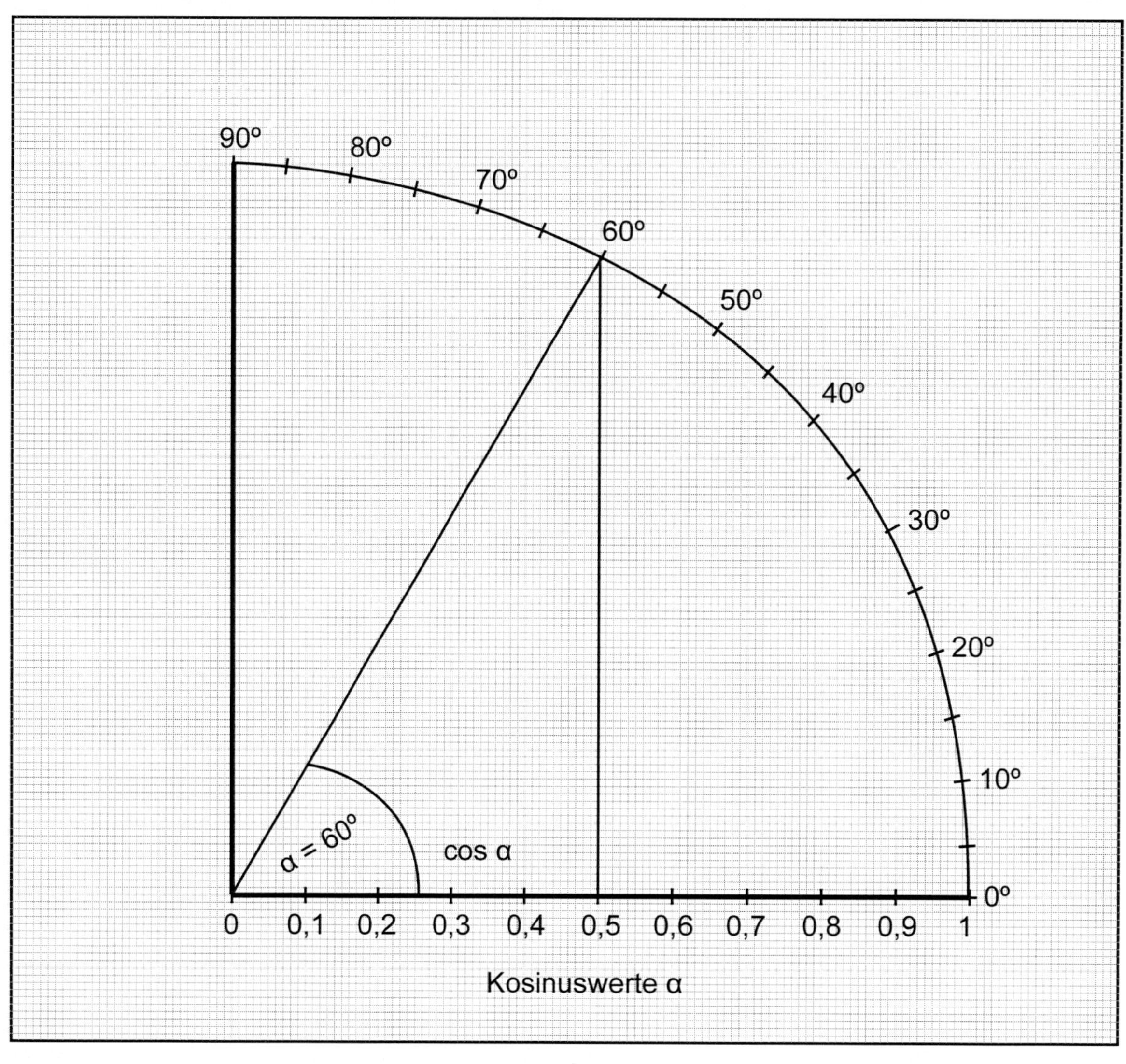

Anhand der oberen Darstellung lassen sich die Kosinuswerte bei rechtwinkligen Dreiecken verstehen und (in etwa) ablesen.

Aufgabe 1: *Wie viel beträgt der zugehörige Kosinuswert, wenn …*

a) der Winkel α genau 60° groß ist? **0,5**

b) der Winkel α genau 0° groß ist? **1**

c) der Winkel α genau 90° groß ist? **0**

Aufgabe 2: *In welchen Zahlenbereichen liegen die Kosinuswerte bei rechtwinkligen Dreiecken?*

Im Zahlenbereich von 1 bis 0

Aufgabe 3: *Etwa wie viel beträgt der zugehörige Kosinuswert, wenn …*

a) der Winkel α 10° groß ist? **ca. 0,98 (genauer: 0,9848…)**

b) der Winkel α 30° groß ist? **ca. 0,86 (genauer: 0,8660…)**

c) der Winkel α 45° groß ist? **ca. 0,70 (genauer: 0,7071…)**

Hinweis: Die genaueren Werte bieten Sinustafeln und Taschenrechner.

KOHL VERLAG Grundbildung Trigonometrie
Aus der Schulpraxis für die Schulpraxis - Bestell-Nr. 12 117

III. Der Kosinus

4. Berechnung der Größe von Winkeln in rechtwinkligen Dreiecken

Ein Beispiel:

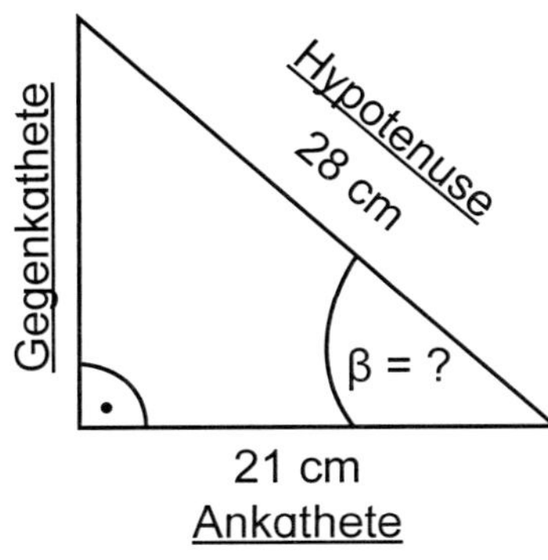

$\cos \beta = \frac{\text{Ankathete}}{\text{Hypotenuse}}$

$\cos \beta = \frac{21\text{ cm}}{28\text{ cm}}$

$\cos \beta = 0{,}75$

$\boldsymbol{\beta \approx 41{,}4^\circ}$

Aufgabe 1: *Bestimme vom Winkel β aus die Gegenkathete, Ankathete, Hypotenuse und berechne die Winkelgröße von β.*

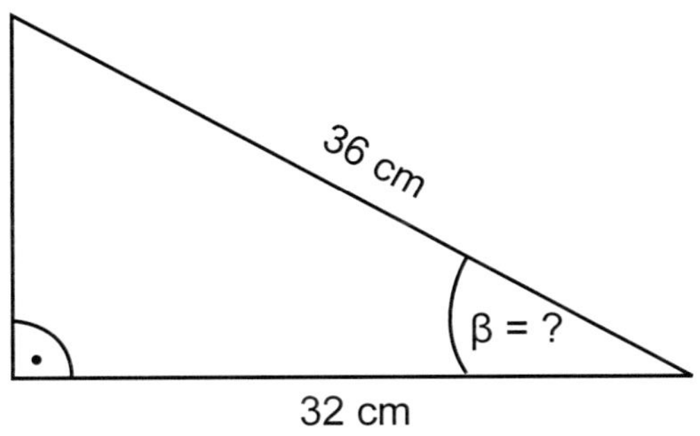

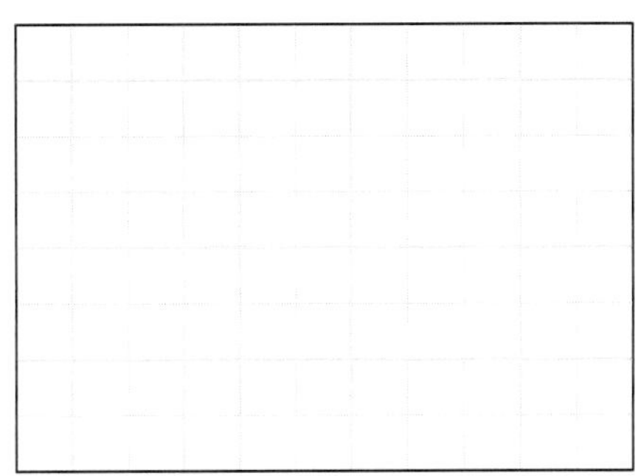

Aufgabe 2: *Bestimme vom Winkel α aus die Gegenkathete, Ankathete, Hypotenuse und berechne die Winkelgröße von α.*

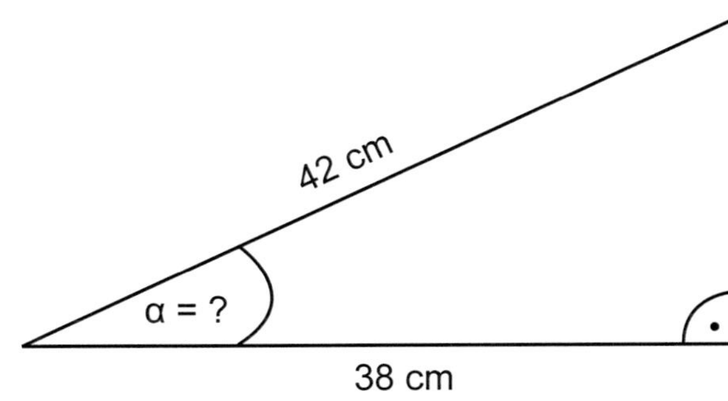

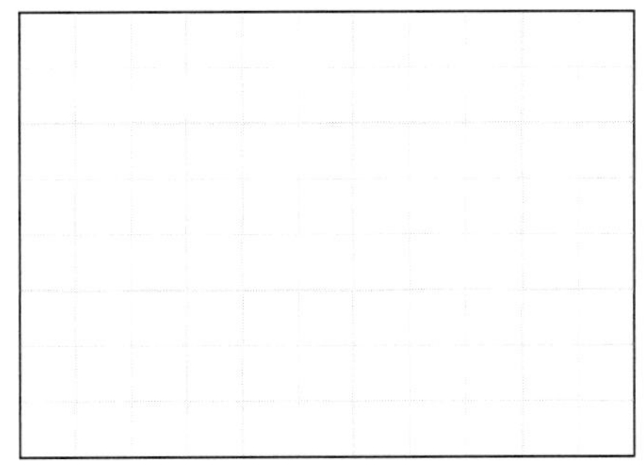

Aufgabe 3: *Bestimme vom Winkel γ aus die Gegenkathete, Ankathete, Hypotenuse und berechne die Winkelgröße von γ.*

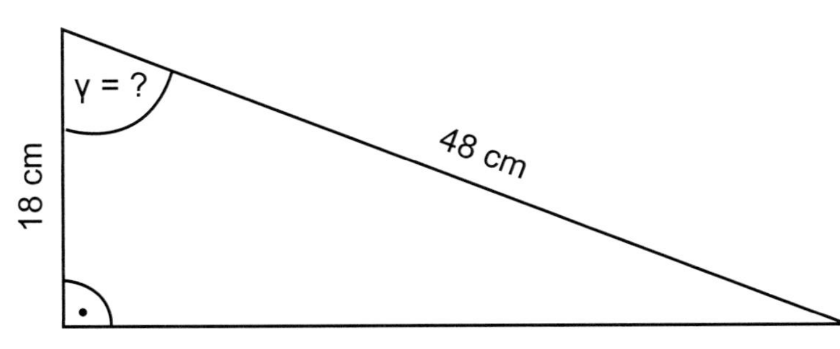

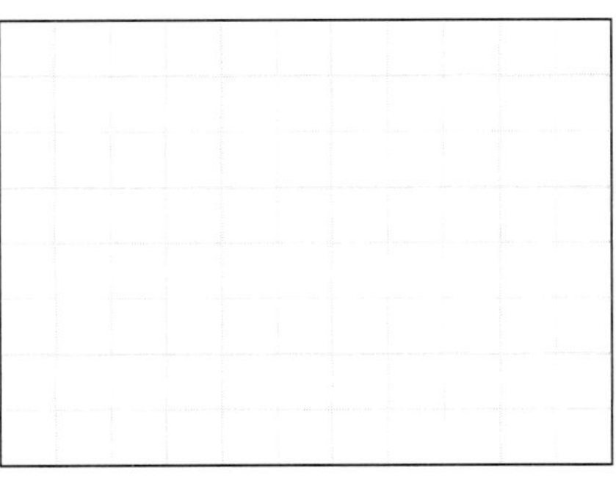

III. Der Kosinus

4. Berechnung der Größe von Winkeln in rechtwinkligen Dreiecken – Lösungen

Ein Beispiel:

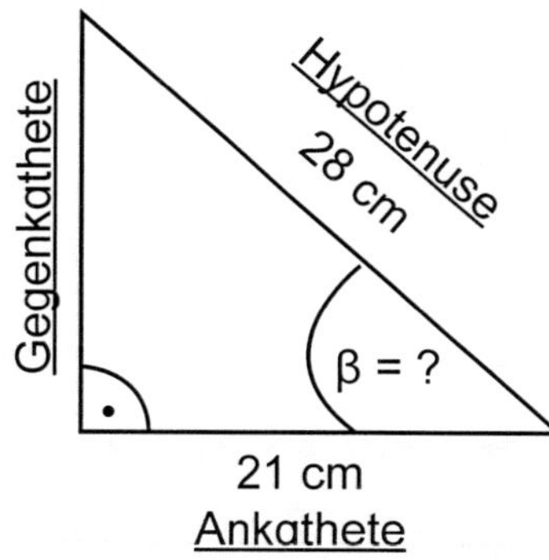

$$\cos \beta = \frac{\text{Ankathete}}{\text{Hypotenuse}}$$

$$\cos \beta = \frac{21\text{ cm}}{28\text{ cm}}$$

$$\cos \beta = 0{,}75$$

$$\underline{\underline{\beta \approx 41{,}4^\circ}}$$

Aufgabe 1: *Bestimme vom Winkel β aus die Gegenkathete, Ankathete, Hypotenuse und berechne die Winkelgröße von β.*

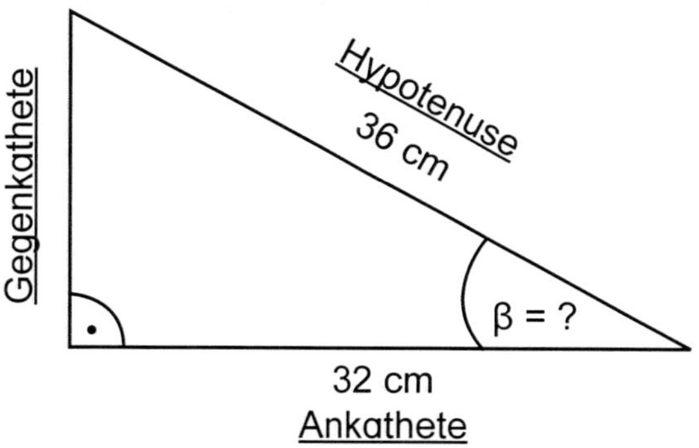

$$\cos \beta = \frac{\text{Ankathete}}{\text{Hypotenuse}}$$

$$\cos \beta = \frac{32\text{ cm}}{36\text{ cm}}$$

$$\cos \beta \approx 0{,}8888$$

$$\underline{\underline{\beta \approx 27{,}3^\circ}}$$

Aufgabe 2: *Bestimme vom Winkel α aus die Gegenkathete, Ankathete, Hypotenuse und berechne die Winkelgröße von α.*

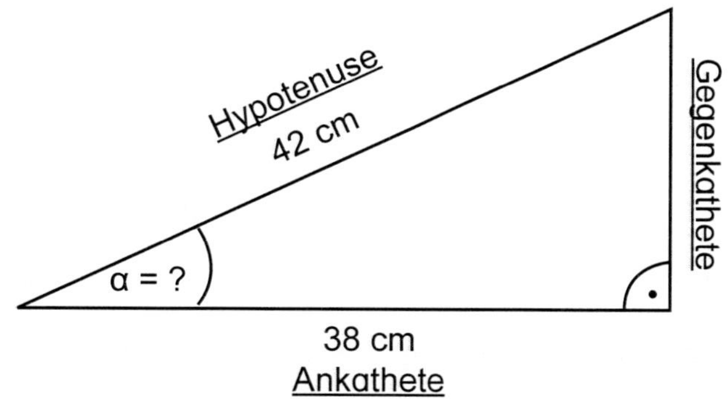

$$\cos \alpha = \frac{\text{Ankathete}}{\text{Hypotenuse}}$$

$$\cos \alpha = \frac{38\text{ cm}}{42\text{ cm}}$$

$$\cos \alpha \approx 0{,}9047$$

$$\underline{\underline{\alpha \approx 25{,}2^\circ}}$$

Aufgabe 3: *Bestimme vom Winkel γ aus die Gegenkathete, Ankathete, Hypotenuse und berechne die Winkelgröße von γ.*

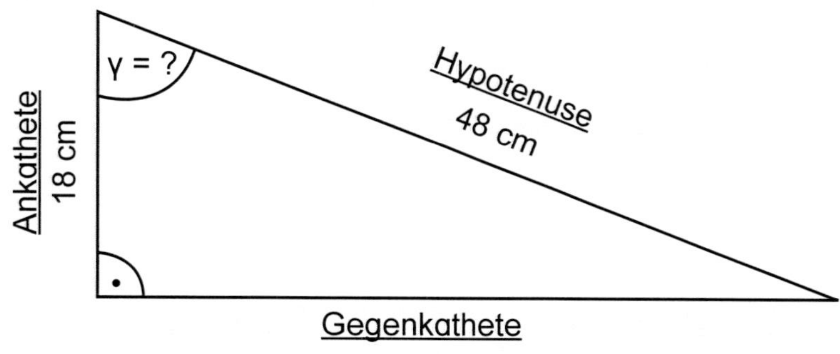

$$\cos \gamma = \frac{\text{Ankathete}}{\text{Hypotenuse}}$$

$$\cos \gamma = \frac{18\text{ cm}}{48\text{ cm}}$$

$$\cos \gamma = 0{,}375$$

$$\underline{\underline{\gamma \approx 68{,}0^\circ}}$$

Grundbildung Trigonometrie
Aus der Schulpraxis für die Schulpraxis - Bestell-Nr. 12 117
KOHL VERLAG

III. Der Kosinus

5. Berechnung der Länge von Seiten in rechtwinkligen Dreiecken

Beispiel 1:

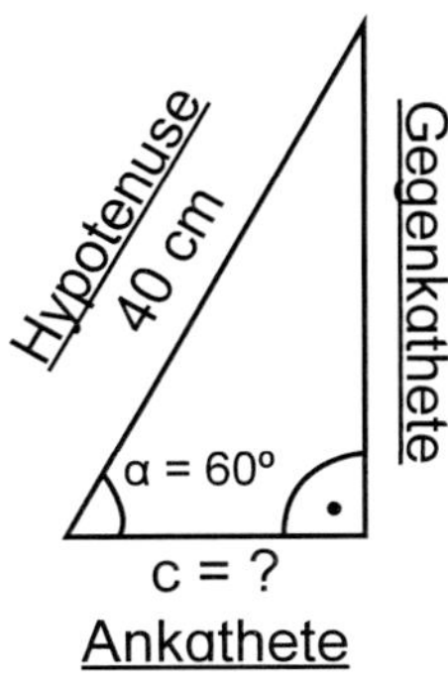

$$\frac{\text{Ankathete}}{\text{Hypotenuse}} = \cos \alpha$$

$$\frac{c}{40\text{ cm}} = \cos 60° \qquad | \cdot 40\text{ cm}$$

$$c = 40\text{ cm} \cdot \cos 60°$$

$$c = 40\text{ cm} \cdot 0{,}5$$

$$\mathbf{c = 20\text{ cm}}$$

Beispiel 2:

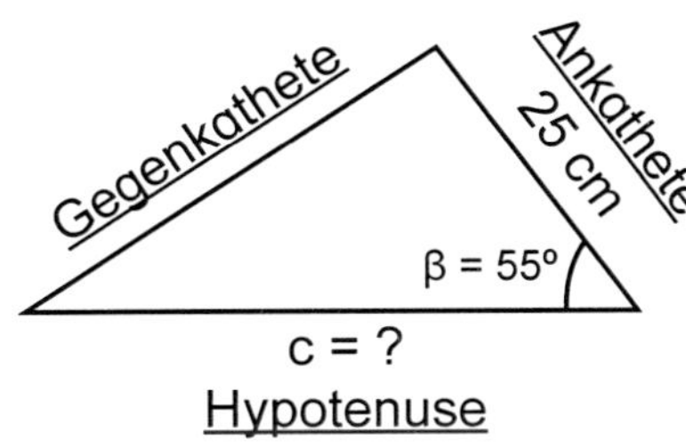

$$\cos \beta = \frac{\text{Ankathete}}{\text{Hypotenuse}}$$

$$\cos 55° = \frac{25\text{ cm}}{c} \qquad | \cdot c \quad | : \cos 55°$$

$$c = \frac{25\text{ cm}}{\cos 55°}$$

$$c \approx \frac{25\text{ cm}}{0{,}5786}$$

$$\mathbf{c \approx 43{,}58\text{ cm}}$$

Aufgabe 1: *Bestimme vom Winkel γ aus die Gegenkathete, Ankathete, Hypotenuse und berechne die gesuchte Länge der angegebenen Seite.*

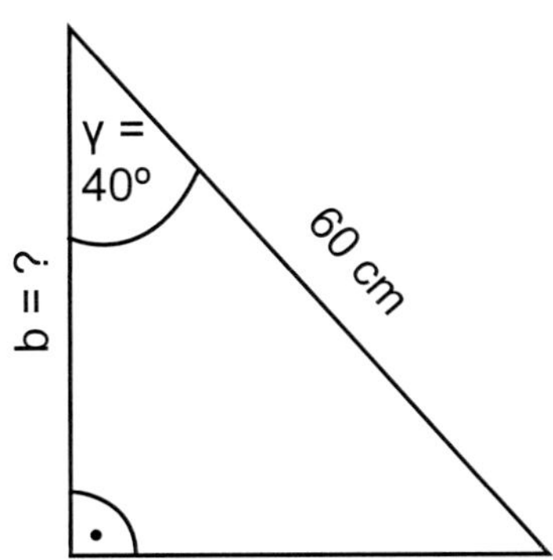

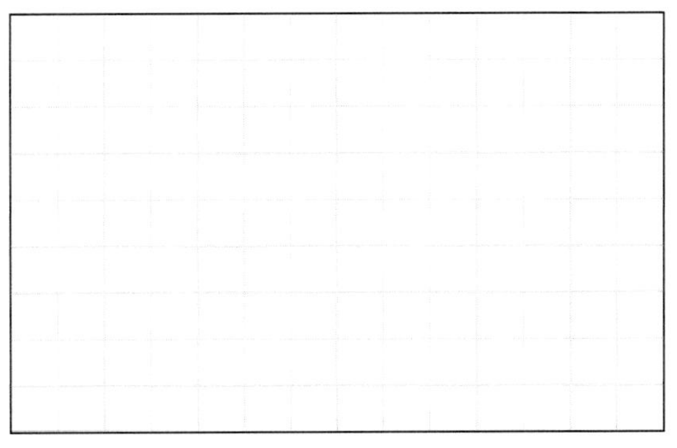

Aufgabe 2: *Bestimme vom Winkel α aus die Gegenkathete, Ankathete, Hypotenuse und berechne die gesuchte Länge der angegebenen Seite.*

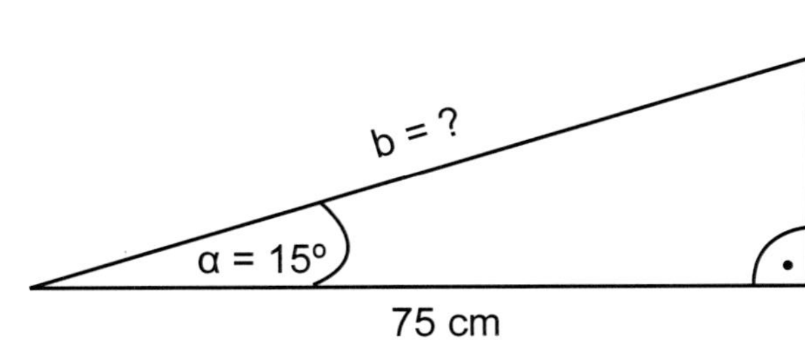

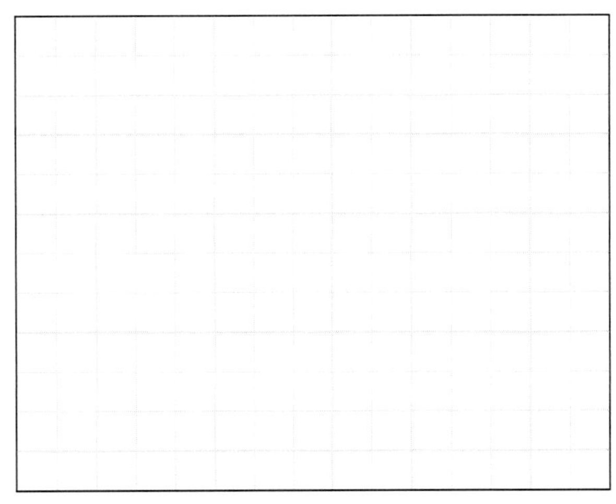

KOHL VERLAG
Grundbildung Trigonometrie
Aus der Schulpraxis für die Schulpraxis - Bestell-Nr. 12 117

III. Der Kosinus

5. Berechnung der Länge von Seiten in rechtwinkligen Dreiecken – Lösungen

Beispiel 1:

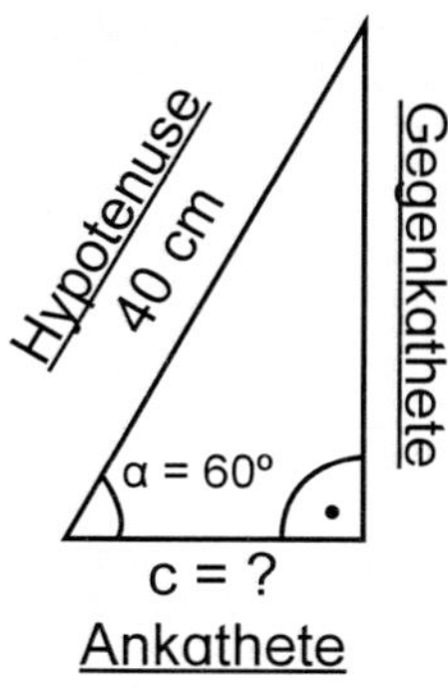

$$\frac{\text{Ankathete}}{\text{Hypotenuse}} = \cos\alpha$$

$$\frac{c}{40\text{ cm}} = \cos 60° \quad | \cdot 40\text{ cm}$$

$c = 40\text{ cm} \cdot \cos 60°$

$c = 40\text{ cm} \cdot 0{,}5$

$c = 20\text{ cm}$

Beispiel 2:

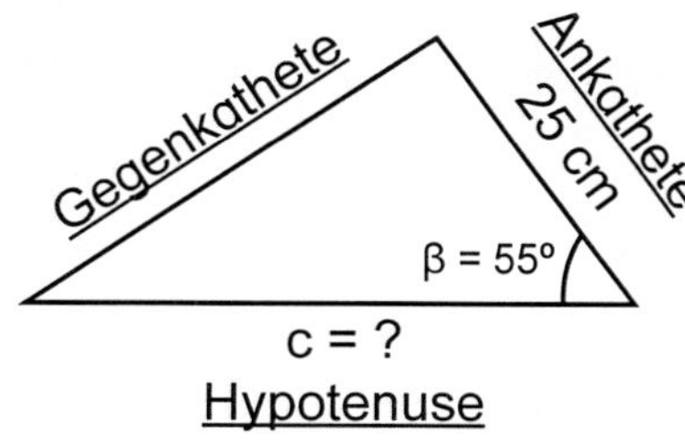

$$\cos\beta = \frac{\text{Ankathete}}{\text{Hypotenuse}}$$

$$\cos 55° = \frac{25\text{ cm}}{c} \quad | \cdot c \quad | : \cos 55°$$

$$c = \frac{25\text{ cm}}{\cos 55°}$$

$$c \approx \frac{25\text{ cm}}{0{,}5786}$$

$c \approx 43{,}58\text{ cm}$

Aufgabe 1: *Bestimme vom Winkel γ aus die Gegenkathete, Ankathete, Hypotenuse und berechne die gesuchte Länge der angegebenen Seite.*

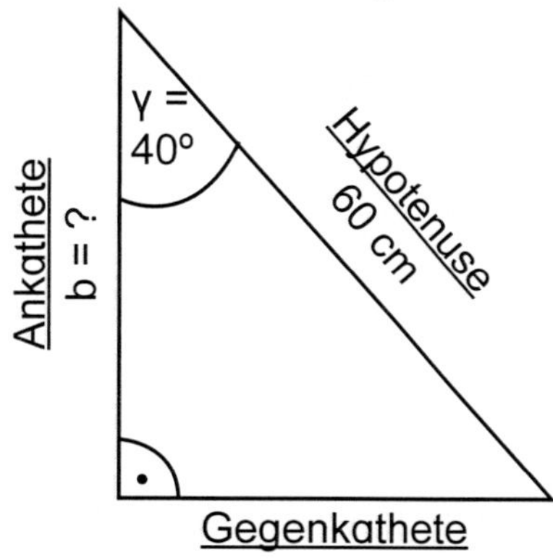

$$\frac{\text{Ankathete}}{\text{Hypotenuse}} = \cos\gamma$$

$$\frac{b}{60\text{ cm}} = \cos 40° \quad | \cdot 60\text{ cm}$$

$b = 60\text{ cm} \cdot \cos 40°$

$b \approx 60\text{ cm} \cdot 0{,}7660$

$b \approx 45{,}96\text{ cm}$

Aufgabe 2: *Bestimme vom Winkel α aus die Gegenkathete, Ankathete, Hypotenuse und berechne die gesuchte Länge der angegebenen Seite.*

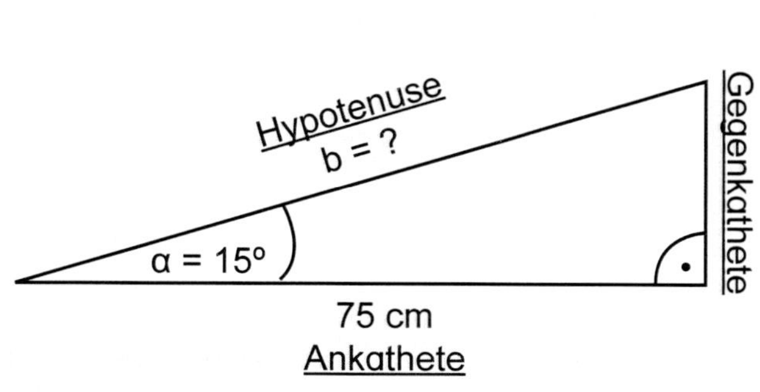

$$\cos\alpha = \frac{\text{Ankathete}}{\text{Hypotenuse}}$$

$$\cos 15° = \frac{75\text{ cm}}{b} \quad | \cdot b \quad | : \cos 15°$$

$$b = \frac{75\text{ cm}}{\cos 15°}$$

$$b \approx \frac{75\text{ cm}}{0{,}9659}$$

$b \approx 77{,}65\text{ cm}$

KOHL VERLAG Grundbildung Trigonometrie - Bestell-Nr. 12 117
Aus der Schulpraxis für die Schulpraxis

III. Der Kosinus

6. Textaufgaben (Anwendung des Kosinus in rechtwinkligen Dreiecken)

Mache bei jeder folgenden Aufgabe zuerst eine Skizze. Notiere dort ein Fragezeichen, was gesucht wird. Benenne in der Skizze, was gegeben ist. Rechne dann aus, was gesucht wird. Unterstreiche das Ergebnis mit zwei Linien. Schreibe zum Schluss einen (kurzen) Antwortsatz.

Aufgabe 1: *An einer hohen Hauswand ist eine 8 Meter lange Leiter angelehnt. 2 Meter von der Hauswand entfernt steht das untere Ende der Leiter. Unter welchem Winkel ist die Leiter an der Hauswand angelehnt?*

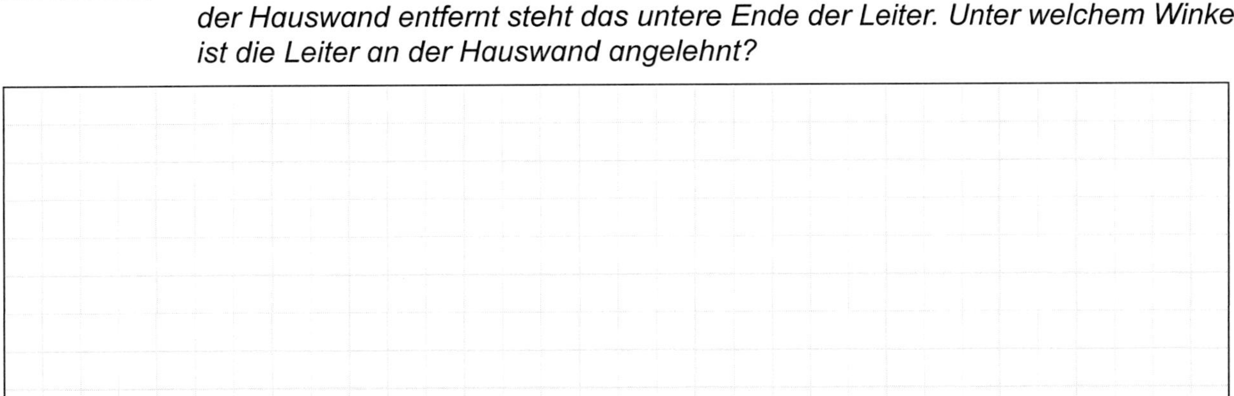

Aufgabe 2: *Ein Junge hält seinen Drachen an einer 50 Meter langen Schnur. Zwischen der gespannten Schnur und dem ebenen Erdboden besteht ein Winkel von 48°. Wie weit steht der Junge von dem Punkt entfernt, an dem die Senkrechte vom Drachen auf den Erdboden trifft?*

Aufgabe 3: *Eine Laderampe ist unten 10 Meter lang. Der Steigungswinkel der Laderampe beträgt 25°. Wie lang ist der schräge Aufgang der Laderampe?*

KOHL VERLAG Grundbildung Trigonometrie
Aus der Schulpraxis für die Schulpraxis - Bestell-Nr. 12 117

III. Der Kosinus

6. Textaufgaben (Anwendung des Kosinus in rechtwinkligen Dreiecken) – Lösungen

Mache bei jeder folgenden Aufgabe zuerst eine Skizze. Notiere dort ein Fragezeichen, was gesucht wird. Benenne in der Skizze, was gegeben ist. Rechne dann aus, was gesucht wird. Unterstreiche das Ergebnis mit zwei Linien. Schreibe zum Schluss einen (kurzen) Antwortsatz.

Aufgabe 1: *An einer hohen Hauswand ist eine 8 Meter lange Leiter angelehnt. 2 Meter von der Hauswand entfernt steht das untere Ende der Leiter. Unter welchem Winkel ist die Leiter an der Hauswand angelehnt?*

8 m
α = ?
2 m

$$\cos \alpha = \frac{\text{Ankathete}}{\text{Hypotenuse}}$$

$$\cos \alpha = \frac{2\text{ m}}{8\text{ m}}$$

$$\cos \alpha = 0{,}25$$

$$\underline{\underline{\alpha = 75{,}5°}}$$

Die Leiter ist im Winkel von ca. 75,5° an der Hauswand angelehnt.

Aufgabe 2: *Ein Junge hält seinen Drachen an einer 50 Meter langen Schnur. Zwischen der gespannten Schnur und dem ebenen Erdboden besteht ein Winkel von 48°. Wie weit steht der Junge von dem Punkt entfernt, an dem die Senkrechte vom Drachen auf den Erdboden trifft?*

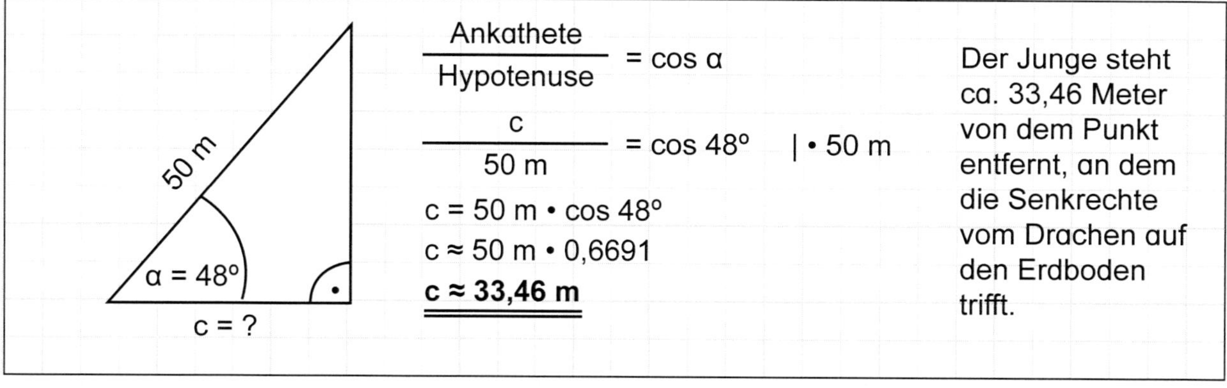

$$\frac{\text{Ankathete}}{\text{Hypotenuse}} = \cos \alpha$$

$$\frac{c}{50\text{ m}} = \cos 48° \quad | \cdot 50\text{ m}$$

$$c = 50\text{ m} \cdot \cos 48°$$

$$c \approx 50\text{ m} \cdot 0{,}6691$$

$$\underline{\underline{c \approx 33{,}46\text{ m}}}$$

Der Junge steht ca. 33,46 Meter von dem Punkt entfernt, an dem die Senkrechte vom Drachen auf den Erdboden trifft.

Aufgabe 3: *Eine Laderampe ist unten 10 Meter lang. Der Steigungswinkel der Laderampe beträgt 25°. Wie lang ist der schräge Aufgang der Laderampe?*

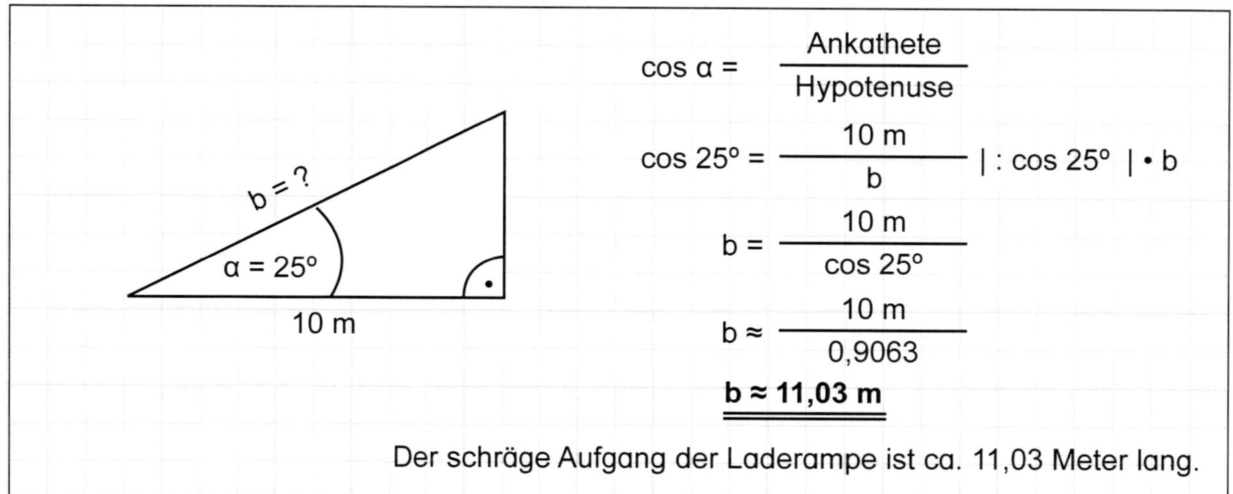

$$\cos \alpha = \frac{\text{Ankathete}}{\text{Hypotenuse}}$$

$$\cos 25° = \frac{10\text{ m}}{b} \quad | : \cos 25° \quad | \cdot b$$

$$b = \frac{10\text{ m}}{\cos 25°}$$

$$b \approx \frac{10\text{ m}}{0{,}9063}$$

$$\underline{\underline{b \approx 11{,}03\text{ m}}}$$

Der schräge Aufgang der Laderampe ist ca. 11,03 Meter lang.

KOHL VERLAG Lernen mit Erfolg
Grundbildung Trigonometrie
Aus der Schulpraxis für die Schulpraxis - Bestell-Nr. 12 117

IV. Der Tangens

1. 4 rechtwinklige Dreiecke im Vergleich (III)

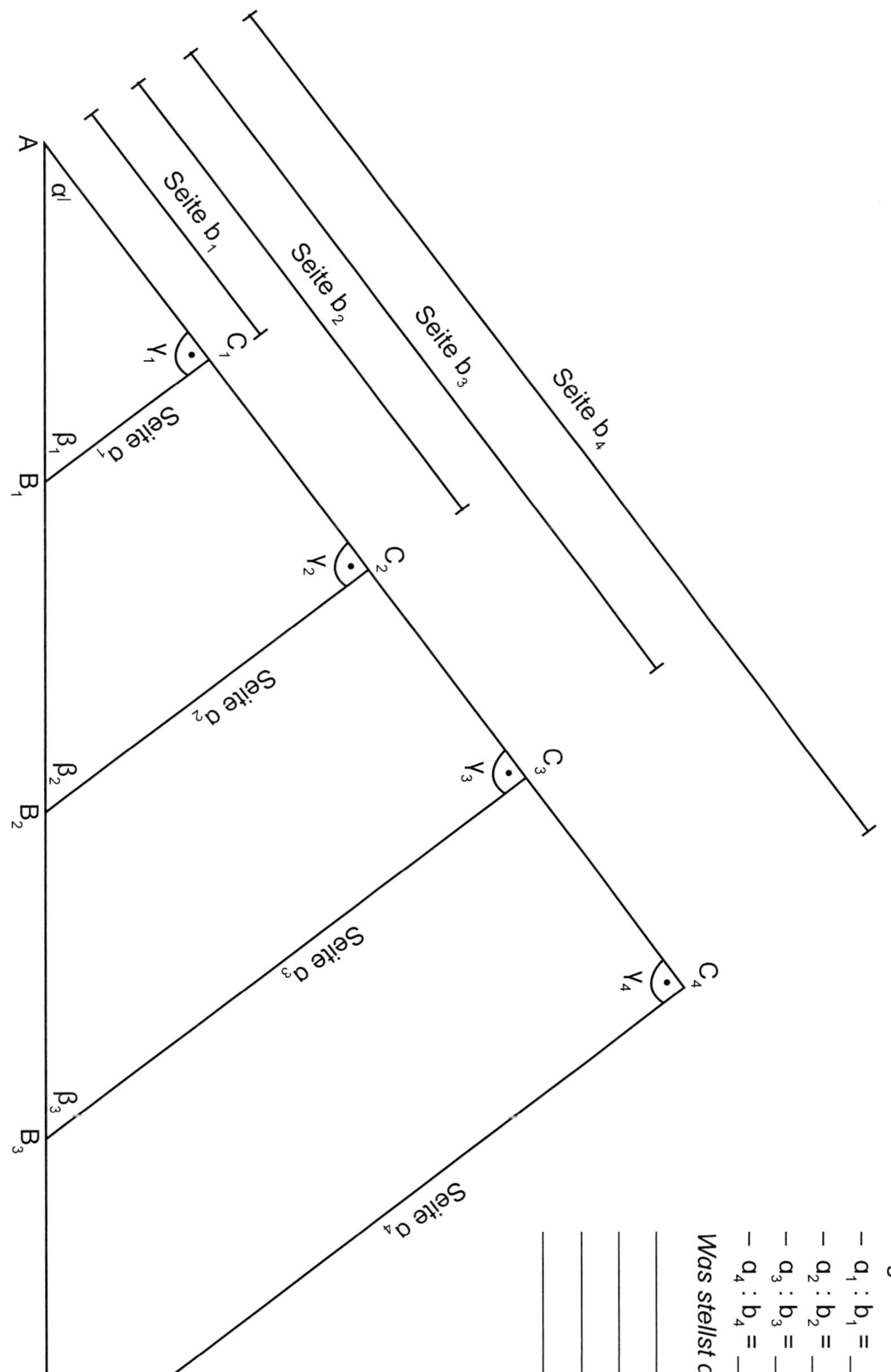

Aufgabe:

Dividiere die Seitenlängen:

- $a_1 : b_1 =$ ______
- $a_2 : b_2 =$ ______
- $a_3 : b_3 =$ ______
- $a_4 : b_4 =$ ______

Was stellst du fest?

______

______

______

______

KOHL VERLAG **Grundbildung Trigonometrie** Aus der Schulpraxis für die Schulpraxis - **Bestell-Nr. 12 117**

IV. Der Tangens

1. 4 rechtwinklige Dreiecke im Vergleich (III) – Lösungen

Aufgabe:

Dividiere die Seitenlängen: cm:

- $a_1 : b_1 = 3 : 4 = 0{,}75$
- $a_2 : b_2 = 6 : 8 = 0{,}75$
- $a_3 : b_3 = 9 : 12 = 0{,}75$
- $a_4 : b_4 = 12 : 16 = 0{,}75$

Was stellst du fest?

Es ergibt sich jeweils dasselbe Resultat, mit anderen Worten: der Quotient ist gleich.

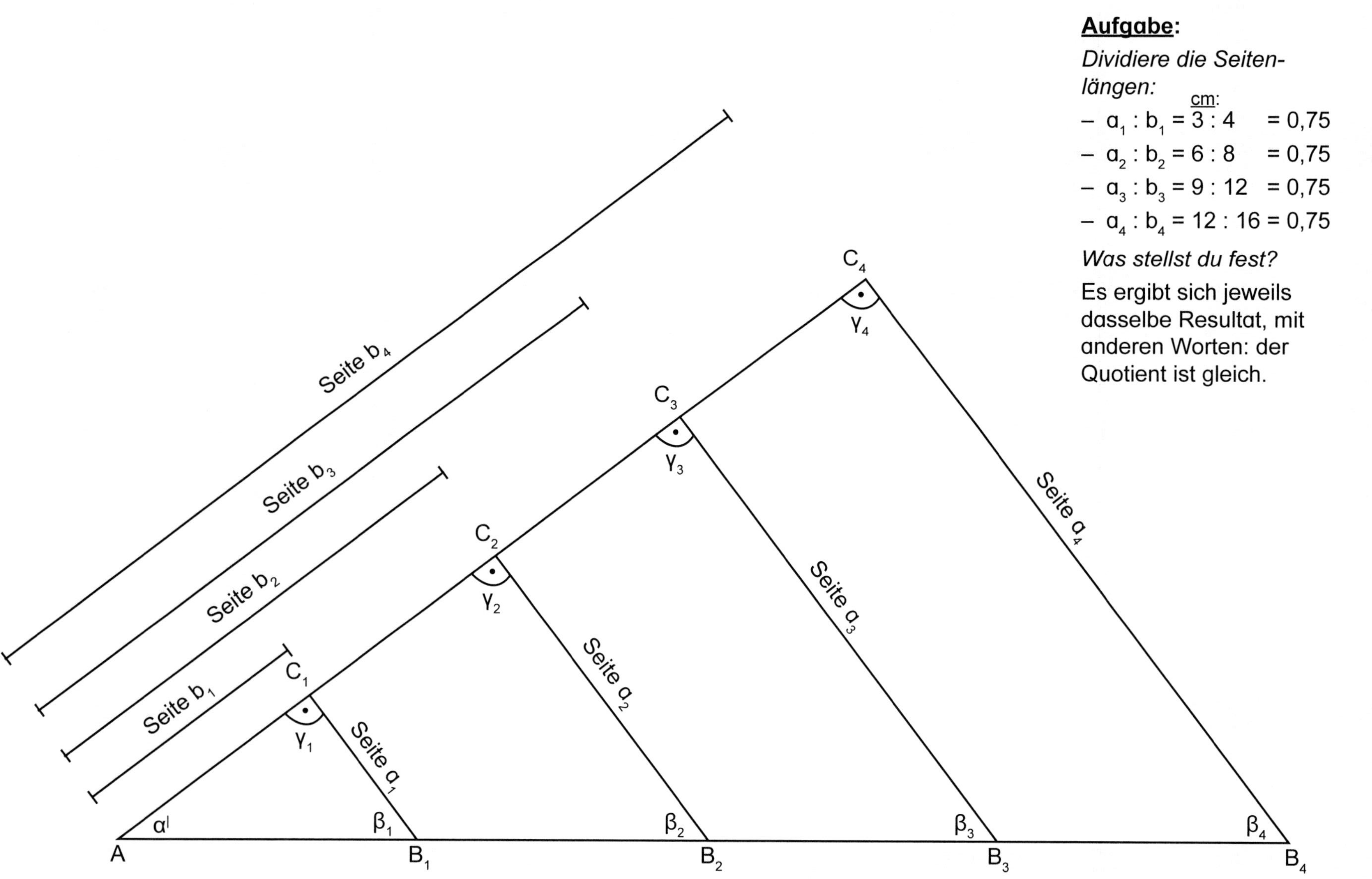

KOHL VERLAG Grundbildung Trigonometrie Aus der Schulpraxis für die Schulpraxis - Bestell-Nr. 12 117

IV. Der Tangens

2. Wir stellen fest und merken uns

Die 4 rechtwinkligen Dreiecke (siehe vorherige Seite) sind ____________________.

In jedem Dreieck haben die entsprechenden Winkel dieselbe __________________.

Der Winkel α bildet in jedem Dreieck den Ausgangswinkel. Im Weiteren ____________:

$$\beta_1 = \beta_2 = \beta_3 = \beta_4 \;;\; \gamma_1 = \gamma_2 = \gamma_3 = \gamma_4$$

Vom Winkel α gehen wir aus:

Wenn man bei den 4 gegebenen Dreiecken die Länge der gegenüberliegenden Seite (= ________________) durch die Länge der anliegenden Seite (= ________________ dividiert (= teilt), ergibt sich als Quotient jeweils dasselbe ______________.

Der Quotient ist (also) das Verhältnis der ______________________ zur ____________________.

Dieses Verhältnis und die Größe des Winkels α ____________________ voneinander ab.

In der Trigonometrie bezeichnet man das Verhältnis der ____________________ zur ____________________ als Tangens[1] eines Winkels. Die Formel heißt:

$$\tan \alpha = \frac{\textbf{Gegenkathete (G)}}{\textbf{Ankathete (A)}}$$

Jeder Tangenswert ist eine Verhältniszahl. Dieser Verhältniszahl ___________________ eine bestimmte Winkelgröße, die sich aus einer Tangenstafel oder vom Taschenrechner ______________ lässt.

[1] tangere (lateinisch) = berühren

Grundbildung Trigonometrie
Aus der Schulpraxis für die Schulpraxis - Bestell-Nr. 12 117
KOHL VERLAG

IV. Der Tangens

2. <u>Wir stellen fest und merken uns</u> – Lösungen

Die 4 rechtwinkligen Dreiecke (siehe vorherige Seite) sind **ähnlich**.

In jedem Dreieck haben die entsprechenden Winkel dieselbe **Größe**.

Der Winkel α bildet in jedem Dreieck den Ausgangswinkel. Im Weiteren **gilt**:

$$\beta_1 = \beta_2 = \beta_3 = \beta_4 \;;\; \gamma_1 = \gamma_2 = \gamma_3 = \gamma_4$$

Vom Winkel α gehen wir aus:

Wenn man bei den 4 gegebenen Dreiecken die Länge der gegenüberliegenden Seite (= **Gegenkathete**) durch die Länge der anliegenden Seite (= **Ankathete**) dividiert (= teilt), ergibt sich als Quotient jeweils dasselbe **Resultat**.

Der Quotient ist (also) das Verhältnis der **Gegenkathete** zur **Ankathete**.

Dieses Verhältnis und die Größe des Winkels α **hängen** voneinander ab.

In der Trigonometrie bezeichnet man das Verhältnis der **Gegenkathete** zur **Ankathete** als Tangens[1)] eines Winkels. Die Formel heißt:

$$\tan \alpha = \frac{\text{Gegenkathete (G)}}{\text{Ankathete (A)}}$$

Jeder Tangenswert ist eine Verhältniszahl. Dieser Verhältniszahl **entspricht** eine bestimmte Winkelgröße, die sich aus einer Tangenstafel oder vom Taschenrechner **ablesen** lässt.

[1)] tangere (lateinisch) = berühren

KOHL VERLAG
Grundbildung Trigonometrie
Aus der Schulpraxis für die Schulpraxis - Bestell-Nr. 12 117

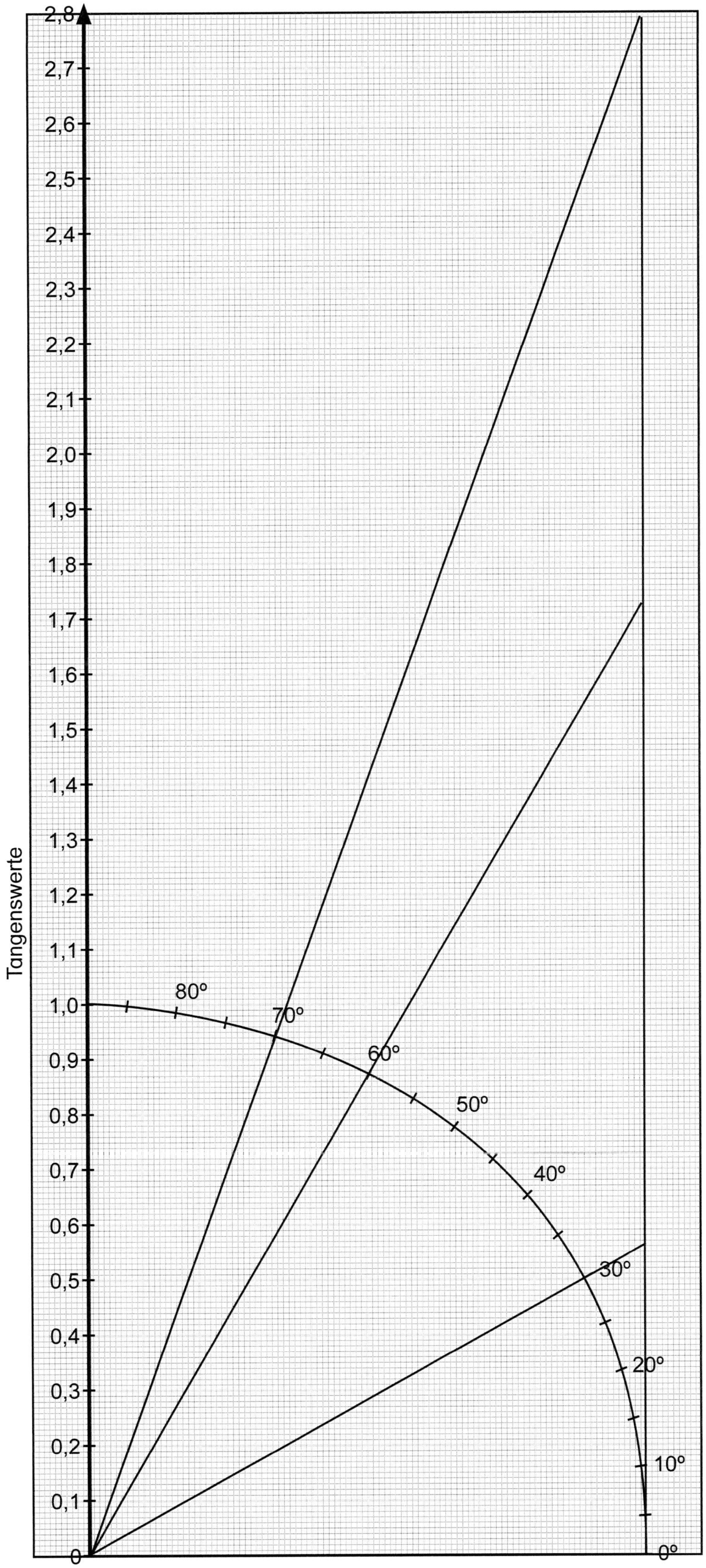

IV. Der Tangens

3. Zeichnerische Darstellung von Tangenswerten in rechtwinkligen Dreiecken

Tangenswerte

2,8 2,7 2,6 2,5 2,4 2,3 2,2 2,1 2,0 1,9 1,8 1,7 1,6 1,5 1,4 1,3 1,2 1,1 1,0 0,9 0,8 0,7 0,6 0,5 0,4 0,3 0,2 0,1 0

80° 70° 60° 50° 40° 30° 20° 10° 0°

Aufgabe 1:

Wieviel beträgt der Tangenswert etwa:

a) bei 30°? ____________
____

b) bei 60°? ____________
____

c) bei 70°? ____________
____

d) bei 0°? ____________

Aufgabe 2:

Bei wieviel Grad (°) beträgt der Tangenswert:

a) 0,5? ____________
____

b) 1,0? ____________

c) 1,5? ____________
____

d) 2,0? ____________
____

Aufgabe 3:

Was vermutest du über den Tangenswert bei 90°?

____

____

Hinweis: Die genaueren Werte bieten Tangenstafeln und Taschenrechner.

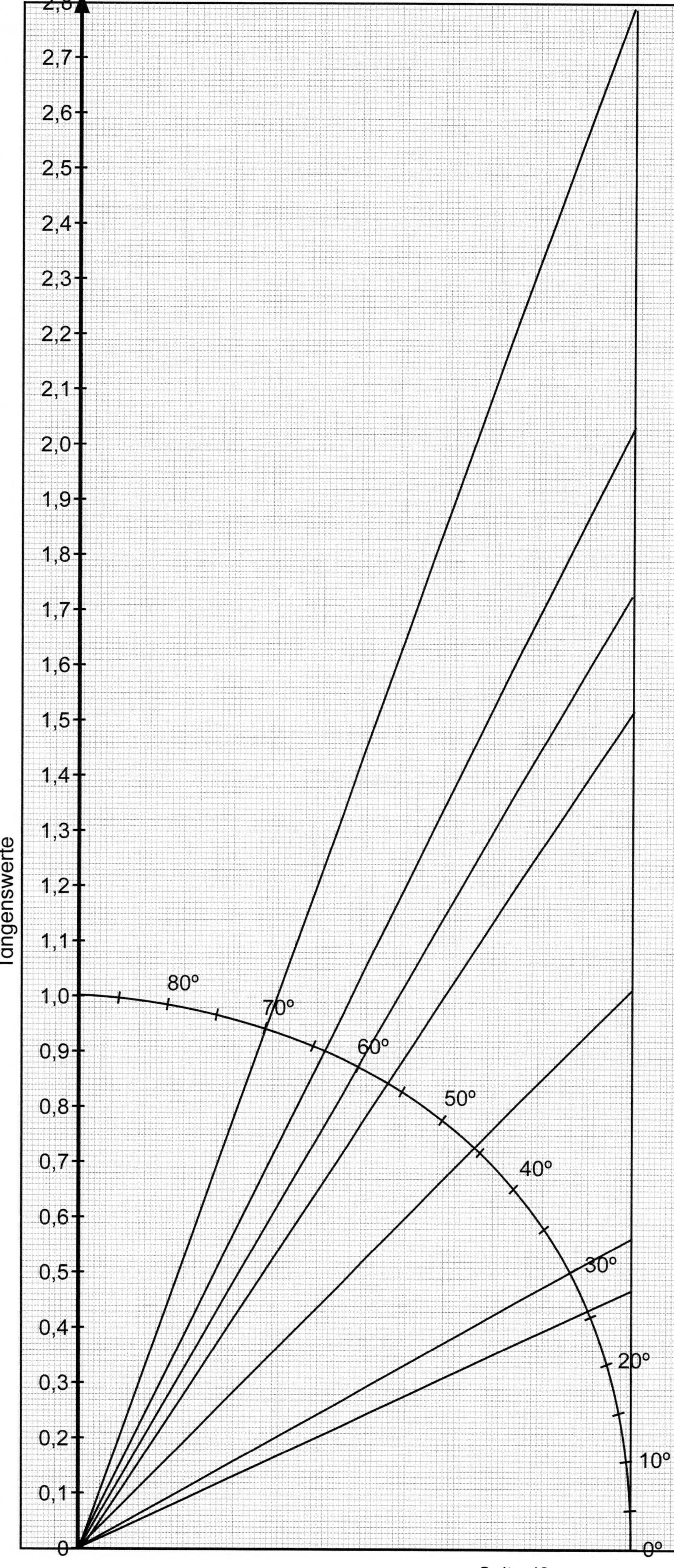

IV. Der Tangens

3. Zeichnerische Darstellung von Tangenswerten in rechtwinkligen Dreiecken
– Lösungen

Aufgabe 1:

Wieviel beträgt der Tangenswert etwa:

a) bei 30°? ca. 0,58
(genauer: 0,5773…)

b) bei 60°? ca. 1,73
(genauer: 1,7320…)

c) bei 70°? ca. 2,74
(genauer: 2,7474…)

d) bei 0°? 0

Aufgabe 2:

Bei wieviel Grad (°) beträgt der Tangenswert:

a) 0,5? ca. 26,6°
genauer: 26,5650…°

b) 1,0? 45,0°

c) 1,5? ca. 56,3°
genauer: 56,3099…°

d) 2,0? ca. 63,4°
genauer: 63,4349…°

Aufgabe 3:

Was vermutest du über den Tangenswert bei 90°?

tan 90° ist nicht definiert.

Hinweis: Die genaueren Werte bieten Tangenstafeln und Taschenrechner.

KOHL VERLAG Grundbildung Trigonometrie
Aus der Schulpraxis für die Schulpraxis - Bestell-Nr. 12 117

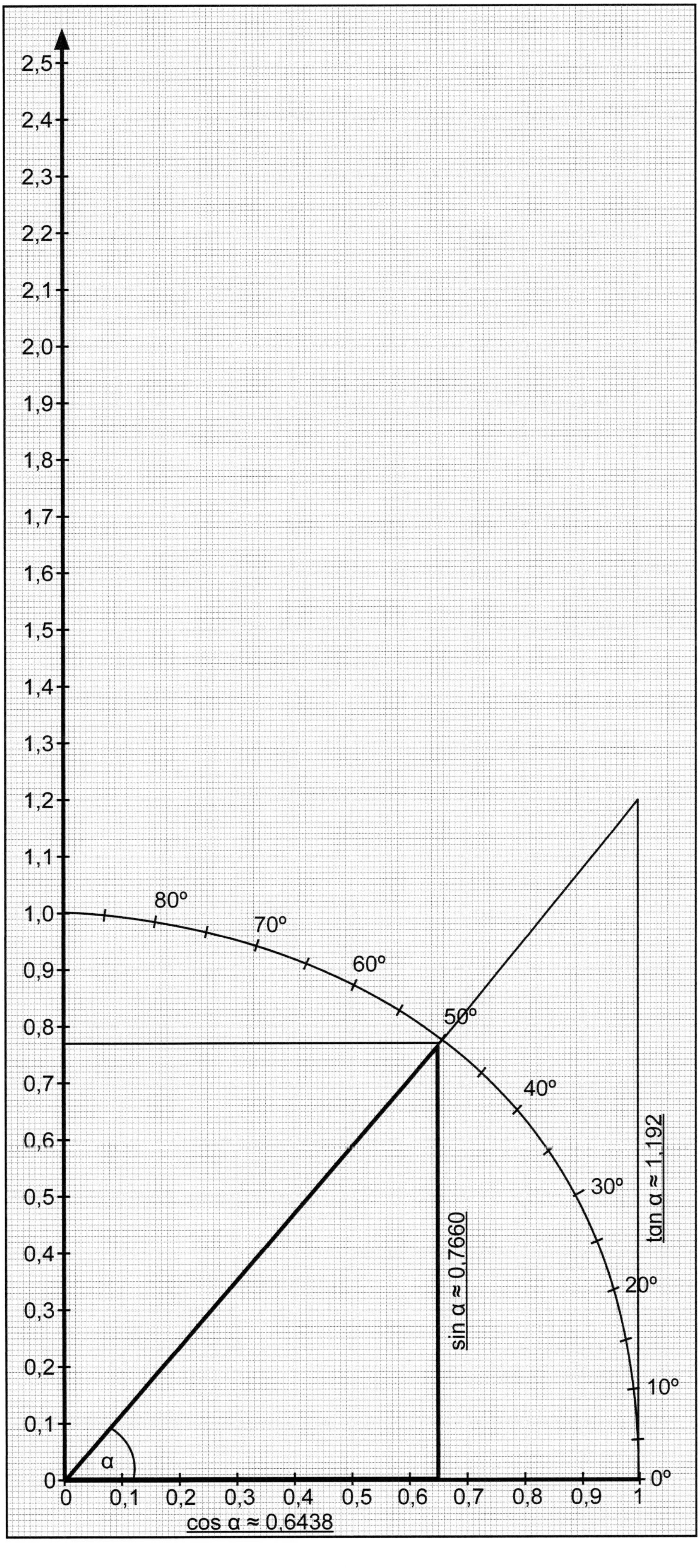

IV. Der Tangens

4. Sinuswerte, Kosinuswerte und Tangenswerte zeichnerisch dargestellt am Winkel α

Aufgabe 1:
Bestimme zeichnerisch den Sinuswert, Kosinuswert und Tangenswert für den Winkel α' = 65°. Überprüfe mit deinem Taschenrechner (TR).

sin 65° = ______________

TR: ___________________

cos 65° = ______________

TR: ___________________

tan 65° = ______________

TR: ___________________

0 0,1 0,2 0,3 0,4 0,5 0,6 0,7 0,8 0,9 1,0 1,1 1,2 1,3 1,4 1,5 1,6 1,7 1,8 1,9 2,0 2,1 2,2 2,3 2,4 2,5

0 0,1 0,2 0,3 0,4 0,5 0,6 0,7 0,8 0,9 1

0° 10° 20° 30° 40° 50° 60° 70° 80°

α

sin α ≈ 0,7660

cos α ≈ 0,6438

tan α ≈ 1,192

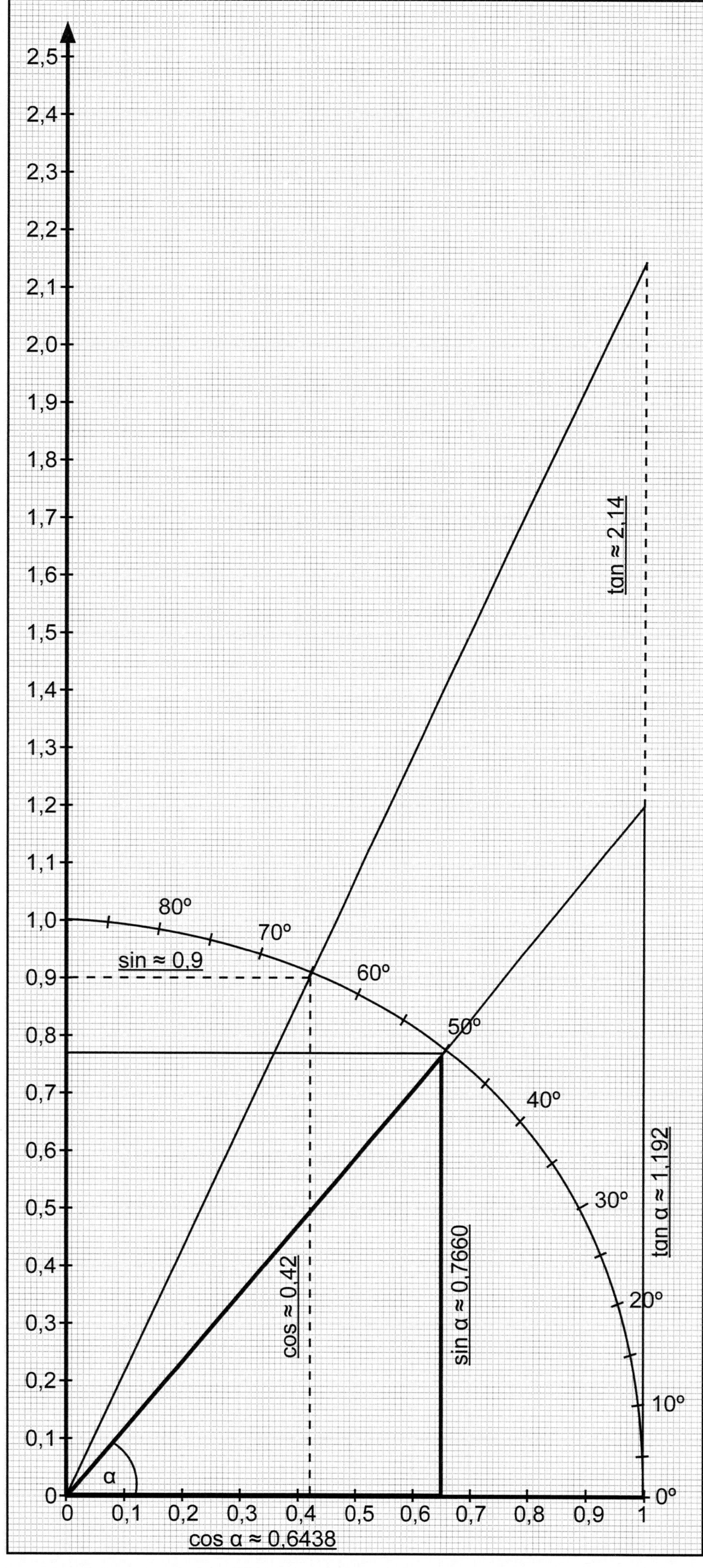

IV. Der Tangens

4. Sinuswerte, Kosinuswerte und Tangenswerte zeichnerisch dargestellt am Winkel α

– Lösungen

Aufgabe 1:

Bestimme zeichnerisch den Sinuswert, Kosinuswert und Tangenswert für den Winkel α' = 65°

sin 65° = 0,9
TR: 0,9063…

cos 65° = 0,42
TR: 0,4226…

tan 65° = 2,14
TR: 2,1445

Grundbildung Trigonometrie
Aus der Schulpraxis für die Schulpraxis - Bestell-Nr. 12 117
KOHL VERLAG

IV. Der Tangens

5. Berechnung der Größe von Winkeln in rechtwinkligen Dreiecken

Ein Beispiel:

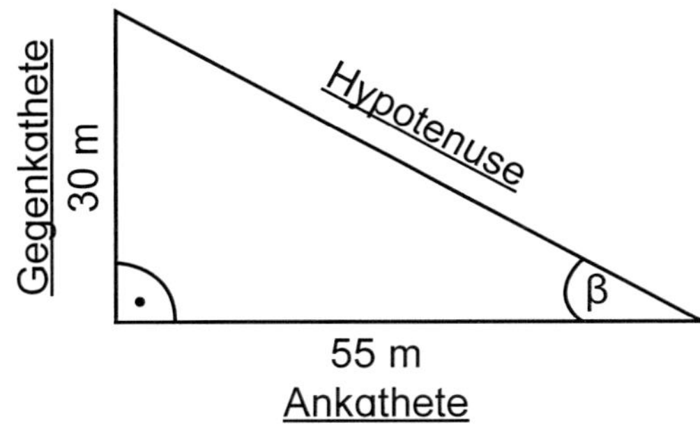

$$\tan \beta = \frac{\text{Gegenkathete}}{\text{Ankathete}}$$

$$\tan \beta = \frac{30\ \text{m}}{55\ \text{m}}$$

$$\tan \beta \approx 0{,}5454$$

$$\underline{\underline{\beta \approx 28{,}6^\circ}}$$

Aufgabe 1: *Bestimme vom Winkel β aus die Gegenkathete, Ankathete, Hypotenuse und berechne die Winkelgröße von β.*

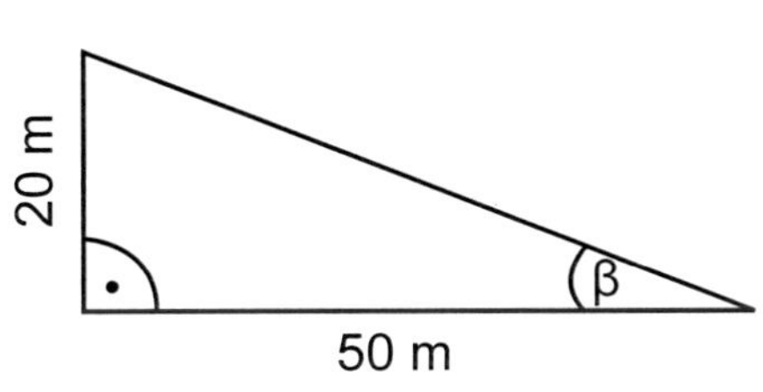

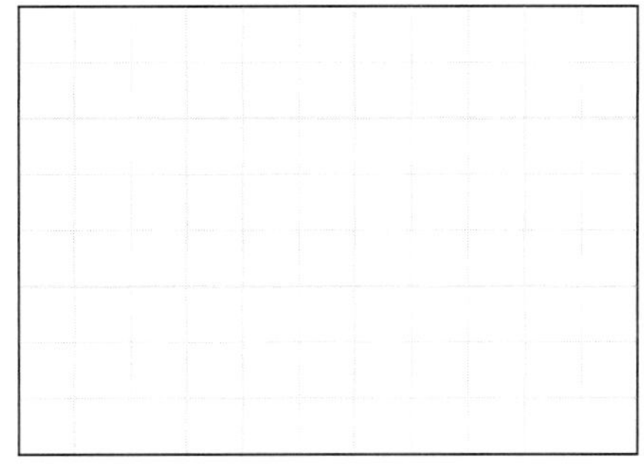

Aufgabe 2: *Bestimme vom Winkel α aus die Gegenkathete, Ankathete, Hypotenuse und berechne die Winkelgröße von α.*

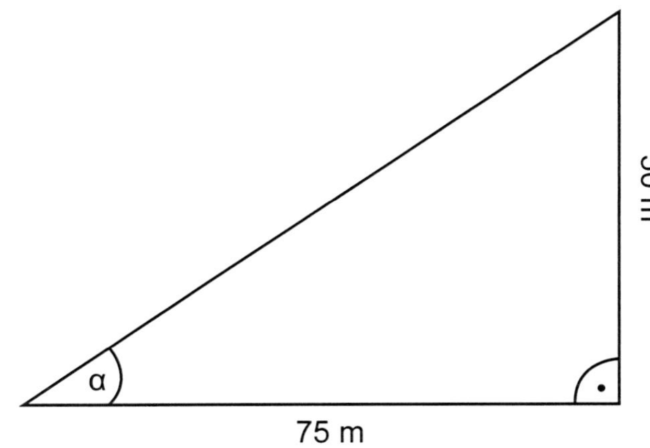

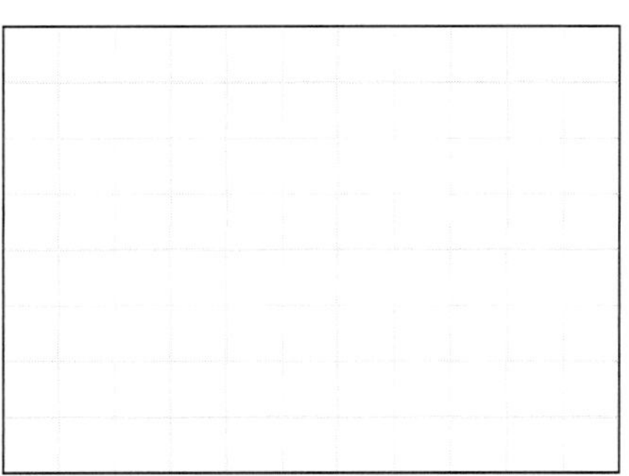

Aufgabe 3: *Bestimme vom Winkel γ aus die Gegenkathete, Ankathete, Hypotenuse und berechne die Winkelgröße von γ.*

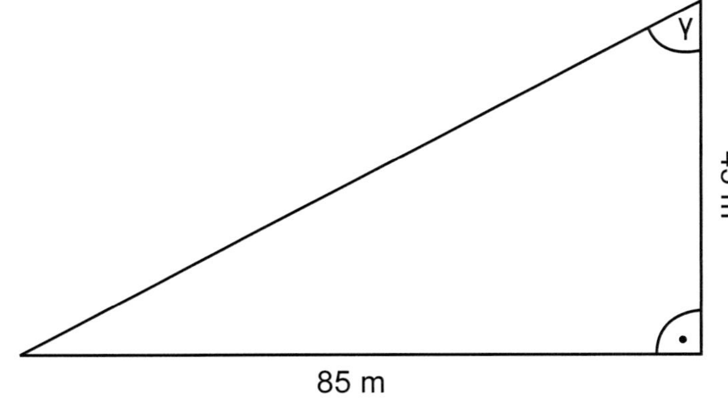

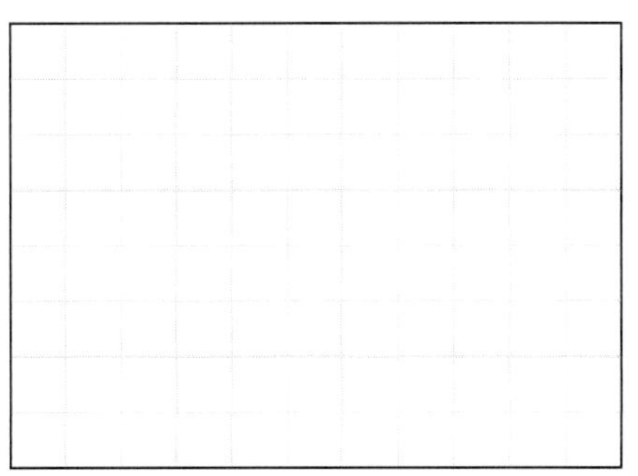

IV. Der Tangens

5. Berechnung der Größe von Winkeln in rechtwinkligen Dreiecken – Lösungen

Ein Beispiel:

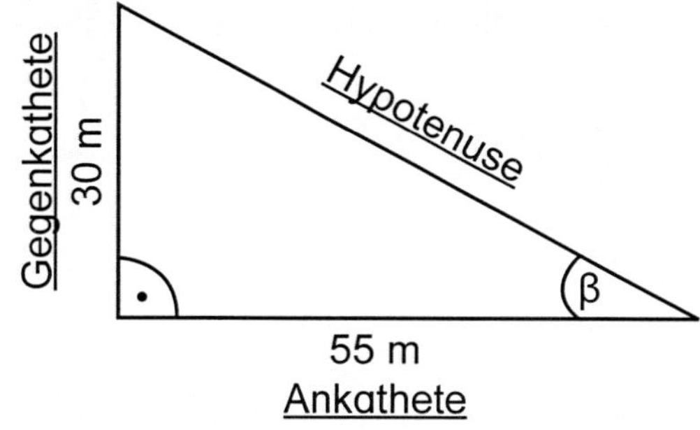

$\tan \beta = \dfrac{\text{Gegenkathete}}{\text{Ankathete}}$

$\tan \beta = \dfrac{30\text{ m}}{55\text{ m}}$

$\tan \beta \approx 0{,}5454$

$\mathbf{\beta \approx 28{,}6°}$

Aufgabe 1: *Bestimme vom Winkel β aus die Gegenkathete, Ankathete, Hypotenuse und berechne die Winkelgröße von β.*

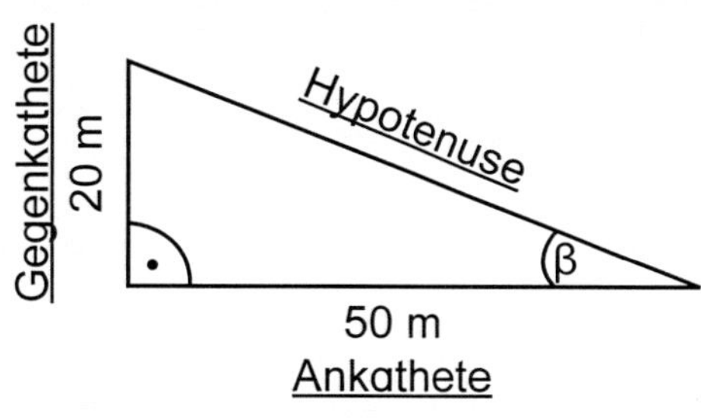

$\tan \beta = \dfrac{\text{Gegenkathete}}{\text{Ankathete}}$

$\tan \beta = \dfrac{20\text{ m}}{50\text{ m}}$

$\tan \beta \approx 0{,}4$

$\mathbf{\beta \approx 21{,}8°}$

Aufgabe 2: *Bestimme vom Winkel α aus die Gegenkathete, Ankathete, Hypotenuse und berechne die Winkelgröße von α.*

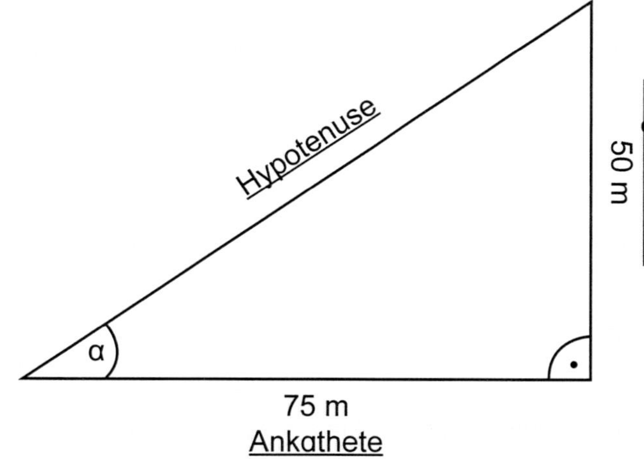

$\tan \alpha = \dfrac{\text{Gegenkathete}}{\text{Ankathete}}$

$\tan \alpha = \dfrac{50\text{ m}}{75\text{ m}}$

$\tan \alpha \approx 0{,}\overline{6}$

$\mathbf{\alpha \approx 33{,}7°}$

Aufgabe 3: *Bestimme vom Winkel γ aus die Gegenkathete, Ankathete, Hypotenuse und berechne die Winkelgröße von γ.*

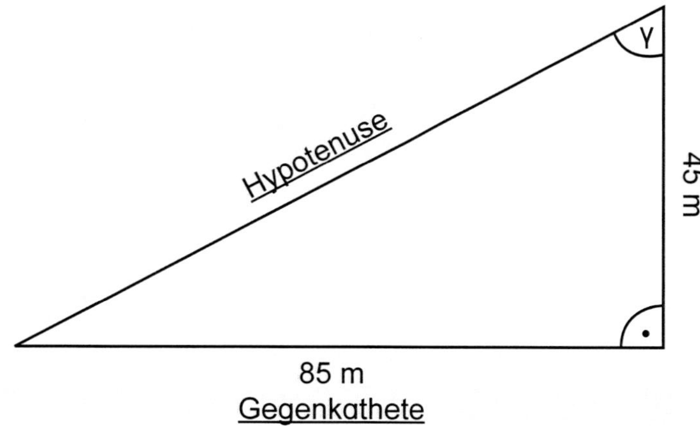

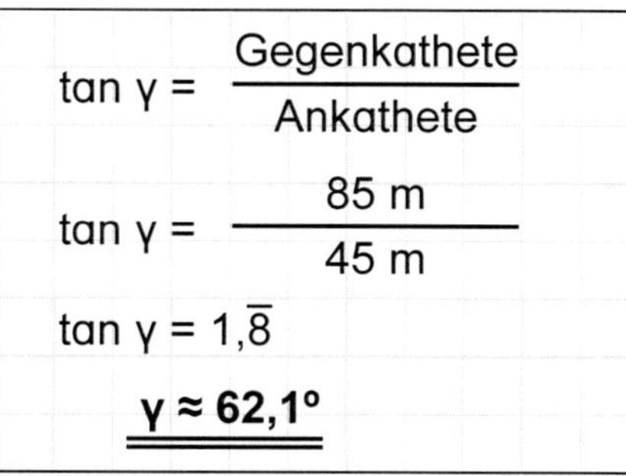

$\tan \gamma = \dfrac{\text{Gegenkathete}}{\text{Ankathete}}$

$\tan \gamma = \dfrac{85\text{ m}}{45\text{ m}}$

$\tan \gamma = 1{,}\overline{8}$

$\mathbf{\gamma \approx 62{,}1°}$

KOHL VERLAG Grundbildung Trigonometrie – Aus der Schulpraxis für die Schulpraxis - Bestell-Nr. 12 117

IV. Der Tangens

6. Berechnung der Länge von Seiten in rechtwinkligen Dreiecken

Beispiel 1:

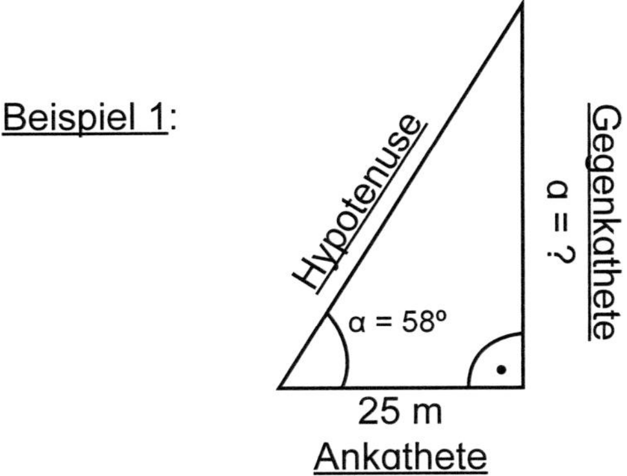

$$\frac{\text{Gegenkathete}}{\text{Ankathete}} = \tan \alpha$$

$$\frac{a}{25\text{ m}} = \tan 58° \quad | \cdot 25\text{ m}$$

$a = 25\text{ m} \cdot \tan 58°$

$a = 25\text{ cm} \cdot 1{,}6$

$a = 40\text{ m}$

Beispiel 2:

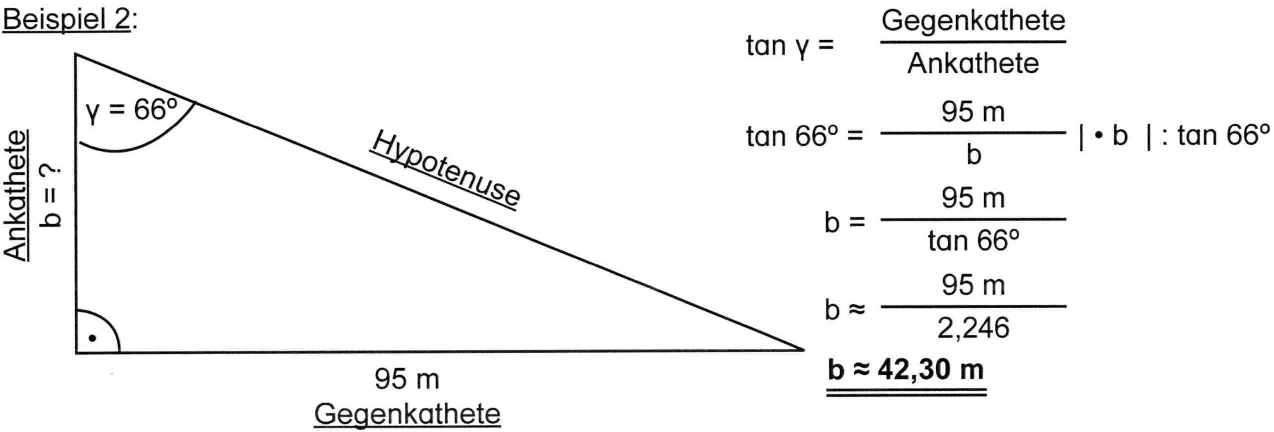

$$\tan \gamma = \frac{\text{Gegenkathete}}{\text{Ankathete}}$$

$$\tan 66° = \frac{95\text{ m}}{b} \quad | \cdot b \quad | : \tan 66°$$

$$b = \frac{95\text{ m}}{\tan 66°}$$

$$b \approx \frac{95\text{ m}}{2{,}246}$$

$b \approx 42{,}30\text{ m}$

Aufgabe 1: *Bestimme vom Winkel α aus die Gegenkathete, Ankathete, Hypotenuse und berechne die gesuchte Länge der angegebenen Seite.*

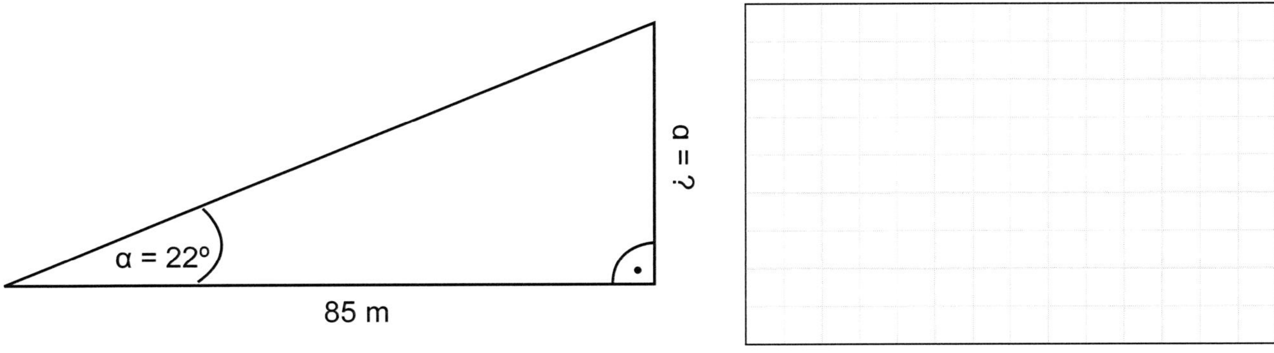

Aufgabe 2: *Bestimme vom Winkel β aus die Gegenkathete, Ankathete, Hypotenuse und berechne die gesuchte Länge der angegebenen Seite.*

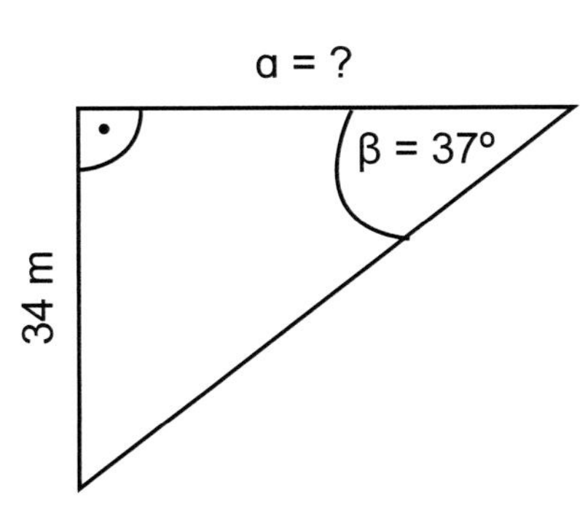

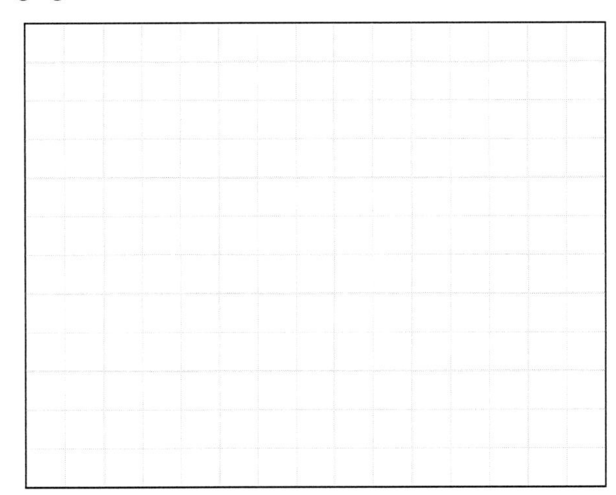

KOHL VERLAG Grundbildung Trigonometrie
Aus der Schulpraxis für die Schulpraxis - Bestell-Nr. 12 117

IV. Der Tangens

6. Berechnung der Länge von Seiten in rechtwinkligen Dreiecken – Lösungen

Beispiel 1:

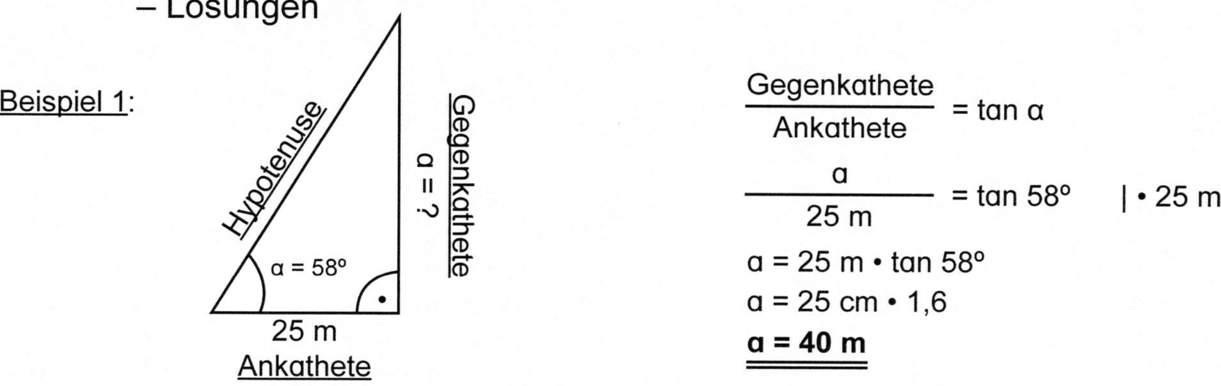

$$\frac{\text{Gegenkathete}}{\text{Ankathete}} = \tan \alpha$$

$$\frac{a}{25\text{ m}} = \tan 58° \quad | \cdot 25\text{ m}$$

$$a = 25\text{ m} \cdot \tan 58°$$

$$a = 25\text{ cm} \cdot 1{,}6$$

$$\mathbf{a = 40\text{ m}}$$

Beispiel 2:

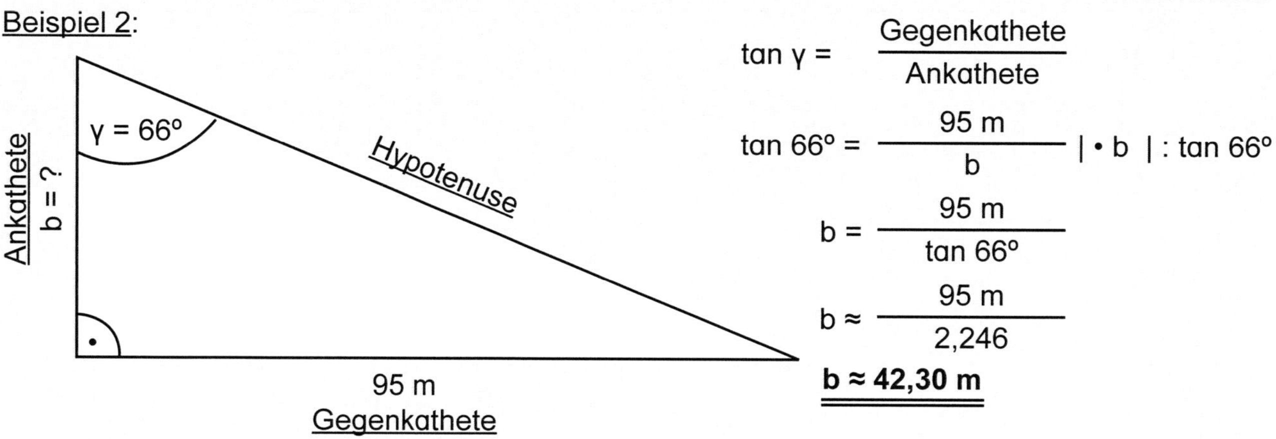

$$\tan \gamma = \frac{\text{Gegenkathete}}{\text{Ankathete}}$$

$$\tan 66° = \frac{95\text{ m}}{b} \quad | \cdot b \quad | : \tan 66°$$

$$b = \frac{95\text{ m}}{\tan 66°}$$

$$b \approx \frac{95\text{ m}}{2{,}246}$$

$$\mathbf{b \approx 42{,}30\text{ m}}$$

Aufgabe 1: *Bestimme vom Winkel α aus die Gegenkathete, Ankathete, Hypotenuse und berechne die gesuchte Länge der angegebenen Seite.*

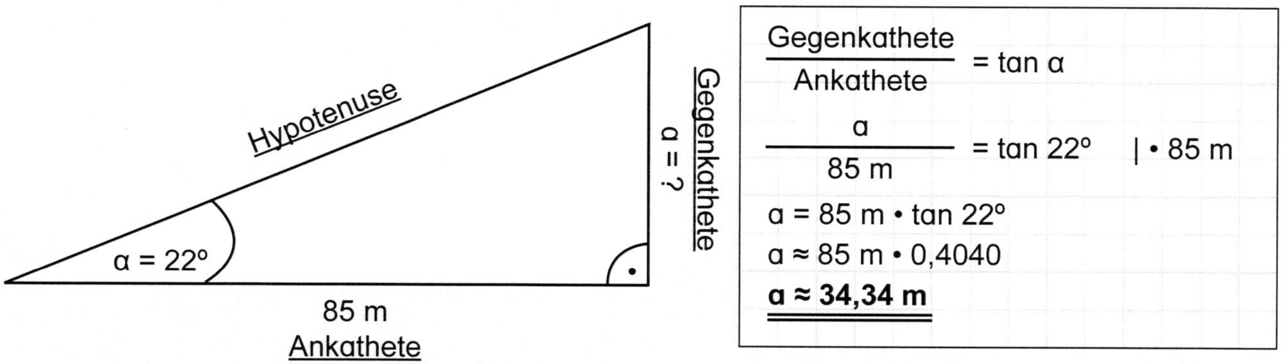

$$\frac{\text{Gegenkathete}}{\text{Ankathete}} = \tan \alpha$$

$$\frac{a}{85\text{ m}} = \tan 22° \quad | \cdot 85\text{ m}$$

$$a = 85\text{ m} \cdot \tan 22°$$

$$a \approx 85\text{ m} \cdot 0{,}4040$$

$$\mathbf{a \approx 34{,}34\text{ m}}$$

Aufgabe 2: *Bestimme vom Winkel β aus die Gegenkathete, Ankathete, Hypotenuse und berechne die gesuchte Länge der angegebenen Seite.*

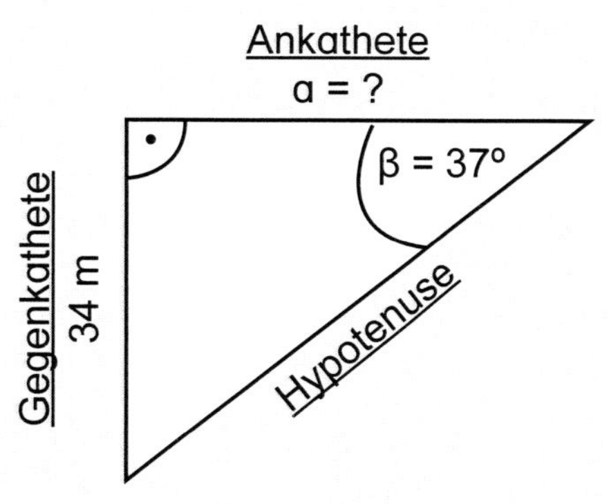

$$\tan \beta = \frac{\text{Gegenkathete}}{\text{Ankathete}}$$

$$\tan 37° = \frac{34\text{ m}}{a} \quad | \cdot a \quad | : \tan 37°$$

$$a = \frac{34\text{ m}}{\tan 37°}$$

$$a \approx \frac{34\text{ m}}{0{,}7535}$$

$$\mathbf{a \approx 45{,}12\text{ m}}$$

Grundbildung Trigonometrie
Aus der Schulpraxis für die Schulpraxis - Bestell-Nr. 12 117
KOHL VERLAG

IV. Der Tangens

7. Textaufgaben (Anwendung des Tangens in rechtwinkligen Dreiecken)

Mache bei jeder folgenden Aufgabe zuerst eine Skizze. Notiere dort ein Fragezeichen, was gesucht wird. Benenne in der Skizze, was gegeben ist. Rechne dann aus, was gesucht wird. Unterstreiche das Ergebnis mit zwei Linien. Schreibe zum Schluss einen (kurzen) Antwortsatz.

Aufgabe 1: *Unter welchem Höhenwinkel sieht eine auf dem Erdboden liegende Person die Spitze eines 20 Meter hohen Hauses, wenn sich die Person 50 Meter vom Haus entfernt befindet?*

Aufgabe 2: *Vom Erdboden aus gesehen erscheint die Sonne unter einem Winkel von 56°. Wie hoch ist ein Gebäude, das bei diesem Sonnenstand eine 18 Meter langen Schatten wirft?*

Aufgabe 3: *Von einem Schiff aus wird die Spitze eines Leuchtturms unter einem Winkel von 5° gesehen. Der Leuchtturm hat eine Höhe von 40 Metern. Wie weit befindet sich das Schiff vom Leuchtturm entfernt?*

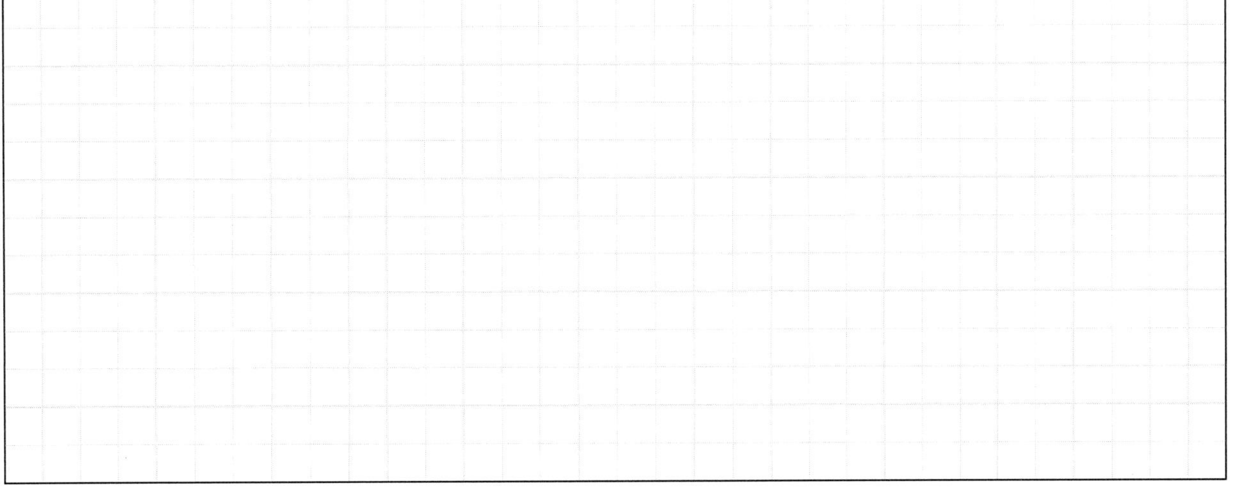

KOHL VERLAG Grundbildung Trigonometrie
Aus der Schulpraxis für die Schulpraxis - Bestell-Nr. 12 117

IV. Der Tangens

7. Textaufgaben (Anwendung des Tangens in rechtwinkligen Dreiecken) – Lösungen

Mache bei jeder folgenden Aufgabe zuerst eine Skizze. Notiere dort ein Fragezeichen, was gesucht wird. Benenne in der Skizze, was gegeben ist. Rechne dann aus, was gesucht wird. Unterstreiche das Ergebnis mit zwei Linien. Schreibe zum Schluss einen (kurzen) Antwortsatz.

Aufgabe 1: *Unter welchem Höhenwinkel sieht eine auf dem Erdboden liegende Person die Spitze eines 20 Meter hohen Hauses, wenn sich die Person 50 Meter vom Haus entfernt befindet?*

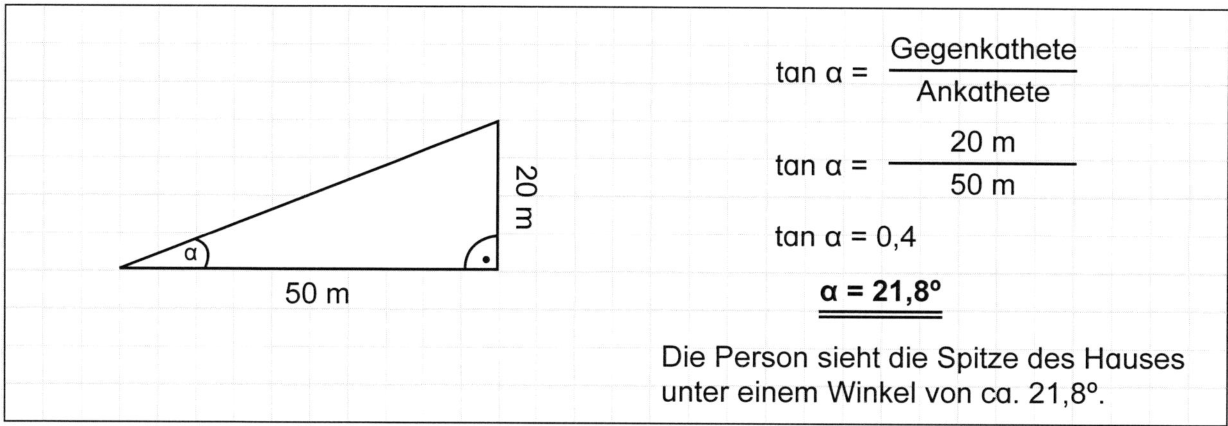

Aufgabe 2: *Vom Erdboden aus gesehen erscheint die Sonne unter einem Winkel von 56°. Wie hoch ist ein Gebäude, das bei diesem Sonnenstand eine 18 Meter langen Schatten wirft?*

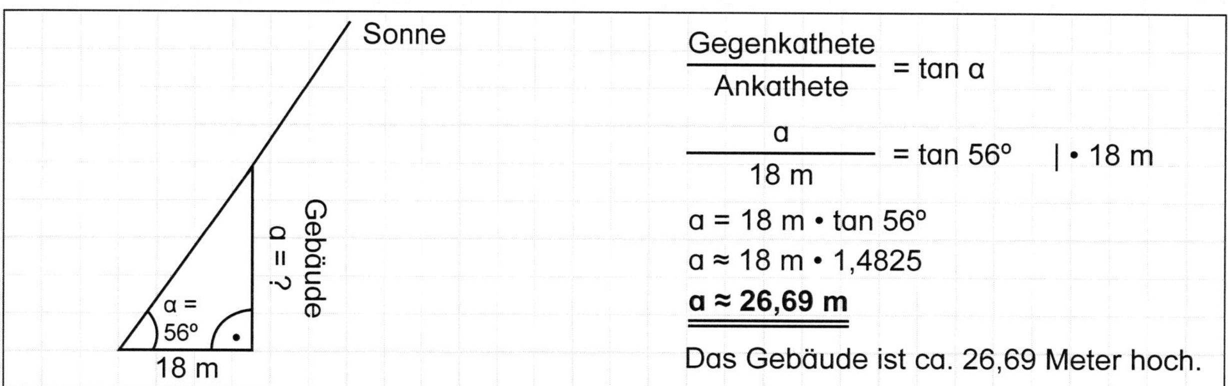

Aufgabe 3: *Von einem Schiff aus wird die Spitze eines Leuchtturms unter einem Winkel von 5° gesehen. Der Leuchtturm hat eine Höhe von 40 Metern. Wie weit befindet sich das Schiff vom Leuchtturm entfernt?*

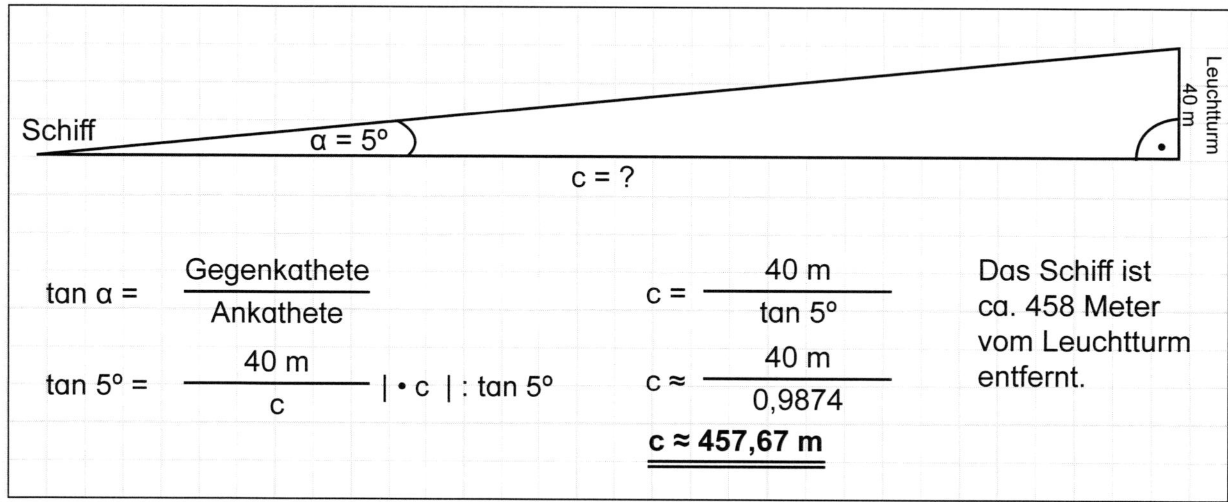

Grundbildung Trigonometrie
Aus der Schulpraxis für die Schulpraxis - Bestell-Nr. 12 117
KOHL VERLAG

V. Überblick und Aufgaben

1. Die Winkelfunktionen Sinus, Kosinus und Tangens in rechtwinkligen Dreiecken auf einen Blick

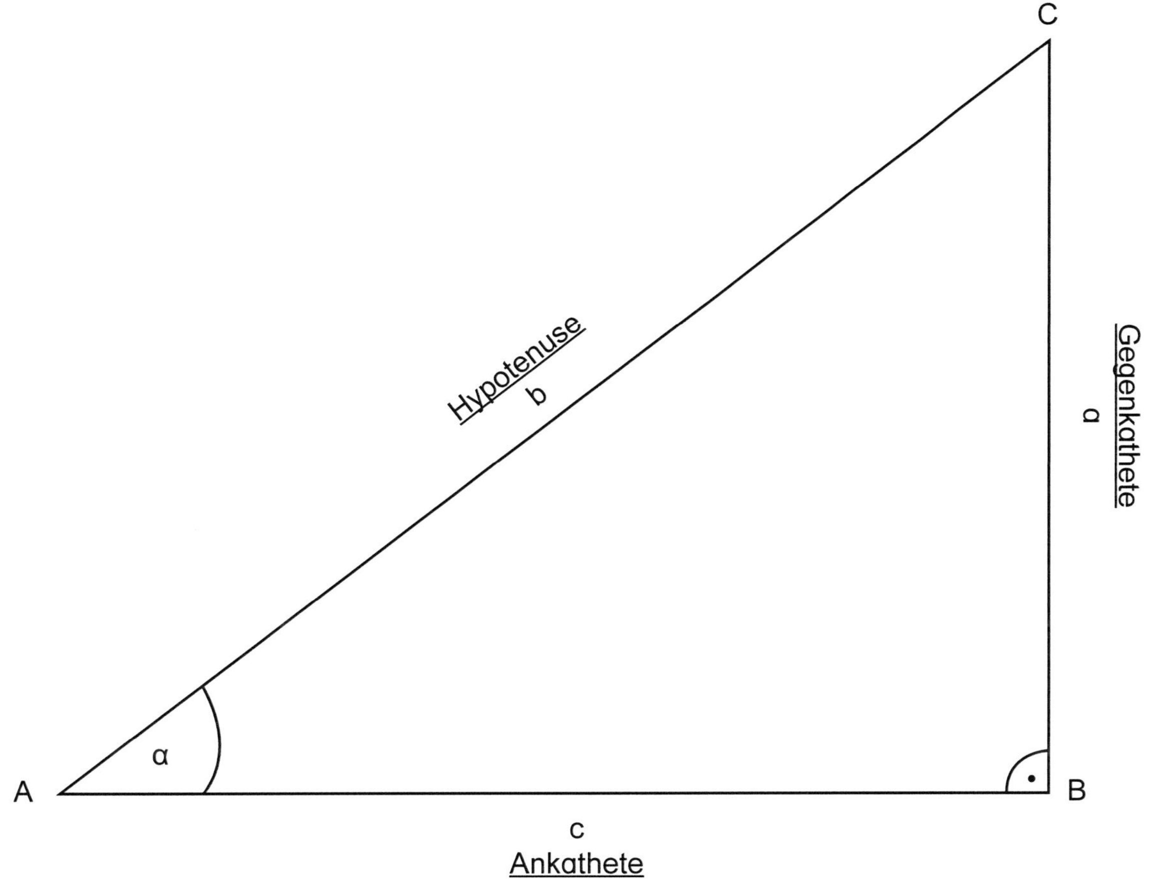

$$\sin \alpha = \frac{\textbf{Gegenkathete (G)}}{\textbf{Hypotenuse (H)}} = \frac{a}{b}$$

$$\cos \alpha = \frac{\textbf{Ankathete (A)}}{\textbf{Hypotenuse (H)}} = \frac{c}{b}$$

$$\tan \alpha = \frac{\textbf{Gegenkathete (G)}}{\textbf{Ankathete (A)}} = \frac{a}{c}$$

Merke dir unbedingt:

Die Hypotenuse ist immer die längste Seite im jeweiligen rechtwinkligen Dreieck und liegt gegenüber vom rechten Winkel (= 90°-Winkel). Die Katheten bilden die beiden Schenkel des rechten Winkels. Welche Seite die Gegenkatete ist und welche Seite die Ankathete, hängt vom Winkel ab, von dem man ausgeht. Im oberen Beispiel wird vom Winkel a ausgegangen.

Als Eselsbrücke zu den Winkelfunktionen kann man sich merken:

<u>sin</u>	<u>cos</u>	<u>tan</u>
G	A	G
H	H	A

KOHL VERLAG Grundbildung Trigonometrie
Aus der Schulpraxis für die Schulpraxis - Bestell-Nr. 12 117

V. Überblick und Aufgaben

2. Zeichnung von rechtwinkligen Dreiecken sowie Berechnung von Winkelgrößen und Seitenlängen

Aufgabe 1: *a)* *Zeichne ein rechtwinkliges Dreieck mit den Winkeln $\alpha = 53°$, $\beta = 90°$ und der Seite $b = 9$ cm.*
b) *Berechne die Winkelgröße von γ sowie die Seitenlängen a und c.*

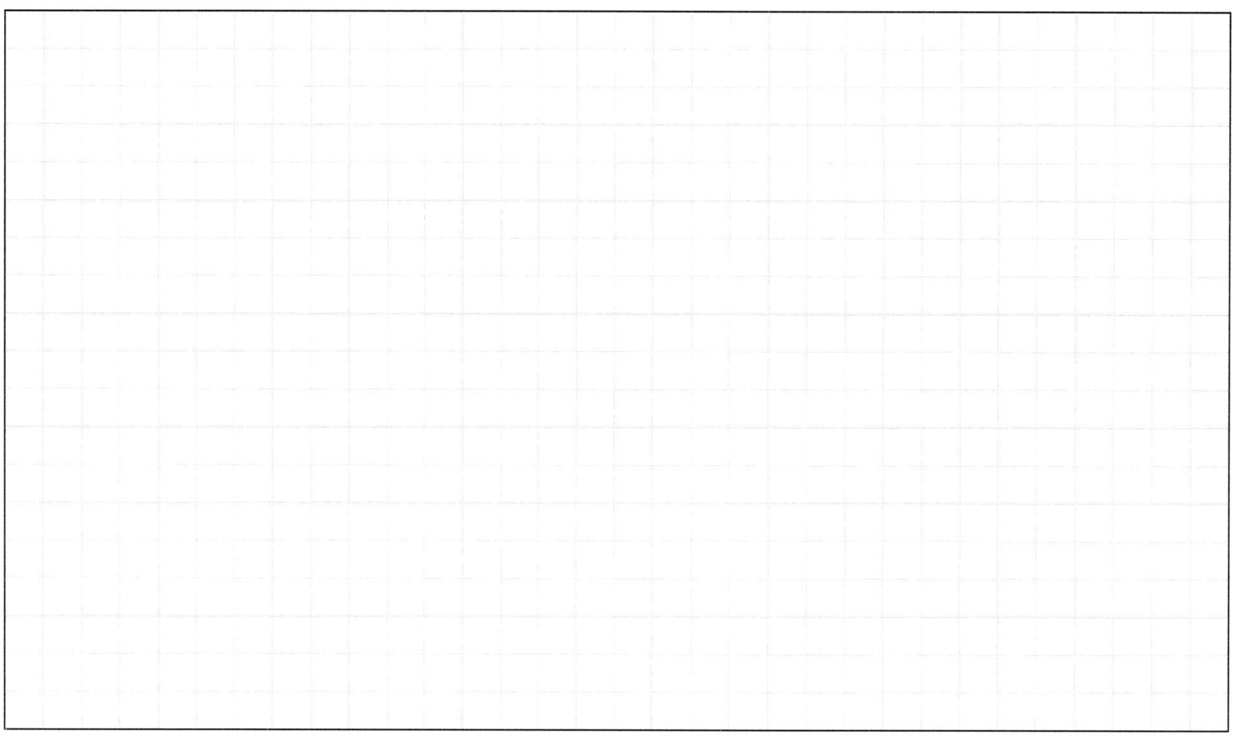

Aufgabe 2: *a)* *Zeichne ein rechtwinkliges Dreieck mit den Winkeln $\beta = 42°$, $\gamma = 90°$ und der Seite $a = 10{,}5$ cm.*
b) *Berechne die Winkelgröße von α sowie die Seitenlängen b und c.*

V. Überblick und Aufgaben

2. Zeichnung von rechtwinkligen Dreiecken sowie Berechnung von Winkelgrößen und Seitenlängen – Lösungen

Aufgabe 1: ***a)*** *Zeichne ein rechtwinkliges Dreieck mit den Winkeln $\alpha = 53^\circ$, $\beta = 90^\circ$ und der Seite $b = 9$ cm.*

b) *Berechne die Winkelgröße von γ sowie die Seitenlängen a und c.*

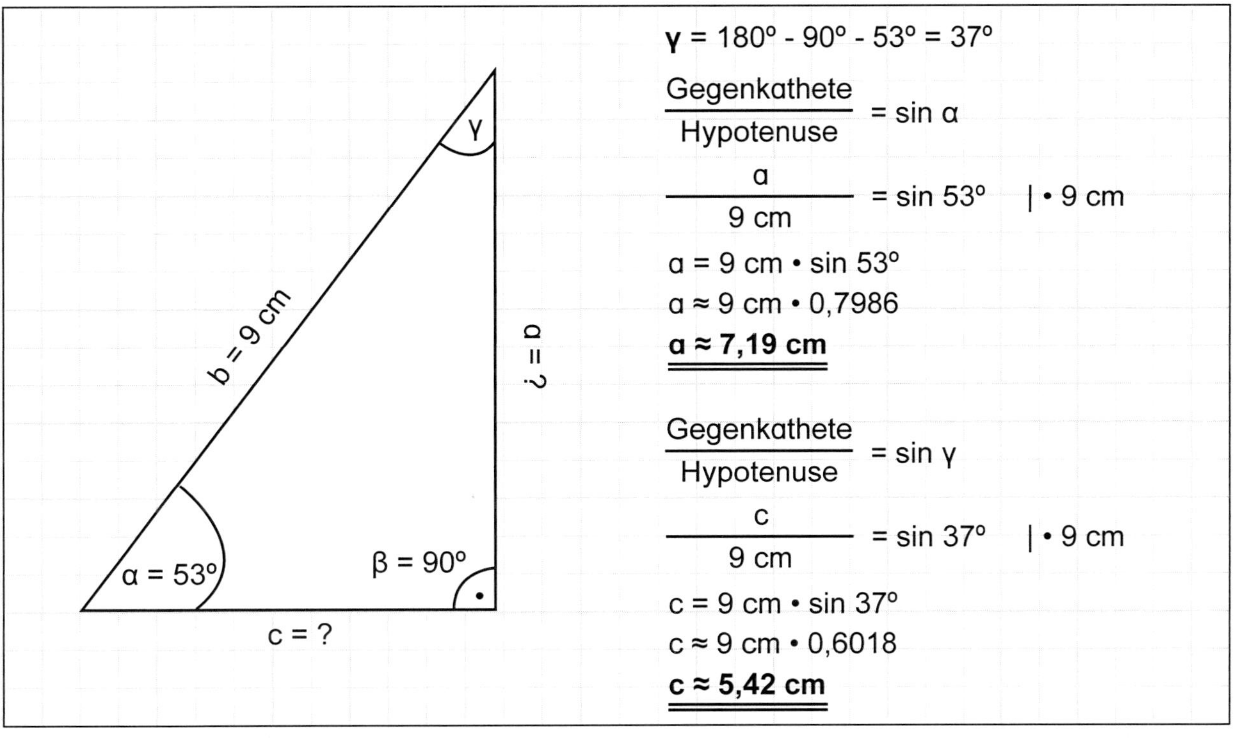

$\gamma = 180^\circ - 90^\circ - 53^\circ = 37^\circ$

$\frac{\text{Gegenkathete}}{\text{Hypotenuse}} = \sin\alpha$

$\frac{a}{9\text{ cm}} = \sin 53^\circ \quad | \cdot 9\text{ cm}$

$a = 9\text{ cm} \cdot \sin 53^\circ$

$a \approx 9\text{ cm} \cdot 0{,}7986$

$\mathbf{a \approx 7{,}19\text{ cm}}$

$\frac{\text{Gegenkathete}}{\text{Hypotenuse}} = \sin\gamma$

$\frac{c}{9\text{ cm}} = \sin 37^\circ \quad | \cdot 9\text{ cm}$

$c = 9\text{ cm} \cdot \sin 37^\circ$

$c \approx 9\text{ cm} \cdot 0{,}6018$

$\mathbf{c \approx 5{,}42\text{ cm}}$

Aufgabe 2: ***a)*** *Zeichne ein rechtwinkliges Dreieck mit den Winkeln $\beta = 42^\circ$, $\gamma = 90^\circ$ und der Seite $a = 10{,}5$ cm.*

b) *Berechne die Winkelgröße von α sowie die Seitenlängen b und c.*

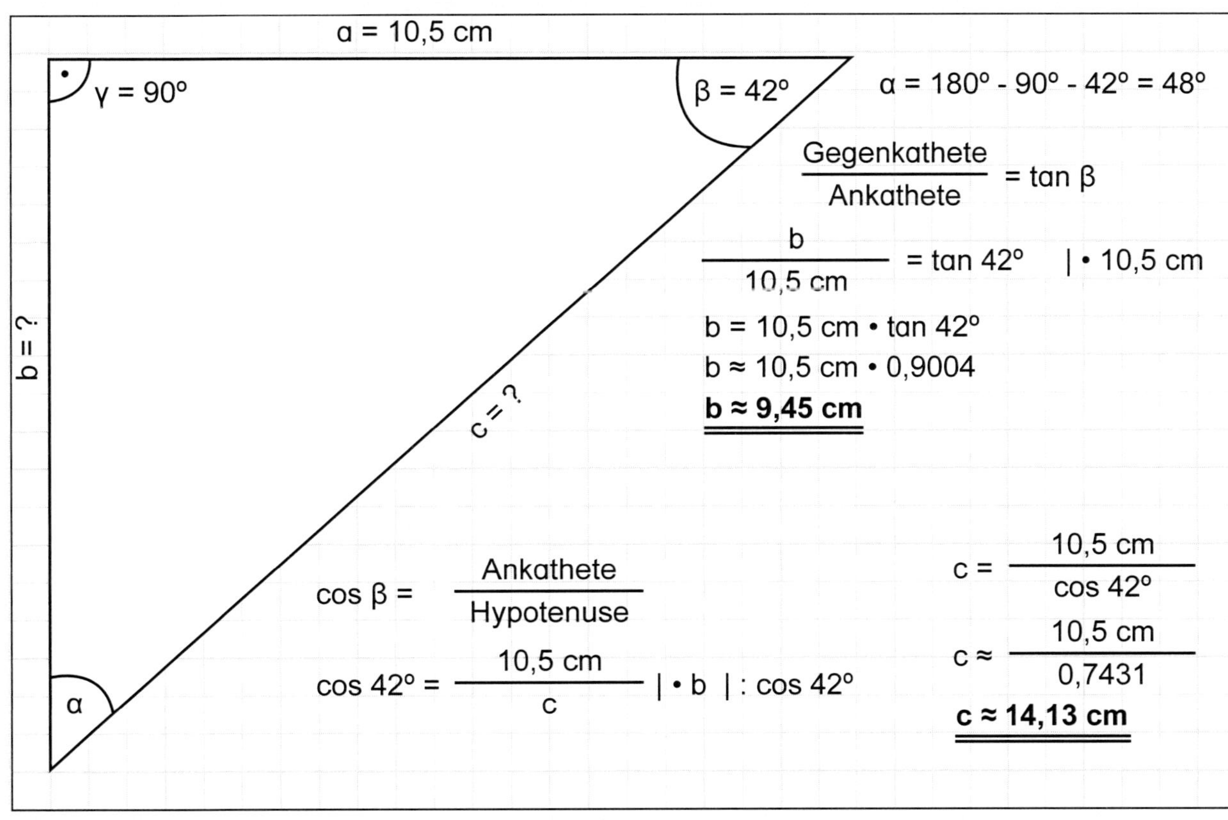

$\alpha = 180^\circ - 90^\circ - 42^\circ = 48^\circ$

$\frac{\text{Gegenkathete}}{\text{Ankathete}} = \tan\beta$

$\frac{b}{10{,}5\text{ cm}} = \tan 42^\circ \quad | \cdot 10{,}5\text{ cm}$

$b = 10{,}5\text{ cm} \cdot \tan 42^\circ$

$b \approx 10{,}5\text{ cm} \cdot 0{,}9004$

$\mathbf{b \approx 9{,}45\text{ cm}}$

$\cos\beta = \frac{\text{Ankathete}}{\text{Hypotenuse}}$

$\cos 42^\circ = \frac{10{,}5\text{ cm}}{c} \quad | \cdot b \quad | : \cos 42^\circ$

$c = \frac{10{,}5\text{ cm}}{\cos 42^\circ}$

$c \approx \frac{10{,}5\text{ cm}}{0{,}7431}$

$\mathbf{c \approx 14{,}13\text{ cm}}$

KOHL VERLAG Grundbildung Trigonometrie
Aus der Schulpraxis für die Schulpraxis - Bestell-Nr. 12 117

3. Textaufgaben (Anwendung des Sinus, Kosinus, Tangens in rechtwinkligen Dreiecken)

Aufgabe 1: *Ein Teilstück einer Bergbahnstrecke weist einen Höhenwinkel von 20° auf. Nach wie viel Metern Fahrstrecke gewinnt die Bergbahn auf diesem Teilstück 200 Meter an Höhe?*

Aufgabe 2: *Senkrecht aus der Luft gesehen bilden die 3 kleinen Dörfer A, B und C zueinander ein rechtwinkliges Dreieck. Der rechte Winkel liegt bei B an. Die Entfernung zwischen den Dörfern A und B ist 6 km. Die Strecke von A nach B bildet mit der Strecken von A nach C einen 27°-Winkel. Wie groß ist die Entfernung zwischen den Dörfern A und C?*

Aufgabe 3: *Wie viel Grad beträgt der Anstiegswinkel bei einer Straße, die eine Steigung von 15 % hat?*

Aufgabe 4: *Wie viel Prozent Gefälle hat ein Weg bei einem Neigungswinkel von 12°?*

KOHL VERLAG Grundbildung Trigonometrie
Aus der Schulpraxis für die Schulpraxis - Bestell-Nr. 12 117

V. Überblick und Aufgaben

3. Textaufgaben (Anwendung des Sinus, Kosinus, Tangens in rechtwinkligen Dreiecken) – Lösungen

Aufgabe 1: *Ein Teilstück einer Bergbahnstrecke weist einen Höhenwinkel von 20° auf. Nach wie viel Metern Fahrstrecke gewinnt die Bergbahn auf diesem Teilstück 200 Meter an Höhe?*

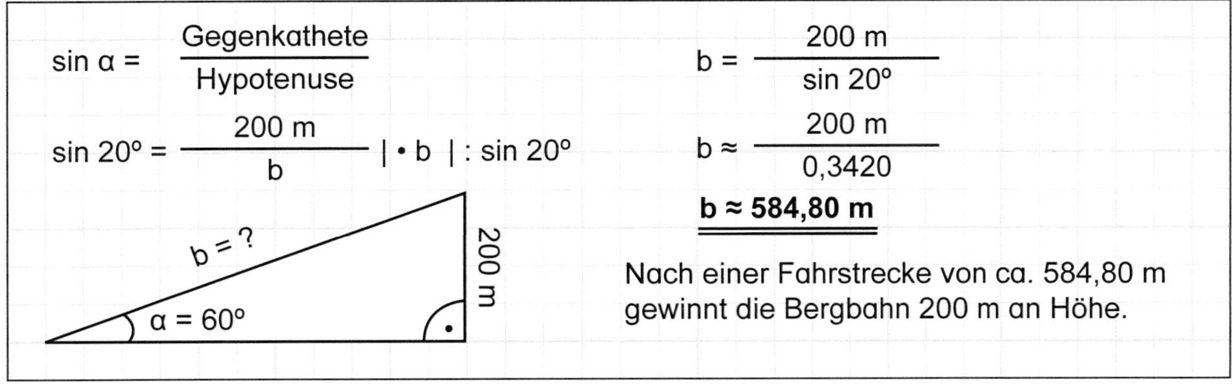

$$\sin \alpha = \frac{\text{Gegenkathete}}{\text{Hypotenuse}}$$

$$\sin 20° = \frac{200\text{ m}}{b} \quad | \cdot b \quad | : \sin 20°$$

$$b = \frac{200\text{ m}}{\sin 20°}$$

$$b \approx \frac{200\text{ m}}{0{,}3420}$$

$$\mathbf{b \approx 584{,}80\text{ m}}$$

Nach einer Fahrstrecke von ca. 584,80 m gewinnt die Bergbahn 200 m an Höhe.

Aufgabe 2: *Senkrecht aus der Luft gesehen bilden die 3 kleinen Dörfer A, B und C zueinander ein rechtwinkliges Dreieck. Der rechte Winkel liegt bei B an. Die Entfernung zwischen den Dörfern A und B ist 6 km. Die Strecke von A nach B bildet mit der Strecken von A nach C einen 27°-Winkel. Wie groß ist die Entfernung zwischen den Dörfern A und C?*

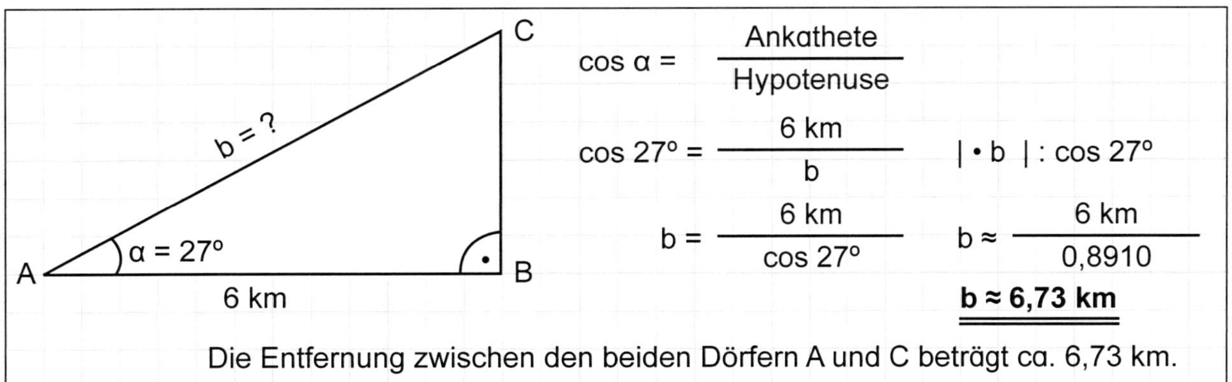

$$\cos \alpha = \frac{\text{Ankathete}}{\text{Hypotenuse}}$$

$$\cos 27° = \frac{6\text{ km}}{b} \quad | \cdot b \quad | : \cos 27°$$

$$b = \frac{6\text{ km}}{\cos 27°} \qquad b \approx \frac{6\text{ km}}{0{,}8910}$$

$$\mathbf{b \approx 6{,}73\text{ km}}$$

Die Entfernung zwischen den beiden Dörfern A und C beträgt ca. 6,73 km.

Aufgabe 3: *Wie viel Grad beträgt der Anstiegswinkel bei einer Straße, die eine Steigung von 15 % hat?*

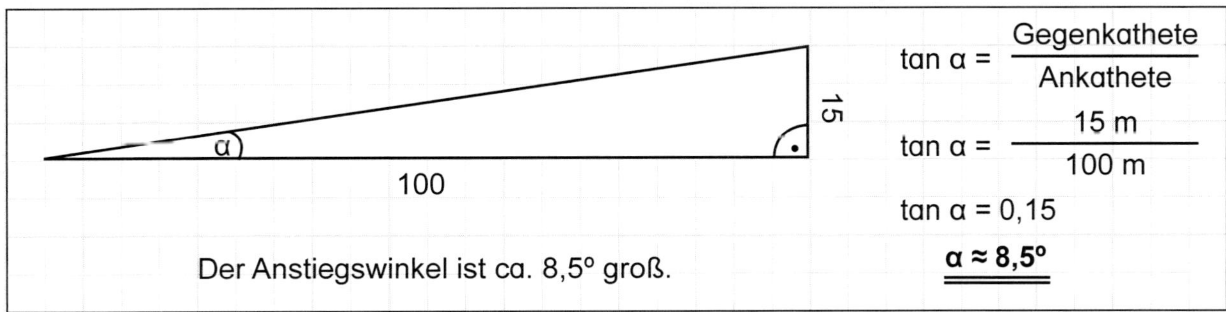

$$\tan \alpha = \frac{\text{Gegenkathete}}{\text{Ankathete}}$$

$$\tan \alpha = \frac{15\text{ m}}{100\text{ m}}$$

$$\tan \alpha = 0{,}15$$

$$\mathbf{\alpha \approx 8{,}5°}$$

Der Anstiegswinkel ist ca. 8,5° groß.

Aufgabe 4: *Wie viel Prozent Gefälle hat ein Weg bei einem Neigungswinkel von 12°?*

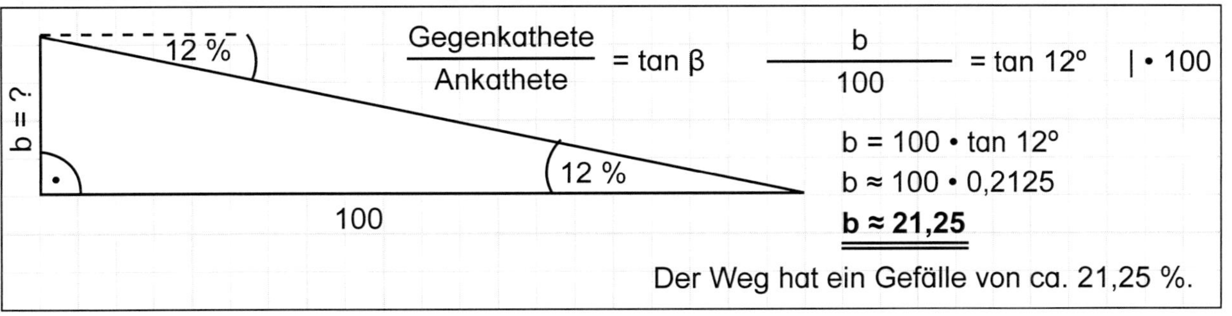

$$\frac{\text{Gegenkathete}}{\text{Ankathete}} = \tan \beta \qquad \frac{b}{100} = \tan 12° \quad | \cdot 100$$

$$b = 100 \cdot \tan 12°$$

$$b \approx 100 \cdot 0{,}2125$$

$$\mathbf{b \approx 21{,}25}$$

Der Weg hat ein Gefälle von ca. 21,25 %.

V. Überblick und Aufgaben

3. Textaufgaben (Anwendung des Sinus, Kosinus, Tangens in rechtwinkligen Dreiecken)

Aufgabe 5: *Die Spitze eines Baumes ist aus 30 Meter Entfernung unter einem Höhenwinkel von 27° zu sehen. Wie hoch ist der Baum?*

Aufgabe 6: *Von einer Station im Tal verläuft unter einem Höhenwinkel von 33° geradlinig eine Seilbahn zu einer Bergstation. Die Entfernung zwischen der Station im Tal und dem Fußpunkt der Bergstation beträgt 1600 Meter. Wie lang ist die Seilbahnstrecke zwischen Station im Tal und der Bergstation?*

Aufgabe 7: *Ein Rechteck ist 60 cm lang. Unter welchem Winkel steigen die beiden jeweils 80 cm langen Diagonalen dieses Rechtecks an?*

Aufgabe 8: *Ein Flugzeug setzt aus 300 Meter Höhe mit einem Neigungswinkel von 4° zur Landung auf einem Flughafen an. Welche Entfernung legt das Flugzeug zurück, bis es auf dem Erdboden aufsetzt?*

KOHL VERLAG Lernen mit Erfolg
Grundbildung Trigonometrie
Aus der Schulpraxis für die Schulpraxis - Bestell-Nr. 12 117

V. Überblick und Aufgaben

3. Textaufgaben (Anwendung des Sinus, Kosinus, Tangens in rechtwinkligen Dreiecken) – Lösungen

Aufgabe 5: *Die Spitze eines Baumes ist aus 30 Meter Entfernung unter einem Höhenwinkel von 27° zu sehen. Wie hoch ist der Baum?*

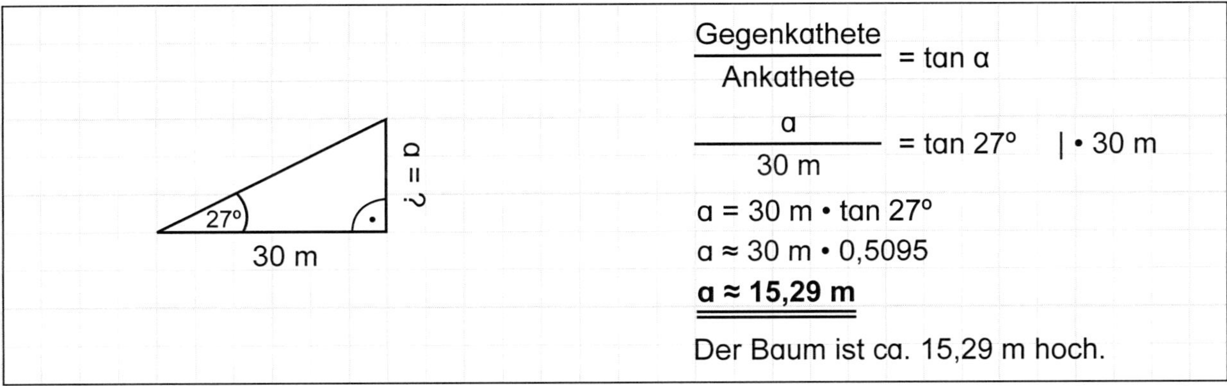

Aufgabe 6: *Von einer Station im Tal verläuft unter einem Höhenwinkel von 33° geradlinig eine Seilbahn zu einer Bergstation. Die Entfernung zwischen der Station im Tal und dem Fußpunkt der Bergstation beträgt 1600 Meter. Wie lang ist die Seilbahnstrecke zwischen Station im Tal und der Bergstation?*

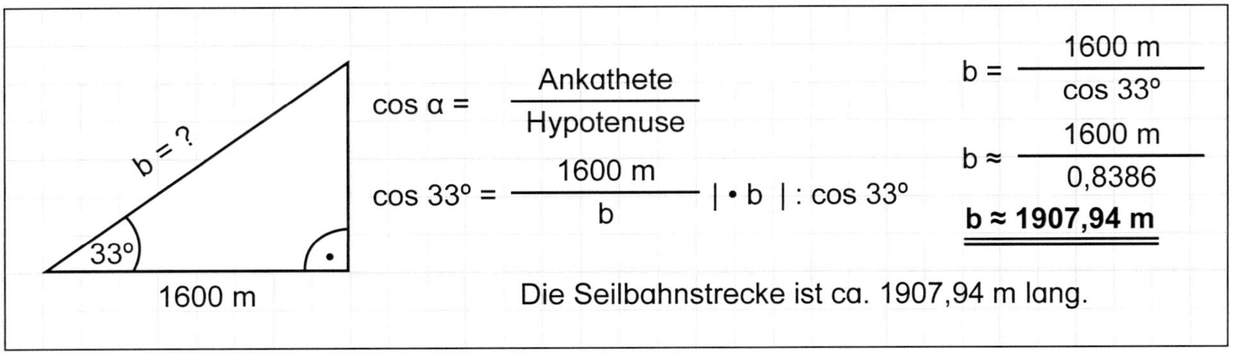

Aufgabe 7: *Ein Rechteck ist 60 cm lang. Unter welchem Winkel steigen die beiden jeweils 80 cm langen Diagonalen dieses Rechtecks an?*

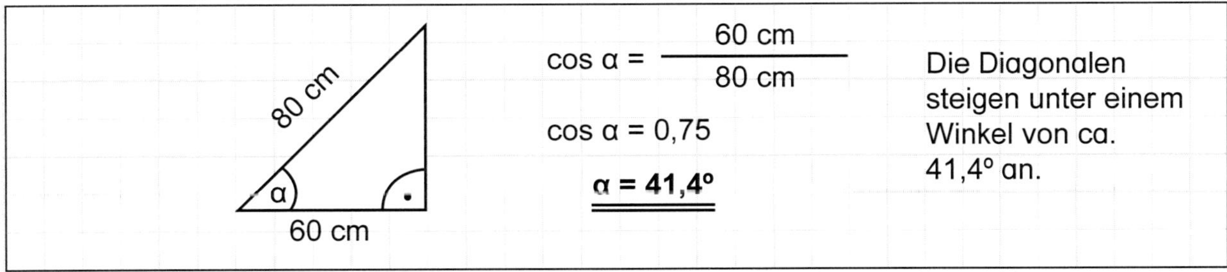

Aufgabe 8: *Ein Flugzeug setzt aus 300 Meter Höhe mit einem Neigungswinkel von 4° zur Landung auf einem Flughafen an. Welche Entfernung legt das Flugzeug zurück, bis es auf dem Erdboden aufsetzt?*

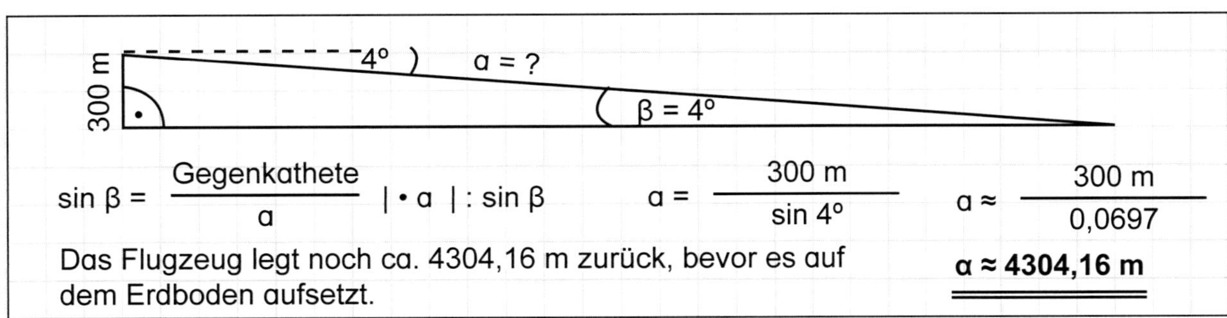

Grundbildung Trigonometrie
Aus der Schulpraxis für die Schulpraxis - Bestell-Nr. 12 117
KOHL VERLAG

V. Überblick und Aufgaben

3. Textaufgaben (Anwendung des Sinus, Kosinus, Tangens in rechtwinkligen Dreiecken)

Zeichne maßstabsgerecht eine Skizze und berechne dann, was gefragt ist:

Aufgabe 9: *Ein Teilstück einer Bergbahnstrecke steigt auf einer Länge von 1500 Metern um 10° an. Berechne die Höhendifferenz dieses Teilstückes.*

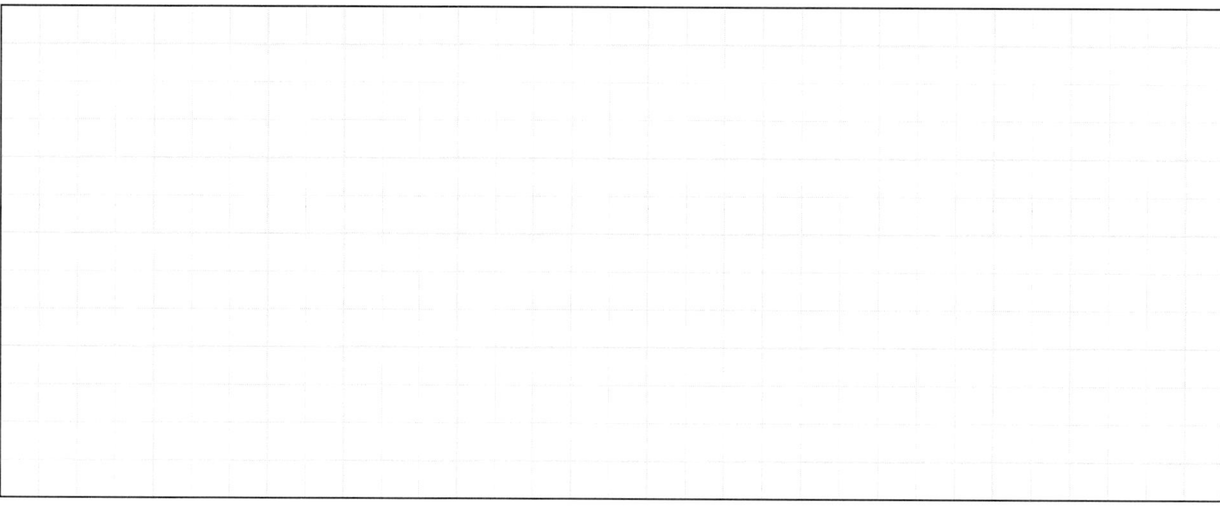

Aufgabe 10: *Aus einer Entfernung von 1200 Metern wird der Start einer Rakete beobachtet, die vom Boden senkrecht in die Luft steigt. Vom Beobachtungspunkt aus wird die Rakete bei der ersten Messung unter einem Höhenwinkel von 15° gesehen. Bei der zweiten Messung wird die Rakete unter einem Höhenwinkel von 25° gesehen. Berechne, um wie viele Meter die Rakete von der ersten bis zur zweiten Messung gestiegen ist.*

KOHL VERLAG Grundbildung Trigonometrie
Aus der Schulpraxis für die Schulpraxis - Bestell-Nr. 12 117

V. Überblick und Aufgaben

3. Textaufgaben (Anwendung des Sinus, Kosinus, Tangens in rechtwinkligen Dreiecken) – Lösungen

Zeichne maßstabsgerecht eine Skizze und berechne dann, was gefragt ist:

Aufgabe 9: *Ein Teilstück einer Bergbahnstrecke steigt auf einer Länge von 1500 Metern um 10° an. Berechne die Höhendifferenz dieses Teilstückes.*

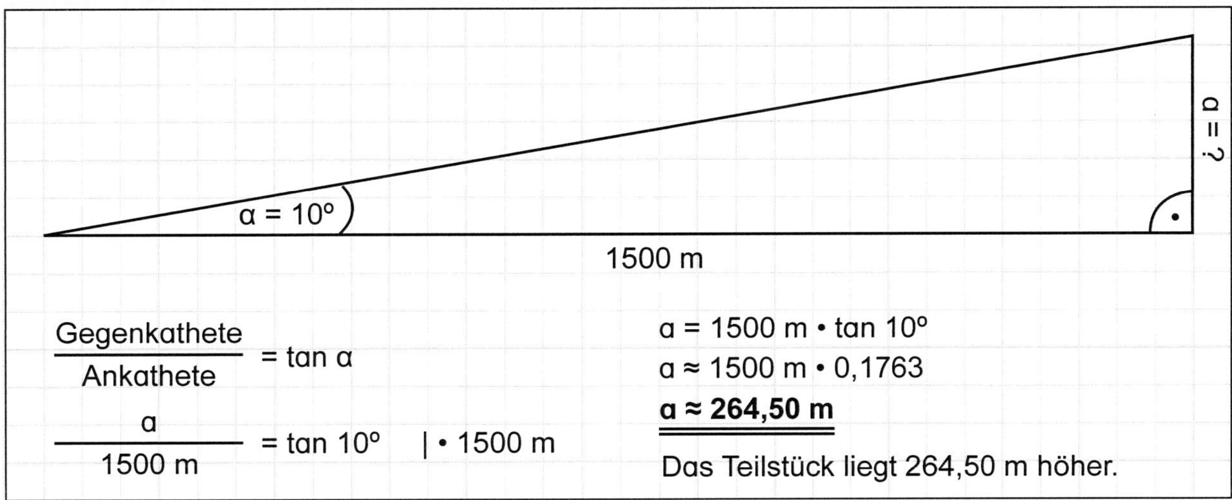

Aufgabe 10: *Aus einer Entfernung von 1200 Metern wird der Start einer Rakete beobachtet, die vom Boden senkrecht in die Luft steigt. Vom Beobachtungspunkt aus wird die Rakete bei der ersten Messung unter einem Höhenwinkel von 15° gesehen. Bei der zweiten Messung wird die Rakete unter einem Höhenwinkel von 25° gesehen. Berechne, um wie viele Meter die Rakete von der ersten bis zur zweiten Messung gestiegen ist.*

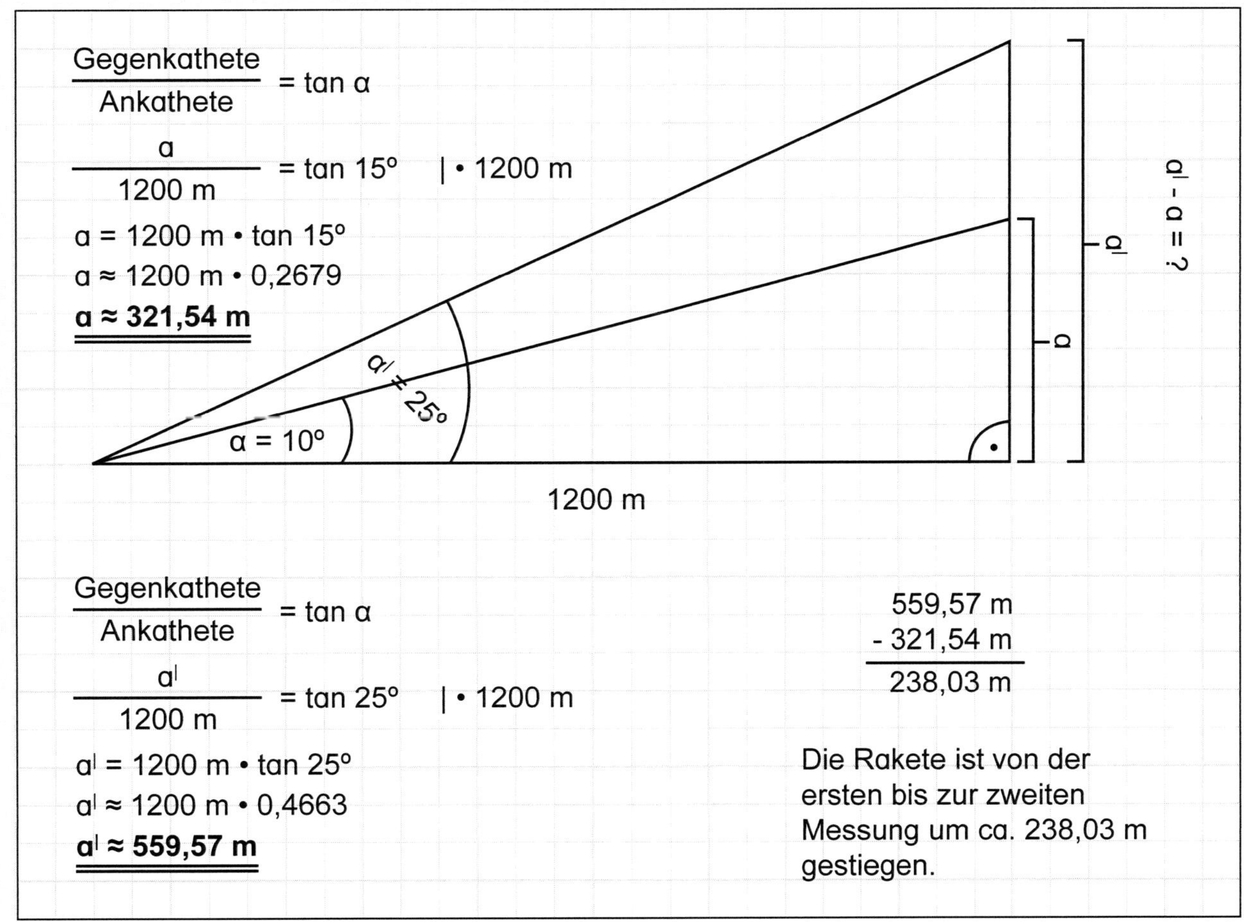

KOHL VERLAG
Grundbildung Trigonometrie
Aus der Schulpraxis für die Schulpraxis - Bestell-Nr. 12 117

V. Überblick und Aufgaben

4. Trigonometrie beim Fußball

Aufgabe 1: *Vom Anstoßpunkt (= Mittelpunkt) des Fußballfeldes ist die 2,44 Meter hohe Torlatte unter einem Höhenwinkel von 3° zu sehen. Rechne die Entfernung vom Anstoßpunkt bis zur Torlinie aus. Mache eine Skizze.*

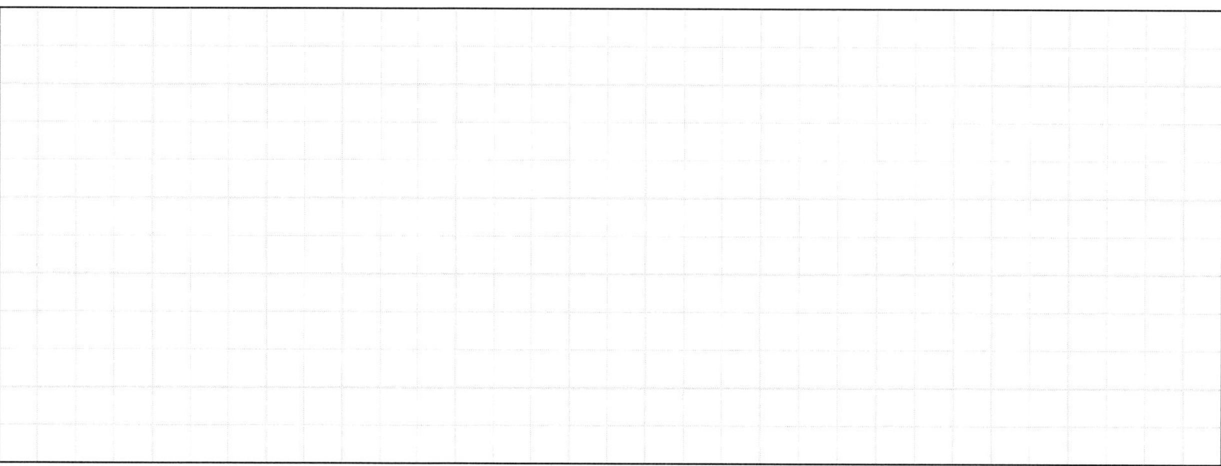

Aufgabe 2: *Ein Elfmeterschütze schießt einen Strafstoß auf ein 7,32 Meter breites Tor. Rechne aus, wie groß vom Elfmeterpunkt aus gesehen der Winkel zwischen den beiden Torpfosten ist. Mache eine Skizze.*

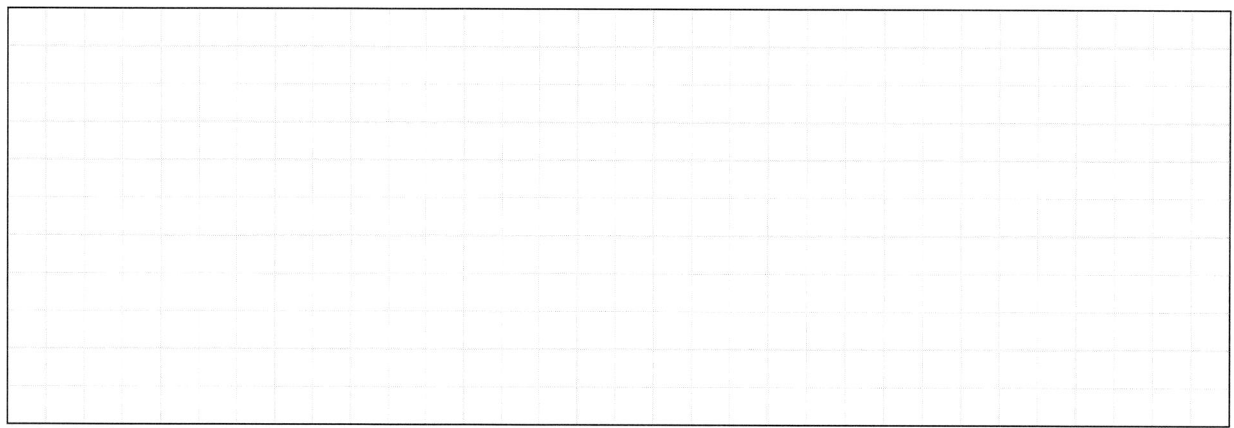

Aufgabe 3: *Schräg zum Tor von der rechten Strafraumecke erhält eine Mannschaft einen Freistoß. Rechne aus, wie groß der Winkel von der rechten Strafraumecke gesehen zwischen den beiden Torpfosten ist. Mache eine Skizze.*

KOHL VERLAG Grundbildung Trigonometrie
Aus der Schulpraxis für die Schulpraxis - Bestell-Nr. 12 117

V. Überblick und Aufgaben

4. Trigonometrie beim Fußball – Lösungen

Aufgabe 1: *Vom Anstoßpunkt (= Mittelpunkt) des Fußballfeldes ist die 2,44 Meter hohe Torlatte unter einem Höhenwinkel von 3° zu sehen. Rechne die Entfernung vom Anstoßpunkt bis zur Torlinie aus. Mache eine Skizze.*

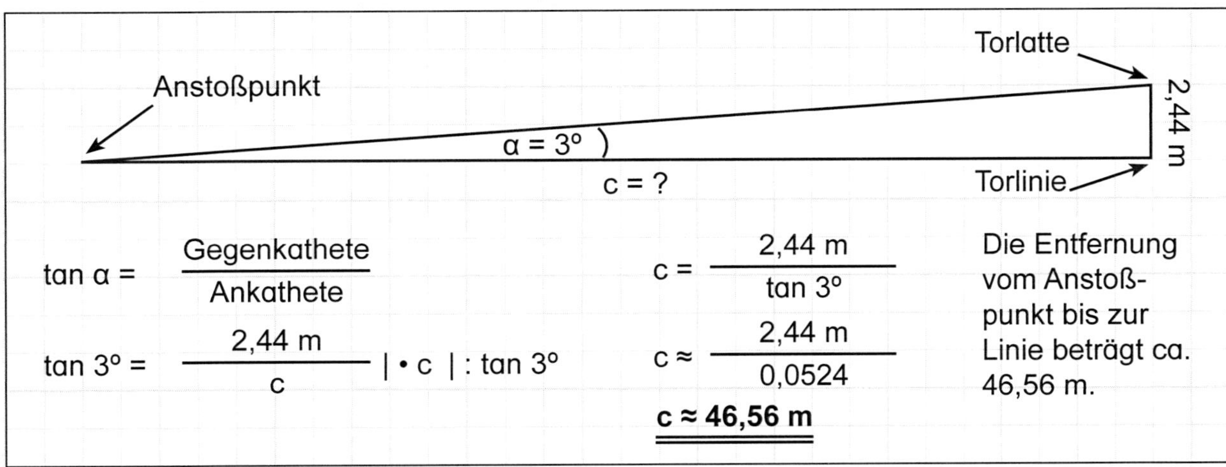

$$\tan \alpha = \frac{\text{Gegenkathete}}{\text{Ankathete}}$$

$$\tan 3^\circ = \frac{2{,}44\text{ m}}{c} \quad | \cdot c \quad | : \tan 3^\circ$$

$$c = \frac{2{,}44\text{ m}}{\tan 3^\circ}$$

$$c \approx \frac{2{,}44\text{ m}}{0{,}0524}$$

$$\mathbf{c \approx 46{,}56\text{ m}}$$

Die Entfernung vom Anstoßpunkt bis zur Linie beträgt ca. 46,56 m.

Aufgabe 2: *Ein Elfmeterschütze schießt einen Strafstoß auf ein 7,32 Meter breites Tor. Rechne aus, wie groß vom Elfmeterpunkt aus gesehen der Winkel zwischen den beiden Torpfosten ist. Mache eine Skizze.*

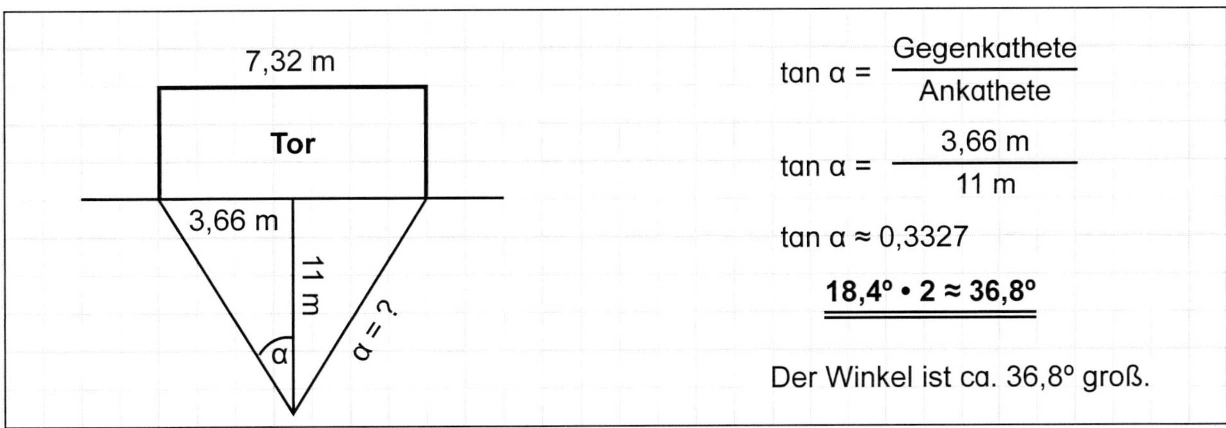

$$\tan \alpha = \frac{\text{Gegenkathete}}{\text{Ankathete}}$$

$$\tan \alpha = \frac{3{,}66\text{ m}}{11\text{ m}}$$

$$\tan \alpha \approx 0{,}3327$$

$$\mathbf{18{,}4^\circ \cdot 2 \approx 36{,}8^\circ}$$

Der Winkel ist ca. 36,8° groß.

Aufgabe 3: *Schräg zum Tor von der rechten Strafraumecke erhält eine Mannschaft einen Freistoß. Rechne aus, wie groß der Winkel von der rechten Strafraumecke gesehen zwischen den beiden Torpfosten ist. Mache eine Skizze.*

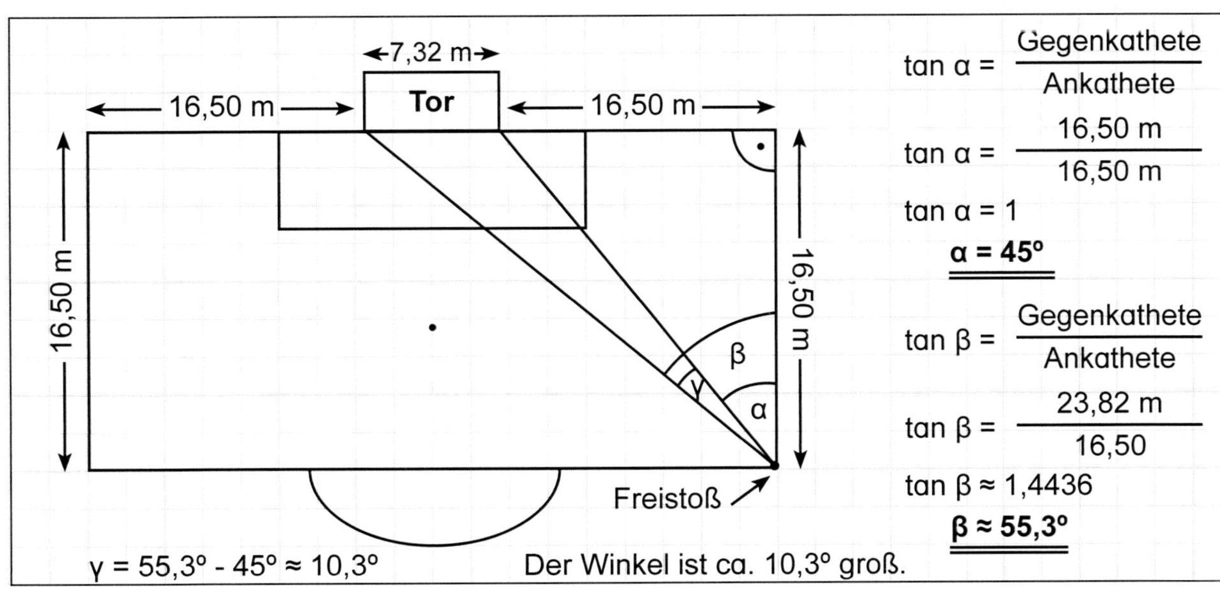

$$\tan \alpha = \frac{\text{Gegenkathete}}{\text{Ankathete}}$$

$$\tan \alpha = \frac{16{,}50\text{ m}}{16{,}50\text{ m}}$$

$$\tan \alpha = 1$$

$$\mathbf{\alpha = 45^\circ}$$

$$\tan \beta = \frac{\text{Gegenkathete}}{\text{Ankathete}}$$

$$\tan \beta = \frac{23{,}82\text{ m}}{16{,}50}$$

$$\tan \beta \approx 1{,}4436$$

$$\mathbf{\beta \approx 55{,}3^\circ}$$

$\gamma = 55{,}3^\circ - 45^\circ \approx 10{,}3^\circ$

Der Winkel ist ca. 10,3° groß.

Grundbildung Trigonometrie
Aus der Schulpraxis für die Schulpraxis - Bestell-Nr. 12 117
KOHL VERLAG

V. Überblick und Aufgaben

5. Richtig oder falsch?

Kreuze an, welche der nachfolgenden Aussagen richtig und welche falsch sind.

	Richtig	Falsch
1. Bei Dreiecken werden die Seiten mit Kleinbuchstaben benannt.	☐	☐
2. Gegenüber vom Eckpunkt a liegt die Seite A, gegenüber vom Eckpunkt b die Seite B und gegenüber vom Eckpunkt c die Seite C.	☐	☐
3. Die Innenwinkel in Dreiecken heißen gewöhnlich α, β und γ.	☐	☐
4. Rechtwinklige Dreiecke bestehen aus einem 90°-Winkel und zwei stumpfen Winkeln.	☐	☐
5. Nur in rechtwinkligen Dreiecken beträgt die Summe der 3 Innenwinkel 180°.	☐	☐
6. Die längste Seite in rechtwinkligen Dreiecken ist die Hypotenuse.	☐	☐
7. Die Hypotenuse und eine Kathete bilden die Schenkel des rechten Winkels.	☐	☐
8. In jedem rechtwinkligen Dreieck ist die Hypotenuse genauso groß wie die Summe der beiden Katheten (= Satz des Pythagoras).	☐	☐
9. Bestimmte Seitenverhältnisse und Winkelgrößen hängen in Dreiecken voneinander ab.	☐	☐
10. Der Sinus eines Winkels ergibt sich, wenn man die Gegenkathete durch die Hypotenuse teilt.	☐	☐
11. Jedem Sinuswert entspricht eine bestimmte Winkelgröße.	☐	☐
12. Der Sinuswert beträgt 0,5, wenn der Winkel 45° groß ist.	☐	☐
13. Die Sinuswerte liegen bei Winkeln 0° bis 90° im Zahlenbereich 0 bis 2.	☐	☐
14. Der Kosinus eines Winkels ist das Verhältnis der Gegenkathete zur Ankathete.	☐	☐

KOHL VERLAG Grundbildung Trigonometrie - Bestell-Nr. 12 117
Aus der Schulpraxis für die Schulpraxis

V. Überblick und Aufgaben

5. Richtig oder falsch? – Lösungen

Kreuze an, welche der nachfolgenden Aussagen richtig und welche falsch sind.

	Aussage	Richtig	Falsch
1.	Bei Dreiecken werden die Seiten mit Kleinbuchstaben benannt.	☒	☐
2.	Gegenüber vom Eckpunkt a liegt die Seite A, gegenüber vom Eckpunkt b die Seite B und gegenüber vom Eckpunkt c die Seite C.	☐	☒
3.	Die Innenwinkel in Dreiecken heißen gewöhnlich α, β und γ.	☒	☐
4.	Rechtwinklige Dreiecke bestehen aus einem 90°-Winkel und zwei stumpfen Winkeln.	☐	☒
5.	Nur in rechtwinkligen Dreiecken beträgt die Summe der 3 Innenwinkel 180°.	☐	☒
6.	Die längste Seite in rechtwinkligen Dreiecken ist die Hypotenuse.	☒	☐
7.	Die Hypotenuse und eine Kathete bilden die Schenkel des rechten Winkels.	☐	☒
8.	In jedem rechtwinkligen Dreiecks ist die Hypotenuse genauso groß wie die Summe der beiden Katheten (= Satz des Pythagoras).	☐	☒
9.	Bestimmte Seitenverhältnisse und Winkelgrößen hängen in Dreiecken voneinander ab.	☒	☐
10.	Der Sinus eines Winkels ergibt sich, wenn man die Gegenkathete durch die Hypotenuse teilt.	☒	☐
11.	Jedem Sinuswert entspricht eine bestimmte Winkelgröße.	☒	☐
12.	Der Sinuswert beträgt 0,5, wenn der Winkel 45° groß ist.	☐	☒
13.	Die Sinuswerte liegen bei Winkeln 0° bis 90° im Zahlenbereich 0 bis 2.	☐	☒
14.	Der Kosinus eines Winkels ist das Verhältnis der Gegenkathete zur Ankathete.	☐	☒

KOHL VERLAG
Grundbildung Trigonometrie
Aus der Schulpraxis für die Schulpraxis - Bestell-Nr. 12 117

V. Überblick und Aufgaben

5. Richtig oder falsch?

Kreuze an, welche der nachfolgenden Aussagen richtig und welche falsch sind.

	Richtig	Falsch
15. Der Kosinuswert ist 0,5 bei einem Winkel von 60°.	☐	☐
16. Die Kosinuswerte erstrecken sich bei Winkeln 0° bis 90° im Zahlenbereich 1 bis 0.	☐	☐
17. Der Tangens eines Winkels ist das Verhältnis der Ankathete zur Hypotenuse.	☐	☐
18. Bezogen auf 90° ist der Tankens nicht definiert.	☐	☐
19. Die Tangenswerte bei Winkeln 0° bis < 90° liegen immer unter dem Zahlenwert 1.	☐	☐
20. Sinuswerte, Kosinuswerte und Tangenswerte sind Verhältniszahlen.	☐	☐

Verbessere nun die Sätze, die falsche Aussagen enthalten:

V. Überblick und Aufgaben

5. <u>Richtig oder falsch</u>? – Lösungen

Kreuze an, welche der nachfolgenden Aussagen richtig und welche falsch sind.

	Richtig	Falsch
15. Der Kosinuswert ist 0,5 bei einem Winkel von 60°.	☒	☐
16. Die Kosinuswerte erstrecken sich bei Winkeln 0° bis 90° im Zahlenbereich 1 bis 0.	☒	☐
17. Der Tangens eines Winkels ist das Verhältnis der Ankathete zur Hypotenuse.	☐	☒
18. Bezogen auf 90° ist der Tankens nicht definiert.	☒	☐
19. Die Tangenswerte bei Winkeln 0° bis < 90° liegen immer unter dem Zahlenwert 1.	☐	☒
20. Sinuswerte, Kosinuswerte und Tangenswerte sind Verhältniszahlen.	☒	☐

Verbessere nun die Sätze, die falsche Aussagen enthalten:

2. Gegenüber vom Eckpunkt A liegt die Seite a, gegenüber vom Eckpunkt B liegt die Seite b und gegenüber vom Eckpunkt C liegt die Seite c.

4. Rechtwinklige Dreiecke bestehen aus einem 90°-Winkel und zwei spitzen Winkeln.

5. In allen Dreiecken beträgt die Summe der 3 Innenwinkel 180°.

7. Die beiden Katheten bilden die Schenkel des rechten Winkels.

8. In jedem rechtwinkligen Dreieck ist das Quadrat der Hypotenuse genauso groß wie die Summe der beiden Katheten-Quadrate (= Satz des Pythagoras).

12. Der Sinuswert beträgt 0,5, wenn der Winkel 30° groß ist.

13. Die Sinuswerte liegen bei Winkeln 0° bis 90° im Zahlenbereich 0 bis 1.

14. Der Kosinus eines Winkels ist das Verhältnis der Ankathete zur Hypotenuse.

17. Der Tankens eines Winkels ist das Verhältnis der Gegenkathete zur Ankathete.

19. Die Tangenswerte bei Winkeln 0° bis < 90° liegen im Zahlenbereich von 0 bis > 1.

Grundbildung Trigonometrie
Aus der Schulpraxis für die Schulpraxis - **Bestell-Nr. 12 117**
KOHL VERLAG

V. Überblick und Aufgaben

6. Test/Arbeit zum Thema Trigonometrie in rechtwinkligen Dreiecken

Name ______________________

Datum ______________________

Aufgabe 1: *Ergänze die fehlenden Wörter im nachfolgenden Text:*

Der Sinus eines Winkels ist das Verhältnis der ____________________ zur ____________________.

Den Sinus(wert) des Winkels bekommt man, wenn man die Länge der ____________________ durch die Länge der ____________________ ____________.

Die Sinuswerte liegen bei Winkeln von 0° bis 90° im Zahlenbereich ____________.

Aufgabe 2: *Gegeben ist dieses Dreieck:*

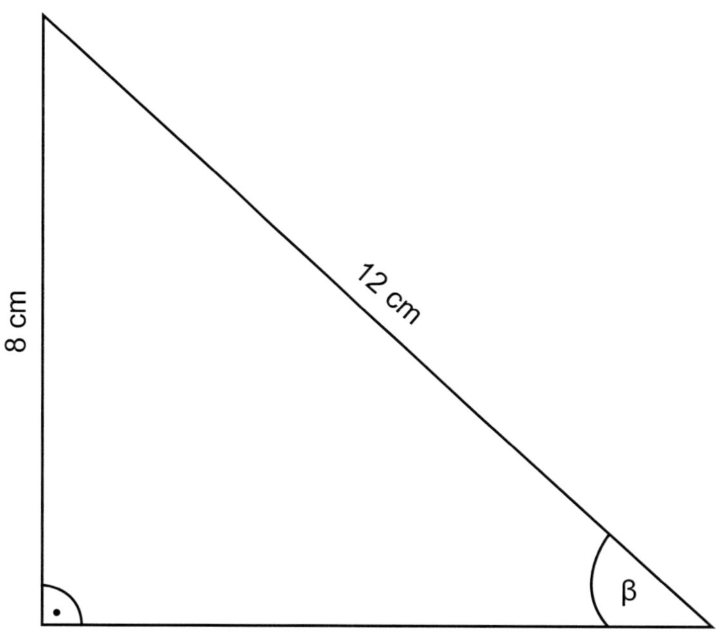

a) Berechne den Sinuswert des Winkels β.

b) Gib genauer an, wie groß der Winkel β ist.

KOHL VERLAG
Grundbildung Trigonometrie
Aus der Schulpraxis für die Schulpraxis - Bestell-Nr. 12 117

V. Überblick und Aufgaben

6. Test/Arbeit zum Thema Trigonometrie in rechtwinkligen Dreiecken – Lösungen

Name ______________________

Datum ______________________

Aufgabe 1: *Ergänze die fehlenden Wörter im nachfolgenden Text:*

Der Sinus eines Winkels ist das Verhältnis der **Gegenkathete** zur **Hypotenuse**.

Den Sinus(wert) des Winkels bekommt man, wenn man die Länge der **Gegenkathete** durch die Länge der **Hypotenuse** **teilt**.

Die Sinuswerte liegen bei Winkeln von 0° bis 90° im Zahlenbereich **0 bis 1**.

Aufgabe 2: *Gegeben ist dieses Dreieck:*

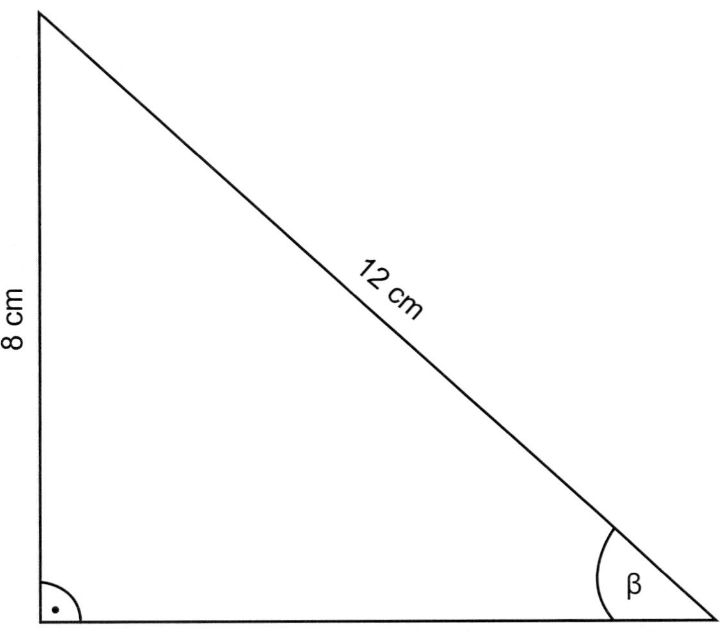

a) Berechne den Sinuswert des Winkels β.

$$\sin \beta = \frac{\text{Gegenkathete}}{\text{Hypotenuse}}$$

$$\sin \beta = \frac{8\text{ cm}}{12\text{ cm}}$$

$$\sin \beta = 0{,}\overline{6}$$

b) Gib genauer an, wie groß der Winkel β ist.

β = 41,8°

Grundbildung Trigonometrie
Aus der Schulpraxis für die Schulpraxis - Bestell-Nr. 12 117

V. Überblick und Aufgaben

6. Test/Arbeit zum Thema Trigonometrie in rechtwinkligen Dreiecken

Name ______________________

Datum ______________________

Aufgabe 3: *Ergänze die fehlenden Wörter im nachfolgenden Text:*

Der ______________ eines ______________ ist das ______________ der Ankathete zur ____________________.

Den ______________ des ______________ bekommt man, indem man die Länge der Ankathete durch die Länge der ____________________ __________.

Die ________________ liegen bei Winkeln von 0° bis 90° im Zahlenbereich __________.

Aufgabe 4: *Gegeben ist dieses Dreieck:*

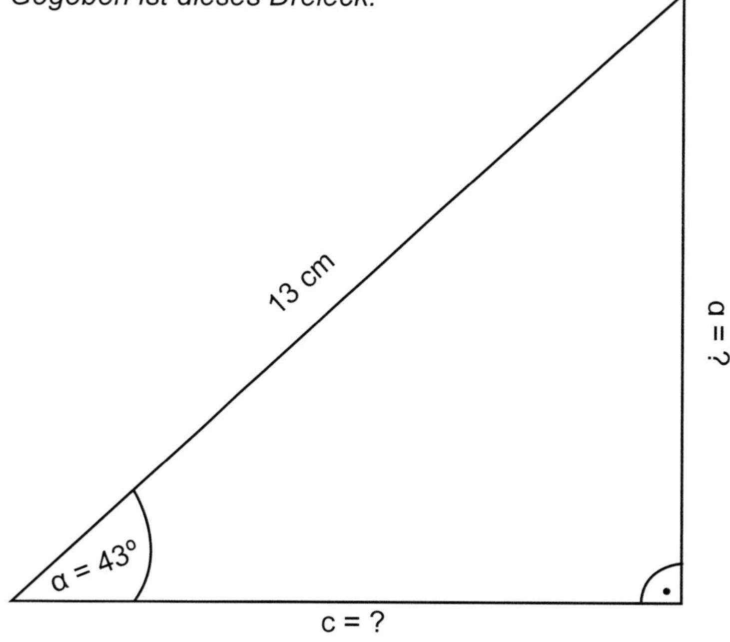

a) Berechne die Länge der Seite c.

b) Berechne die Länge der Seite a.

KOHL VERLAG Grundbildung Trigonometrie Aus der Schulpraxis für die Schulpraxis - Bestell-Nr. 12 117

V. Überblick und Aufgaben

Name ______________________

Datum ______________________

6. Test/Arbeit zum Thema Trigonometrie in rechtwinkligen Dreiecken – Lösungen

Aufgabe 3: *Ergänze die fehlenden Wörter im nachfolgenden Text:*

Der **Kosinus** eines **Winkels** ist das **Verhältnis** der Ankathete zur **Hypotenuse**.

Den **Kosinus** des **Winkels** bekommt man, indem man die Länge der Ankathete durch die Länge der **Hypotenuse** **teilt**.

Die **Kosinuswerte** liegen bei Winkeln von 0° bis 90° im Zahlenbereich **1 bis 0**.

Aufgabe 4: *Gegeben ist dieses Dreieck:*

13 cm

a = ?

$\alpha = 43°$

c = ?

a) Berechne die Länge der Seite c.

$$\frac{\text{Ankathete}}{\text{Hypotenuse}} = \cos \alpha$$

$$\frac{c}{13\text{ cm}} = \cos 43° \quad | \cdot 13\text{ cm}$$

$$c = 13\text{ cm} \cdot \cos 43°$$

$$c \approx 13\text{ cm} \cdot 0{,}7313$$

$$\mathbf{c \approx 9{,}50\text{ cm}}$$

b) Berechne die Länge der Seite a.

$$\frac{\text{Gegenkathete}}{\text{Hypotenuse}} = \sin \alpha$$

$$\frac{a}{13\text{ cm}} = \sin 43° \quad | \cdot 13\text{ cm}$$

$$a \approx 13\text{ cm} \cdot 0{,}6819$$

$$\mathbf{c \approx 8{,}87\text{ cm}}$$

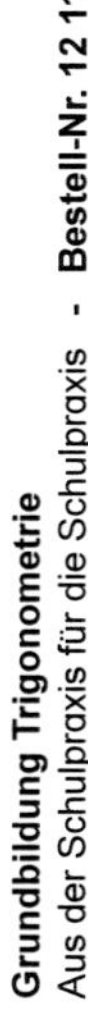

V. Überblick und Aufgaben

6. Test/Arbeit zum Thema Trigonometrie in rechtwinkligen Dreiecken

Name ______________________

Datum ______________________

Aufgabe 5: *Ergänze die fehlenden Wörter im nachfolgenden Text:*

Der Tangens eines ______________ ist das ______________ der ____________________ zur ______________.

Der Tangenswert des ______________ ergibt sich, sofern du die ______________ der ____________________ durch die ______________ der ______________ __________.

Die Tangenswerte liegen bei Winkeln von 0° bis 90° im Zahlenbereich __________.

Aufgabe 6: *Gegeben ist dieses Dreieck:*

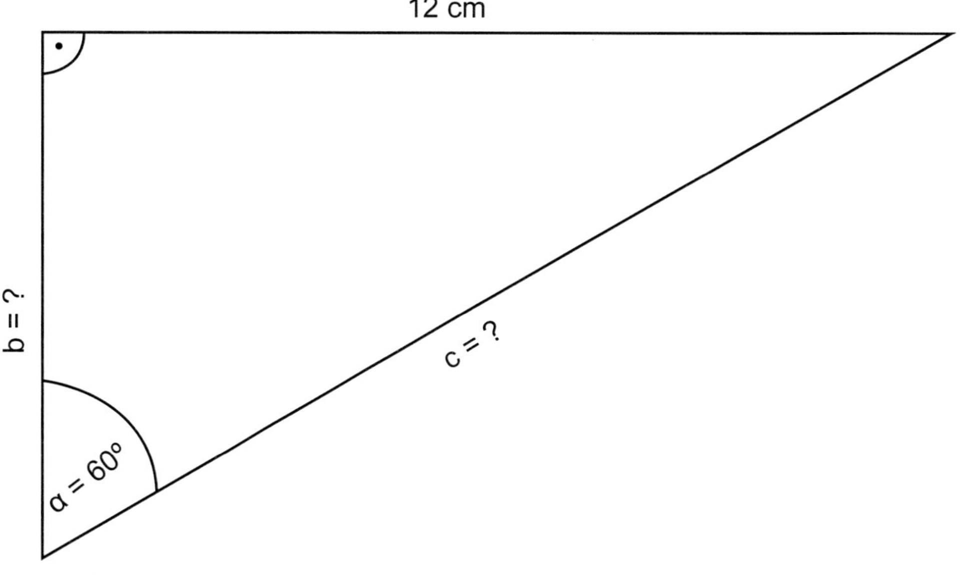

a) Berechne die Länge der Seite b.

b) Berechne die Länge der Seite c.

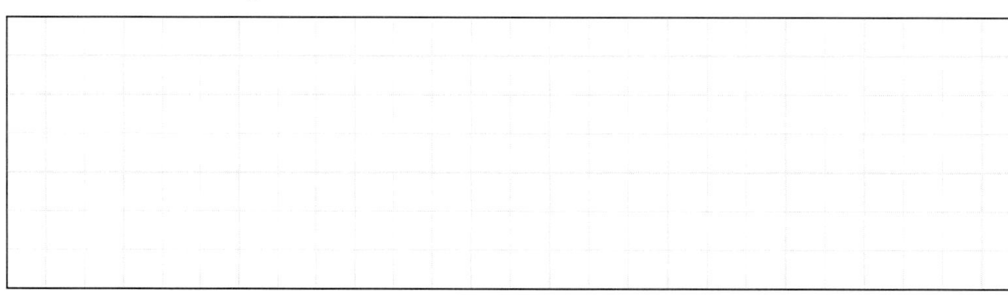

KOHL VERLAG Grundbildung Trigonometrie
Aus der Schulpraxis für die Schulpraxis - Bestell-Nr. 12 117

V. Überblick und Aufgaben

6. Test/Arbeit zum Thema Trigonometrie in rechtwinkligen Dreiecken – Lösungen

Name ______________________

Datum ______________________

Aufgabe 5: *Ergänze die fehlenden Wörter im nachfolgenden Text:*

Der Tangens eines **Winkels** ist das **Verhältnis** der **Gegenkathete** zur **Ankathete**.

Der Tangenswert des **Winkels** ergibt sich, sofern du die **Länge** der **Gegenkathete** durch die **Länge** der **Ankathete** **teilst**.

Die Tangenswerte liegen bei Winkeln von 0° bis 90° im Zahlenbereich **0 bis >1**.

Aufgabe 6: *Gegeben ist dieses Dreieck:*

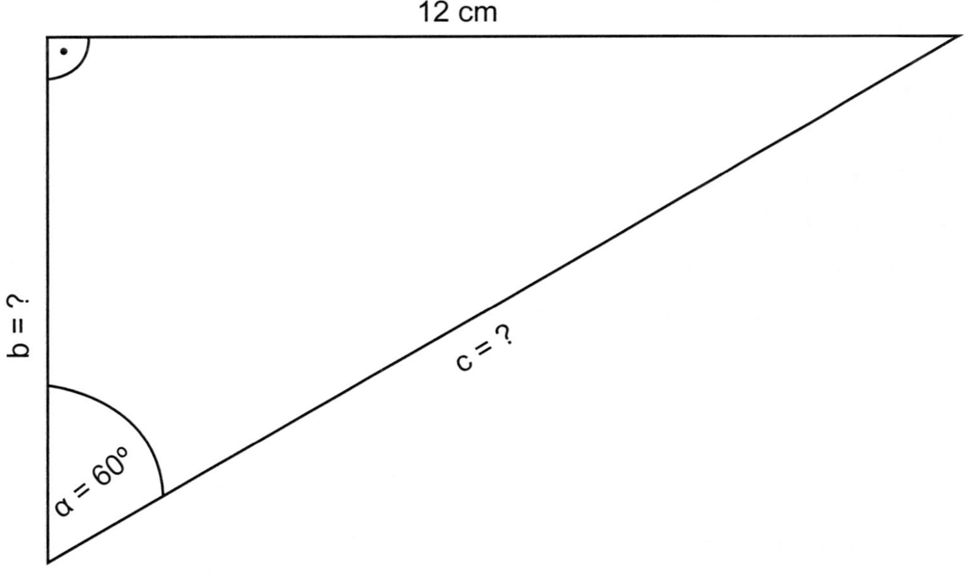

a) Berechne die Länge der Seite b.

$$\tan \alpha = \frac{\text{Gegenkathete}}{\text{Ankathete}} \qquad b = \frac{12\text{ cm}}{\tan 60°}$$

$$\tan 60° = \frac{12\text{ cm}}{b} \quad |\cdot b \quad |:\tan 60° \qquad b \approx \frac{12\text{ cm}}{1{,}7320}$$

$$\mathbf{b \approx 6{,}93\text{ cm}}$$

b) Berechne die Länge der Seite c.

$$\sin \alpha = \frac{\text{Gegenkathete}}{\text{Hypotenuse}} \qquad c = \frac{12\text{ cm}}{\sin 60°}$$

$$\sin 60° = \frac{12\text{ cm}}{c} \quad |\cdot c \quad |:\sin 60° \qquad c \approx \frac{12\text{ cm}}{0{,}8660}$$

$$\mathbf{c \approx 13{,}86\text{ cm}}$$

Grundbildung Trigonometrie
Aus der Schulpraxis für die Schulpraxis - Bestell-Nr. 12 117

V. Überblick und Aufgaben

6. Test/Arbeit zum Thema Trigonometrie in rechtwinkligen Dreiecken

Name ____________________

Datum ____________________

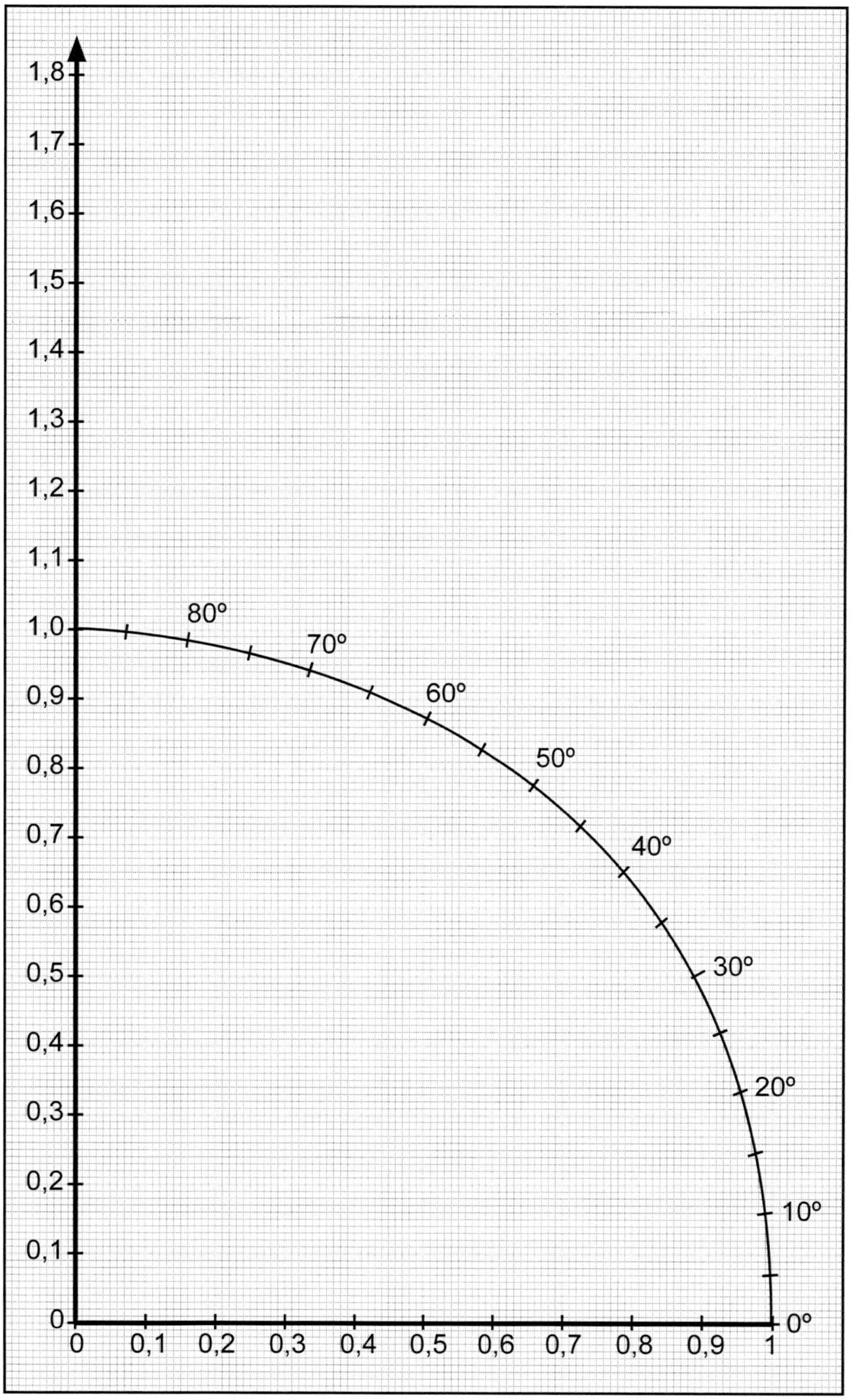

1,8
1,7
1,6
1,5
1,4
1,3
1,2
1,1
1,0
0,9
0,8
0,7
0,6
0,5
0,4
0,3
0,2
0,1
0

80°
70°
60°
50°
40°
30°
20°
10°
0°

0 0,1 0,2 0,3 0,4 0,5 0,6 0,7 0,8 0,9 1

Aufgabe 7:

Bestimme zeichnerisch den Sinuswert, Kosinuswert und Tangenswert für den Winkel α = 60°.

Aufgabe 8:

Bei einer Augenhöhe von 1,60 Meter sieht ein Beobachter unter einem Höhenwinkel von 55° die Spitze eines Schornsteins. Der Beobachter steht 25 Meter vom Schornstein entfernt. Berechne, wie hoch der Schornstein ist.

V. Überblick und Aufgaben

6. Test/Arbeit zum Thema Trigonometrie in rechtwinkligen Dreiecken – Lösungen

Name ____________________

Datum ____________________

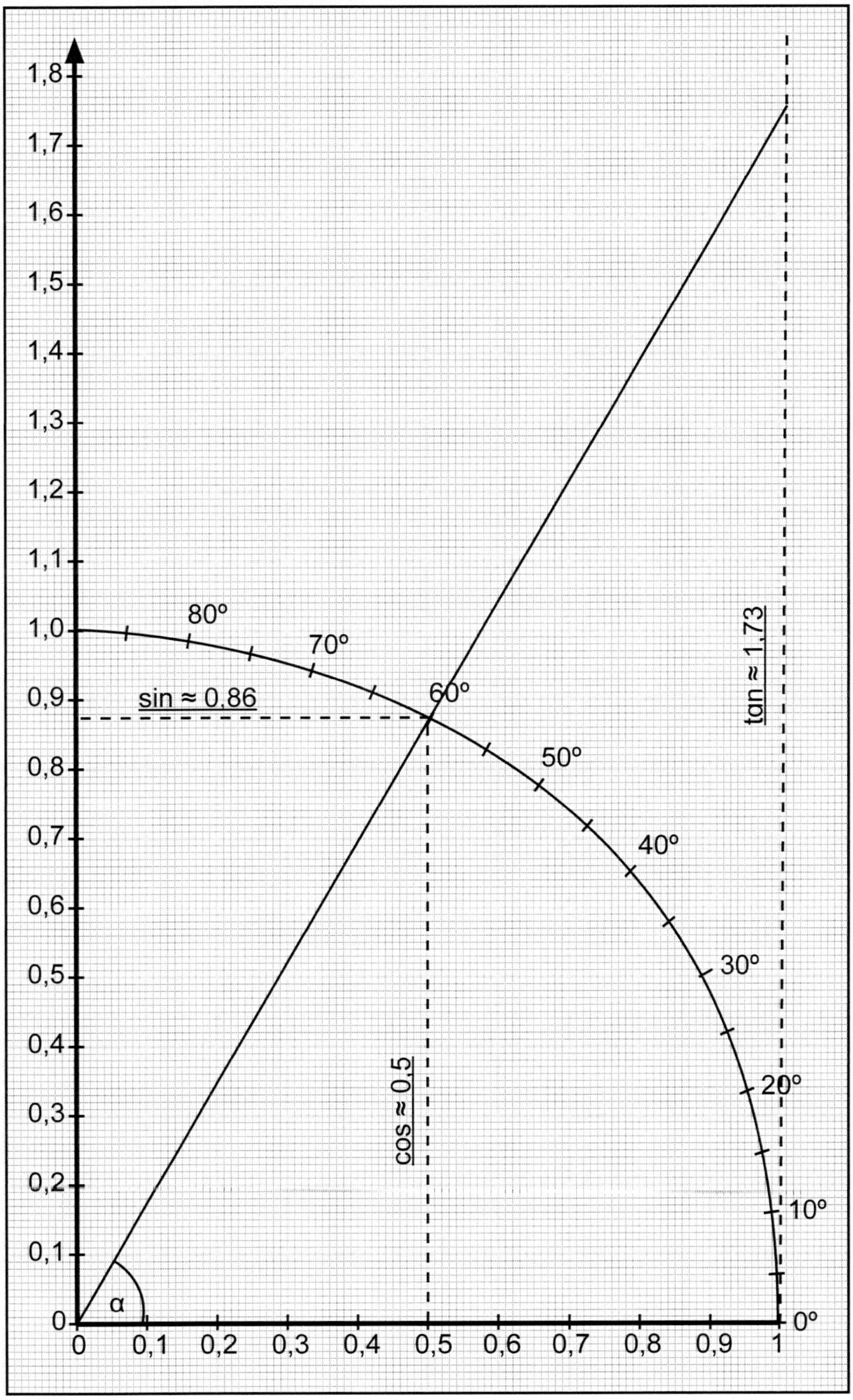

Aufgabe 7:

Bestimme zeichnerisch den Sinuswert, Kosinuswert und Tangenswert für den Winkel α= 60°.

- sin 60° ≈ 0,86
  genauer 08660…
- cos 60° = 0,5
- tan 60° ≈ 1,73
  genauer 1,7320…

Aufgabe 8:

Bei einer Augenhöhe von 1,60 Meter sieht ein Beobachter unter einem Höhenwinkel von 55° die Spitze eines Schornsteins. Der Beobachter steht 25 Meter vom Schornstein entfernt. Berechne, wie hoch der Schornstein ist.

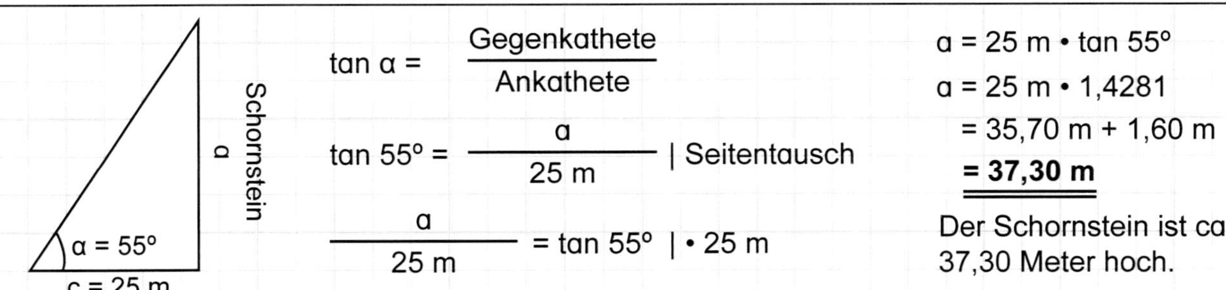

$$\tan \alpha = \frac{\text{Gegenkathete}}{\text{Ankathete}}$$

$$\tan 55° = \frac{a}{25\ \text{m}} \quad | \text{ Seitentausch}$$

$$\frac{a}{25\ \text{m}} = \tan 55° \quad | \cdot 25\ \text{m}$$

a = 25 m • tan 55°
a = 25 m • 1,4281
= 35,70 m + 1,60 m
= 37,30 m

Der Schornstein ist ca. 37,30 Meter hoch.

Grundbildung Trigonometrie
Aus der Schulpraxis für die Schulpraxis - Bestell-Nr. 12 117
KOHL VERLAG

V. Überblick und Aufgaben

6. Test/Arbeit zum Thema Trigonometrie in rechtwinkligen Dreiecken

Name ________________________

Datum ________________________

Aufgabe 9: *Eine Leiter steht schräg (70°) an einer Wand. Das obere Ende der Leiter berührt die Wand in 7 Meter Höhe.*

a) *Berechne, wie weit das untere Ende der Leiter auf dem Erdboden von der Wand entfernt steht.*

b) *Berechne die Länge der Leiter.*

Aufgabe 10: *Wegen eines starken Sturmes ist der obere Teil einer senkrecht stehenden Fahnenstange im 120°-Winkel zum Erdboden hin umgeknickt. Die Spitze der Fahnenstange berührt den Erdboden in 6 Meter Entfernung vom Fußpunkt der Fahnenstange.*

a) *Berechne, in welcher Höhe die Fahnenstange umgeknickt ist.*

b) *Berechne, wie hoch die Fahnenstange war, bevor sie umknickte.*

KOHL VERLAG Grundbildung Trigonometrie
Aus der Schulpraxis für die Schulpraxis - Bestell-Nr. 12 117

V. Überblick und Aufgaben

6. Test/Arbeit zum Thema Trigonometrie in rechtwinkligen Dreiecken – Lösungen

Name ____________________

Datum ____________________

Aufgabe 9: *Eine Leiter steht schräg (70°) an einer Wand. Das obere Ende der Leiter berührt die Wand in 7 Meter Höhe.*

a) Berechne, wie weit das untere Ende der Leiter auf dem Erdboden von der Wand entfernt steht.

b) Berechne die Länge der Leiter.

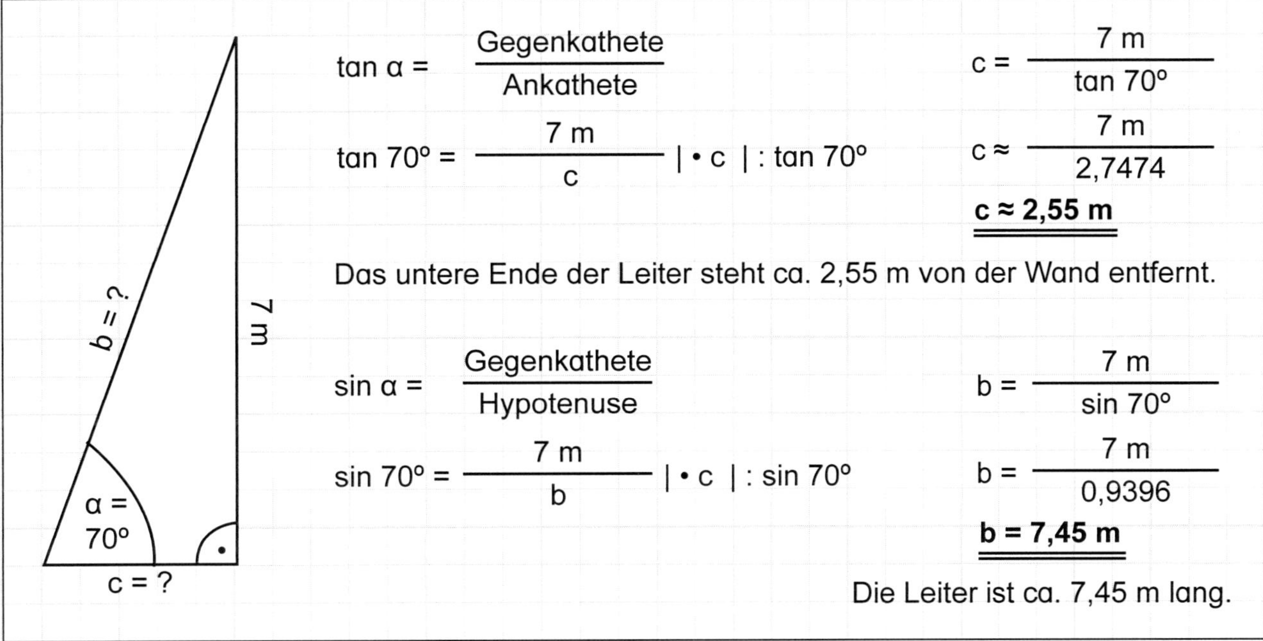

$\tan\alpha = \frac{\text{Gegenkathete}}{\text{Ankathete}}$

$\tan 70° = \frac{7\text{ m}}{c} \quad | \cdot c \quad | : \tan 70°$

$c = \frac{7\text{ m}}{\tan 70°}$

$c \approx \frac{7\text{ m}}{2{,}7474}$

$\underline{\underline{\mathbf{c \approx 2{,}55\text{ m}}}}$

Das untere Ende der Leiter steht ca. 2,55 m von der Wand entfernt.

$\sin\alpha = \frac{\text{Gegenkathete}}{\text{Hypotenuse}}$

$\sin 70° = \frac{7\text{ m}}{b} \quad | \cdot c \quad | : \sin 70°$

$b = \frac{7\text{ m}}{\sin 70°}$

$b = \frac{7\text{ m}}{0{,}9396}$

$\underline{\underline{\mathbf{b = 7{,}45\text{ m}}}}$

Die Leiter ist ca. 7,45 m lang.

Aufgabe 10: *Wegen eines starken Sturmes ist der obere Teil einer senkrecht stehenden Fahnenstange im 120°-Winkel zum Erdboden hin umgeknickt. Die Spitze der Fahnenstange berührt den Erdboden in 6 Meter Entfernung vom Fußpunkt der Fahnenstange.*

a) Berechne, in welcher Höhe die Fahnenstange umgeknickt ist.

b) Berechne, wie hoch die Fahnenstange war, bevor sie umknickte.

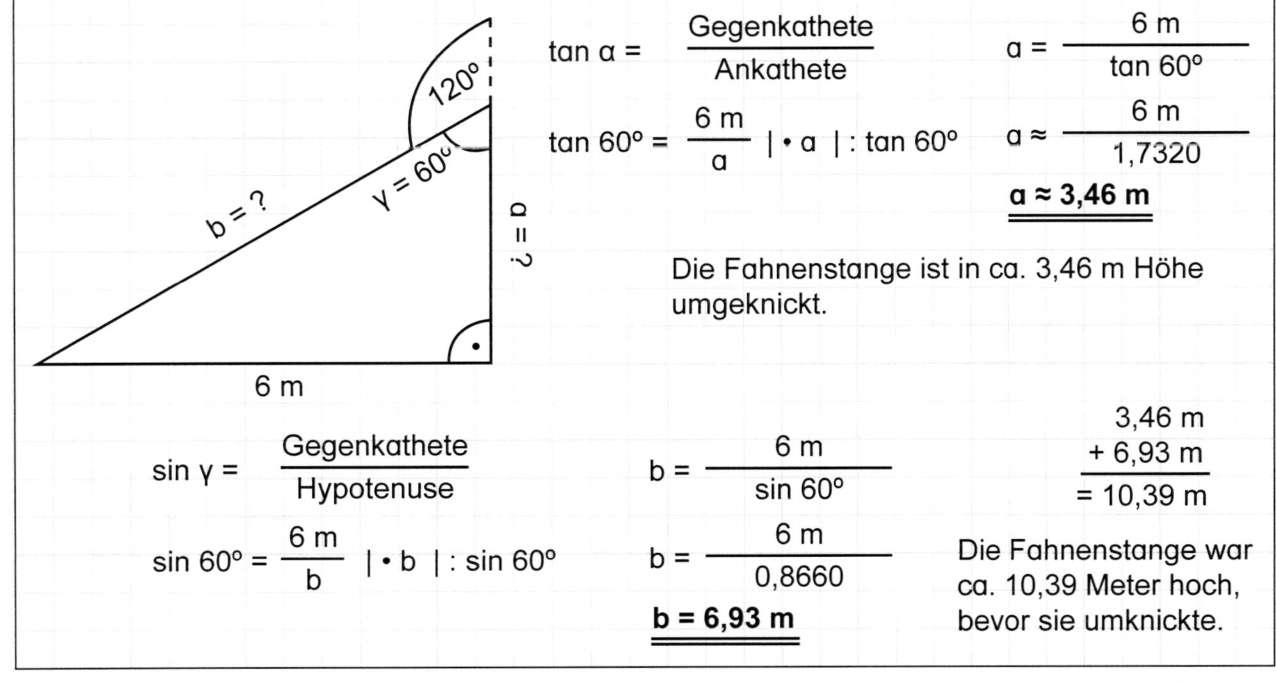

$\tan\alpha = \frac{\text{Gegenkathete}}{\text{Ankathete}}$

$\tan 60° = \frac{6\text{ m}}{a} \quad | \cdot a \quad | : \tan 60°$

$a = \frac{6\text{ m}}{\tan 60°}$

$a \approx \frac{6\text{ m}}{1{,}7320}$

$\underline{\underline{\mathbf{a \approx 3{,}46\text{ m}}}}$

Die Fahnenstange ist in ca. 3,46 m Höhe umgeknickt.

$\sin\gamma = \frac{\text{Gegenkathete}}{\text{Hypotenuse}}$

$\sin 60° = \frac{6\text{ m}}{b} \quad | \cdot b \quad | : \sin 60°$

$b = \frac{6\text{ m}}{\sin 60°}$

$b = \frac{6\text{ m}}{0{,}8660}$

$\underline{\underline{\mathbf{b = 6{,}93\text{ m}}}}$

3,46 m
+ 6,93 m
= 10,39 m

Die Fahnenstange war ca. 10,39 Meter hoch, bevor sie umknickte.

Grundbildung Trigonometrie
Aus der Schulpraxis für die Schulpraxis - Bestell-Nr. 12 117
KOHL VERLAG

VI. Der Sinussatz

1. Einführung

Wir haben gelernt:

Die anschließend (nochmals) genannten Winkelfunktionen gelten nur für rechtwinklige Dreiecke, d.h. für solche, die einen 90°-Winkel aufweisen.

Sinus eines Winkels = $\dfrac{\textbf{Gegenkathete (G)}}{\textbf{Hypotenuse (H)}}$

Kosinus eines Winkels = $\dfrac{\textbf{Ankathete (A)}}{\textbf{Hypotenuse (H)}}$

Tangens eines Winkels = $\dfrac{\textbf{Gegenkathete (G)}}{\textbf{Ankathete (A)}}$

Sind in einem rechtwinkligen Dreieck zwei Seitenlängen bekannt, lässt sich somit die Größe des entsprechenden Winkels berechnen. Die Länge einer Seite in einem rechtwinkligen Dreieck kann berechnet werden, wenn eine entsprechende andere Seitenlänge sowie Winkelgröße angegeben sind.

Doch es gibt auch Dreiecke, die nicht rechtwinklig sind, also keinen 90°-Winkel enthalten. Es stellt sich die Frage:

Wie lassen sich Seitenlängen und Winkel mit Hilfe der Trigonometrie in beliebigen Dreiecken berechnen?

Was nun, was tun?

Wir zeichnen ein Dreieck (= ABC), das keinen rechten Winkel aufweist:

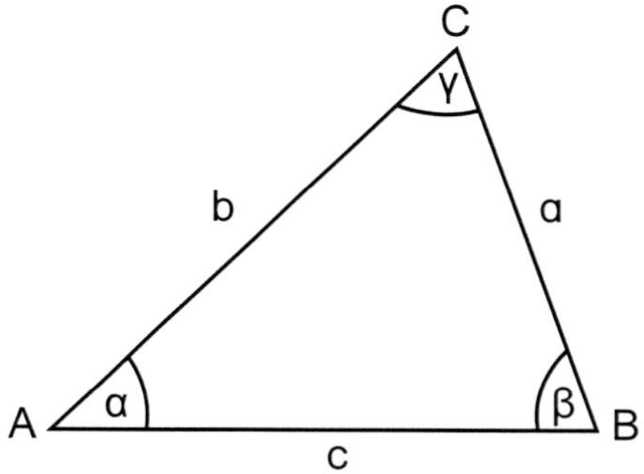

Dieses Dreieck teilen wir in zwei rechtwinklige Dreiecke auf:

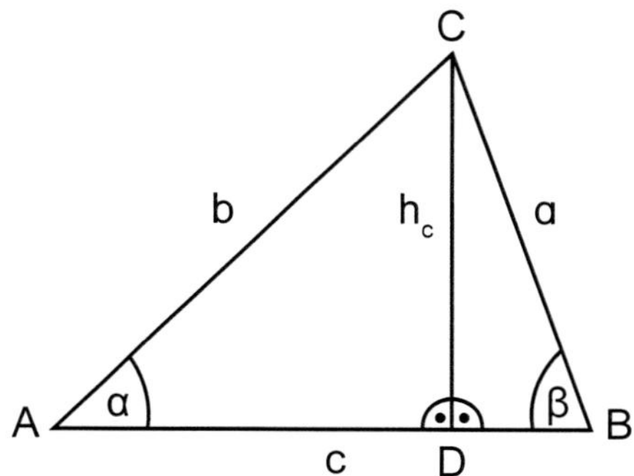

VI. Der Sinussatz

1. Einführung

1. Für das linke rechtwinklige Dreieck ACD gilt:

$$\sin \alpha = \frac{\text{Gegenkathete (G)}}{\text{Hypotenuse (H)}}$$

$$\sin \alpha = \frac{h_c}{b} \qquad | \cdot b$$

$$\sin \alpha \cdot b = h_c$$

2. Für das rechte rechtwinklige Dreieck BCD gilt:

$$\sin \beta = \frac{\text{Gegenkathete (G)}}{\text{Hypotenuse (H)}}$$

$$\sin \beta = \frac{h_c}{a} \qquad | \cdot a$$

$$\sin \beta \cdot a = h_c$$

3. Somit ist die Gleichsetzung möglich:

$$\sin \alpha \cdot b = \sin \beta \cdot a \qquad | : \sin \beta \quad | : b$$

$$\frac{\sin \alpha}{\sin \beta} = \frac{a}{b} \qquad | \text{ Seitentausch}$$

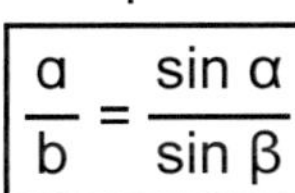

$$\boxed{\frac{a}{b} = \frac{\sin \alpha}{\sin \beta}}$$

Diesmal teilen wir das nicht rechtwinklige Dreieck ABC in folgende zwei rechtwinklige Dreiecke auf:

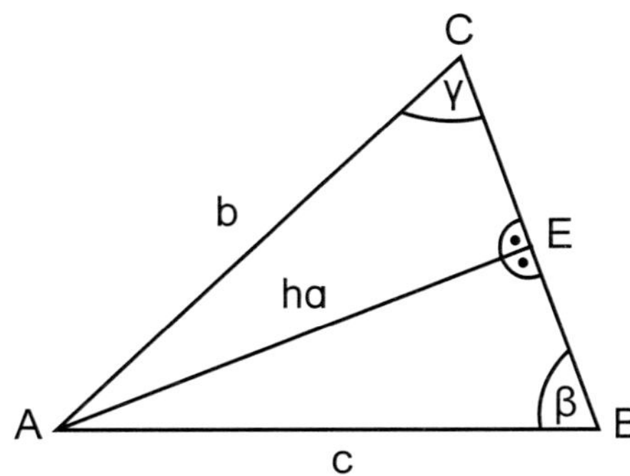

1. Für das untere rechtwinklige Dreieck ABE gilt:

$$\sin \beta = \frac{\text{Gegenkathete (G)}}{\text{Hypotenuse (H)}}$$

$$\sin \beta = \frac{ha}{c} \qquad | \cdot c$$

$$\sin \beta \cdot c = ha$$

2. Für das obere rechtwinklige Dreieck ACE gilt:

$$\sin \gamma = \frac{\text{Gegenkathete (G)}}{\text{Hypotenuse (H)}}$$

$$\sin \gamma = \frac{ha}{b} \qquad | \cdot b$$

$$\sin \gamma \cdot b = ha$$

KOHL VERLAG
Grundbildung Trigonometrie
Aus der Schulpraxis für die Schulpraxis - Eestell-Nr. 12 117

VI. Der Sinussatz

1. Einführung

3. Somit ist die Gleichsetzung möglich:

$\sin\beta \cdot c = \sin\gamma \cdot b$ | : sin γ | : c

$\frac{\sin\beta}{\sin\gamma} = \frac{b}{c}$ | Seitentausch

$\boxed{\frac{b}{c} = \frac{\sin\beta}{\sin\gamma}}$

Schließlich teilen wir das rechtwinklige Dreieck ABC in diese zwei rechtwinkligen Dreiecke:

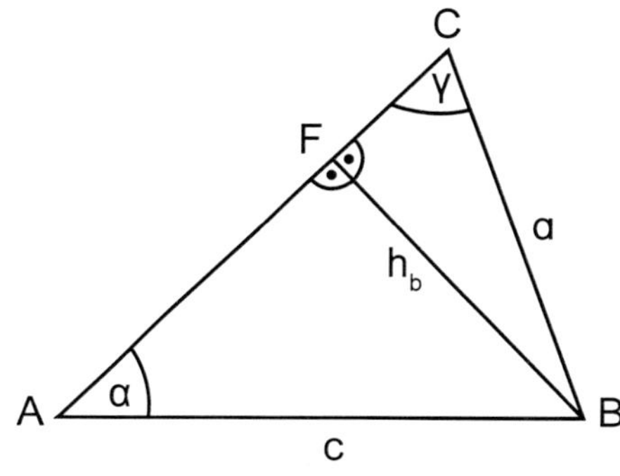

1. Für das untere rechtwinklige Dreieck ABF gilt:

$\sin\alpha = \frac{\text{Gegenkathete (G)}}{\text{Hypotenuse (H)}}$

$\sin\alpha = \frac{h_b}{c}$ | • c

$\sin\alpha \cdot c = h_b$

2. Für das obere rechtwinklige Dreieck BCF gilt:

$\sin\gamma = \frac{\text{Gegenkathete (G)}}{\text{Hypotenuse (H)}}$

$\sin\gamma = \frac{h_b}{a}$ | • a

$\sin\gamma \cdot a = h_b$

3. Somit ist die Gleichsetzung möglich:

$\sin\alpha \cdot c = \sin\gamma \cdot a$ | : sin γ | : c

$\frac{\sin\alpha}{\sin\gamma} = \frac{a}{c}$ | Seitentausch

$\boxed{\frac{a}{c} = \frac{\sin\alpha}{\sin\gamma}}$

Aufgabe: *Vergleiche die 3 zuvor umrandeten Gleichungen miteinander. Was stellst du fest?*

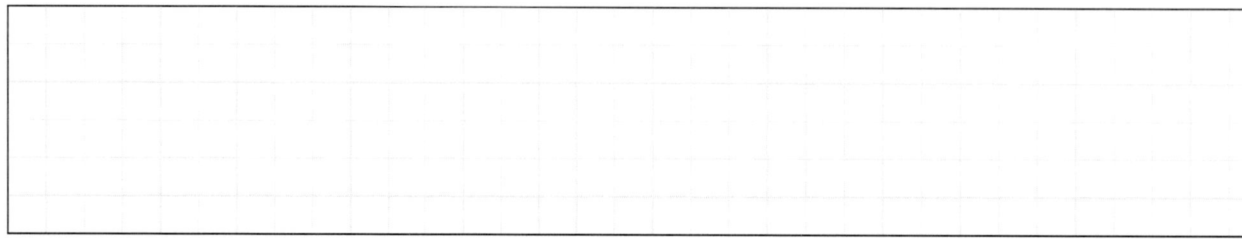

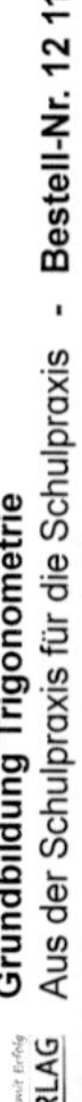
Grundbildung Trigonometrie
Aus der Schulpraxis für die Schulpraxis - Bestell-Nr. 12 117
KOHL VERLAG

VI. Der Sinussatz

1. **Einführung** – Lösungen

3. Somit ist die Gleichsetzung möglich: $\sin\beta \cdot c = \sin\gamma \cdot b$ | : sin γ | : c

$$\frac{\sin\beta}{\sin\gamma} = \frac{b}{c} \quad \text{| Seitentausch}$$

$$\boxed{\frac{b}{c} = \frac{\sin\beta}{\sin\gamma}}$$

Schließlich teilen wir das rechtwinklige Dreieck ABC in diese zwei rechtwinkligen Dreiecke:

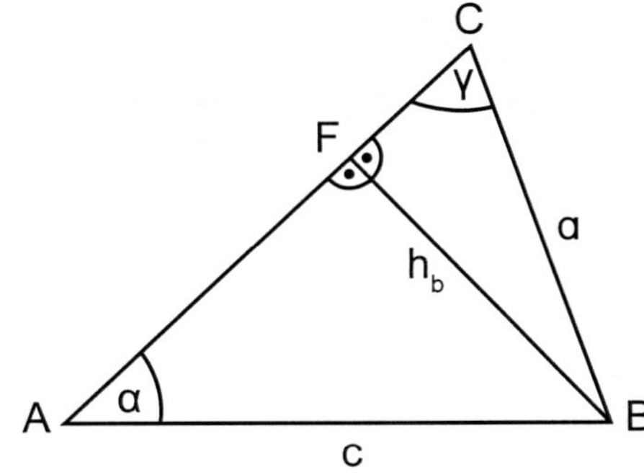

1. Für das untere rechtwinklige Dreieck ABF gilt:

$$\sin\alpha = \frac{\text{Gegenkathete (G)}}{\text{Hypotenuse (H)}}$$

$$\sin\alpha = \frac{h_b}{c} \quad | \cdot c$$

$$\sin\alpha \cdot c = h_b$$

2. Für das obere rechtwinklige Dreieck BCF gilt:

$$\sin\gamma = \frac{\text{Gegenkathete (G)}}{\text{Hypotenuse (H)}}$$

$$\sin\gamma = \frac{h_b}{a} \quad | \cdot a$$

$$\sin\gamma \cdot a = h_b$$

3. Somit ist die Gleichsetzung möglich: $\sin\alpha \cdot c = \sin\gamma \cdot a$ | : sin γ | : c

$$\frac{\sin\alpha}{\sin\gamma} = \frac{a}{c} \quad \text{| Seitentausch}$$

$$\boxed{\frac{a}{c} = \frac{\sin\alpha}{\sin\gamma}}$$

Aufgabe: *Vergleiche die 3 zuvor umrandeten Gleichungen miteinander. Was stellst du fest?*

In allen 3 Gleichungen kommen jeweils 2 Seiten und der Sinus zweier Winkel vor.
2 Seiten verhalten sich zueinander wie die Sinuswerte ihrer Gegenwinkel.

Mit anderen Worten: Der Quotient zweier Seiten entspricht dem Quotienten aus den Sinuswerten beider Gegenwinkel.

Grundbildung Trigonometrie
Aus der Schulpraxis für die Schulpraxis - Bestell-Nr. 12 117

VI. Der Sinussatz

1. Einführung

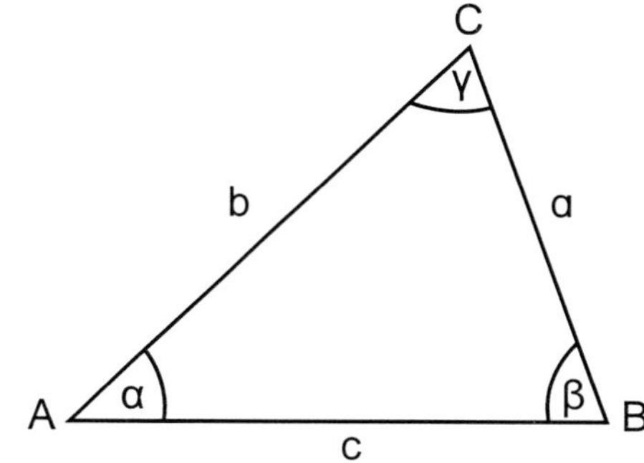

$$\frac{a}{b} = \frac{\sin \alpha}{\sin \beta} \qquad \frac{b}{c} = \frac{\sin \beta}{\sin \gamma} \qquad \frac{a}{c} = \frac{\sin \alpha}{\sin \gamma}$$

Wir stellen fest:

- In allen drei Gleichungen kommen jeweils 2 Seiten und der Sinus zweier Winkel vor.
- In einem beliebigen Dreieck verhalten sich zwei Seiten zueinander wie die Sinuswerte ihrer Gegenwinkel (= **Sinussatz**).

  Mit der Bezeichnung Gegenwinkel ist der Winkel gemeint, der der jeweiligen Seite gegenüberliegt.

- Der **Sinussatz** anders ausgedrückt:

  In jedem Winkel ergibt sich als Quotient jeweils dasselbe Resultat, wenn man die Längen zweier Seiten teilt und wenn man die Sinuswerte der jeweiligen Gegenwinkel teilt.

Beispiel:

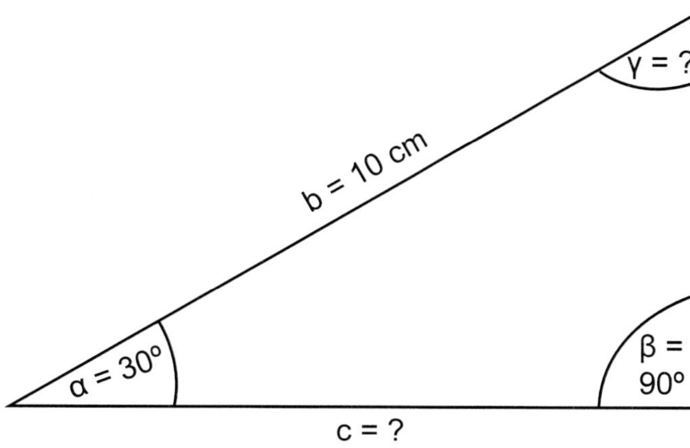

$$\frac{a}{b} = \frac{\sin \alpha}{\sin \beta}$$

$$\frac{5\text{ cm}}{10\text{ cm}} = \frac{\sin 30°}{\sin 90°}$$

$$0{,}5 = \frac{0{,}5}{1}$$

$$0{,}5 = 0{,}5$$

Wir bleiben beim oberen Beispiel: Gemäß dem Winkelsummensatz ($\alpha + \beta + \gamma = 180°$) muss der Winkel $\gamma = 60°$ sein. Nun können wir den Sinussatz nutzen, um die Länge der Seite c zu berechnen. Es lässt sich die Gleichung aufstellen:

$$\frac{c}{b} = \frac{\sin \gamma}{\sin \beta}$$

$$\frac{c}{10\text{ cm}} = \frac{\sin 60°}{\sin 90°}$$

$$\frac{c}{10\text{ cm}} \approx \frac{0{,}8660}{1} \qquad | \cdot 10\text{ cm}$$

$$\mathbf{c \approx 8{,}66\text{ cm}}$$

VI. Der Sinussatz

1. Einführung

Beim Sinussatz gibt es (also) 3 verschiedene Gleichungen:

$$\frac{a}{b} = \frac{\sin\alpha}{\sin\beta} \qquad \frac{b}{c} = \frac{\sin\beta}{\sin\gamma} \qquad \frac{a}{c} = \frac{\sin\alpha}{\sin\gamma}$$

In jeder der 3 Gleichungen stehen 4 Größen miteinander in einer Beziehung. Die Werte von 3 der 4 Größen müssen bekannt sein, um die 4. Größe berechnen zu können.

<u>Beispiel</u>: $\frac{a}{7\text{ cm}} = \frac{\sin 62^\circ}{\sin 53^\circ}$

Der Sinussatz lässt sich sofort anwenden, wenn im Dreieck gegeben sind:
2 Seiten und 1 Gegenwinkel

<u>Beispiel</u>:

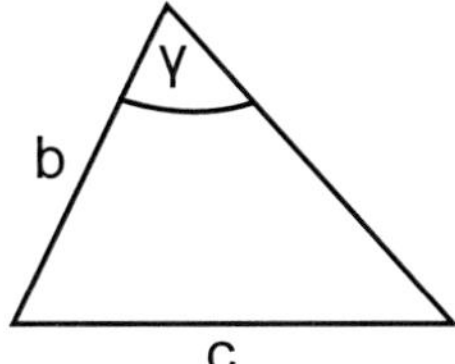

Gegeben sind:
b, c und γ

oder
2 Winkel mit einer von beiden Winkeln nicht eingeschlossenen Seite

<u>Beispiel</u>:

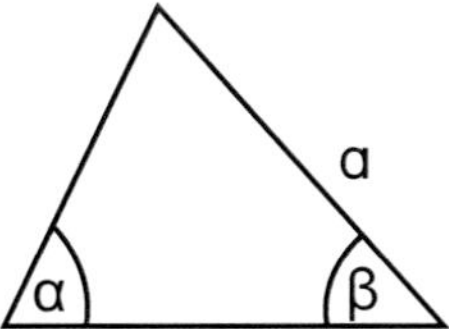

Gegeben sind:
α, β und a

<u>Aufgabe</u>: *Kreuze an, bei welchen folgenden Dreiecken der Sinussatz sofort anwendbar ist.*

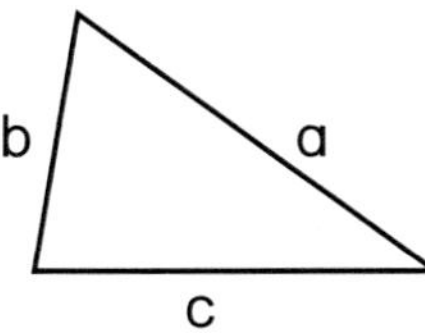

Gegeben sind:
a, b und c

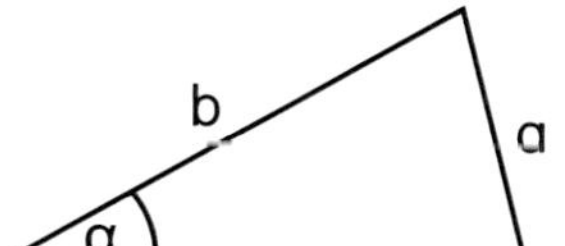

Gegeben sind:
a, b und α

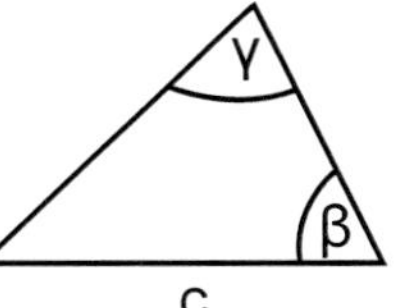

Gegeben sind:
β, γ und c

Gegeben sind:
α, γ und b

<u>Hinweis</u>: Sind 2 Winkel und die dazwischenliegende Seite gegeben, lässt sich der Sinussatz erst dann anwenden, wenn der 3. Winkel gemäß dem Winkelsummensatz ($\alpha + \beta + \gamma = 180^\circ$) berechnet worden ist.

Grundbildung Trigonometrie
Aus der Schulpraxis für die Schulpraxis - **Bestell-Nr. 12 117**

VI. Der Sinussatz

1. <u>Einführung</u> – Lösungen

Beim Sinussatz gibt es (also) 3 verschiedene Gleichungen:

$$\frac{a}{b} = \frac{\sin \alpha}{\sin \beta} \qquad \frac{b}{c} = \frac{\sin \beta}{\sin \gamma} \qquad \frac{a}{c} = \frac{\sin \alpha}{\sin \gamma}$$

In jeder der 3 Gleichungen stehen 4 Größen miteinander in einer Beziehung. Die Werte von 3 der 4 Größen müssen bekannt sein, um die 4. Größe berechnen zu können.

<u>Beispiel</u>: $\frac{a}{7\text{ cm}} = \frac{\sin 62^\circ}{\sin 53^\circ}$

Der Sinussatz lässt sich sofort anwenden, wenn im Dreieck gegeben sind:
2 Seiten und 1 Gegenwinkel

<u>Beispiel</u>:

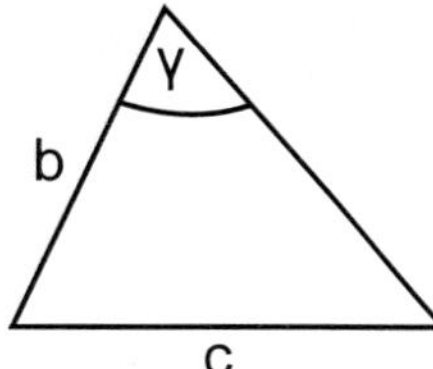

Gegeben sind:
b, c und γ

oder

2 Winkel mit 1 von beiden Winkeln nicht eingeschlossenen Seite

<u>Beispiel</u>:

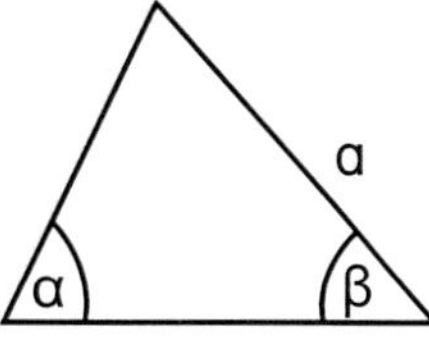

Gegeben sind:
α, β und a

<u>Aufgabe</u>: *Kreuze an, bei welchen folgenden Dreiecken der Sinussatz sofort anwendbar ist.*

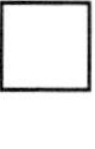

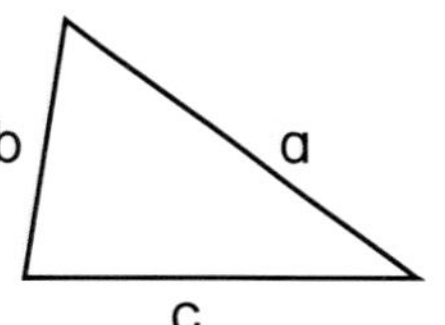

Gegeben sind:
a, b und c

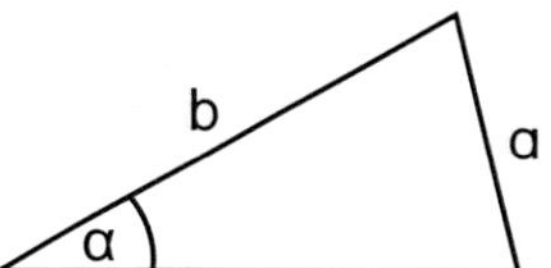

Gegeben sind:
a, b und α

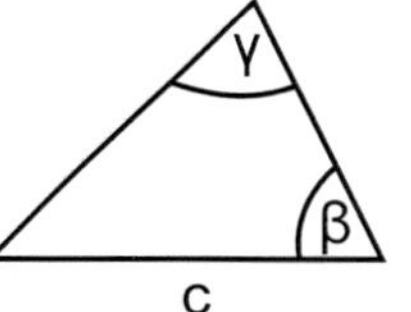

Gegeben sind:
β, γ und c

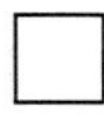

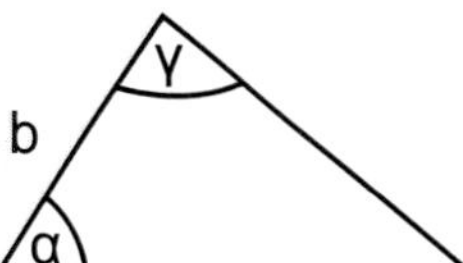

Gegeben sind:
α, γ und b

<u>Hinweis</u>: Sind 2 Winkel und die dazwischenliegende Seite gegeben, lässt sich der Sinussatz erst dann anwenden, wenn der 3. Winkel gemäß dem Winkelsummensatz (α + β + γ = 180°) berechnet worden ist.

VI. Der Sinussatz

2. Anwendungen des Sinussatzes

Aufgabe 1: *Berechne die Länge der Seite a mit Hilfe des Sinussatzes.*

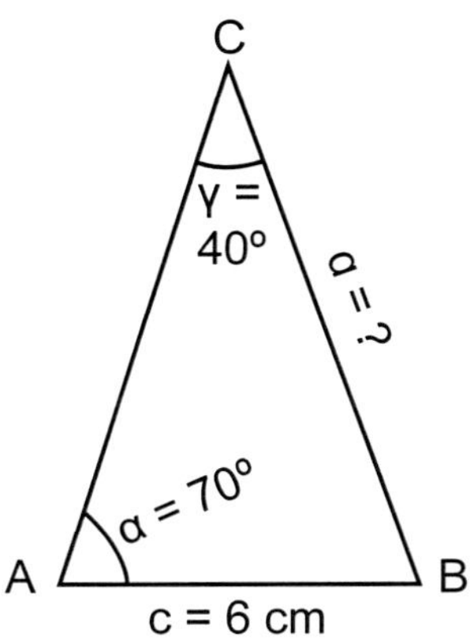

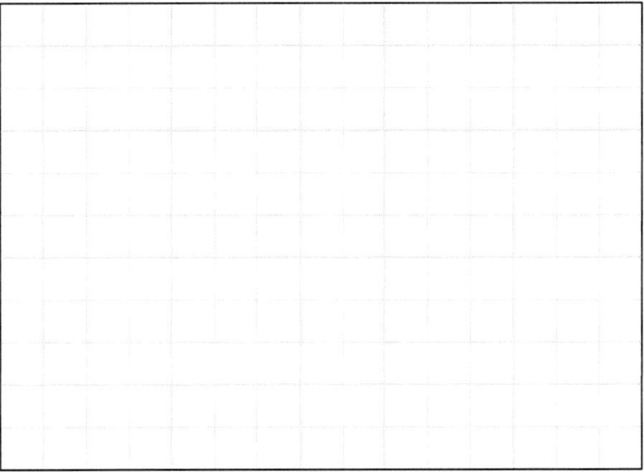

Aufgabe 2: *Berechne die Größe des Winkels α mit Hilfe des Sinussatzes.*

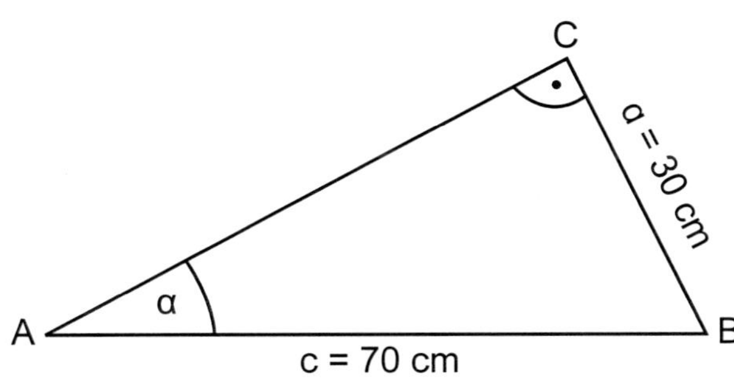

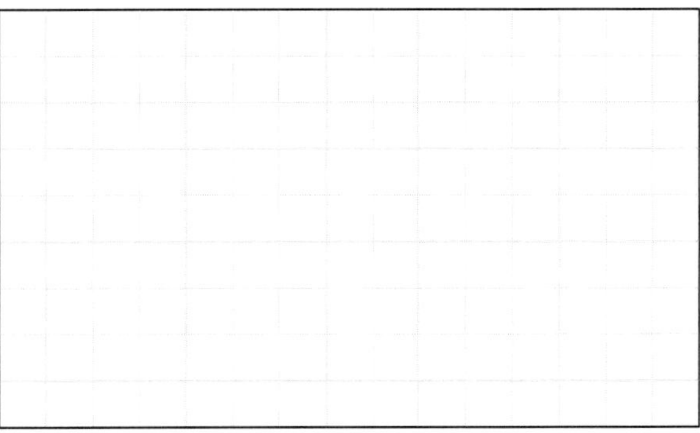

Aufgabe 3: *Berechne die Größe des Winkels γ mit Hilfe des Sinussatzes.*

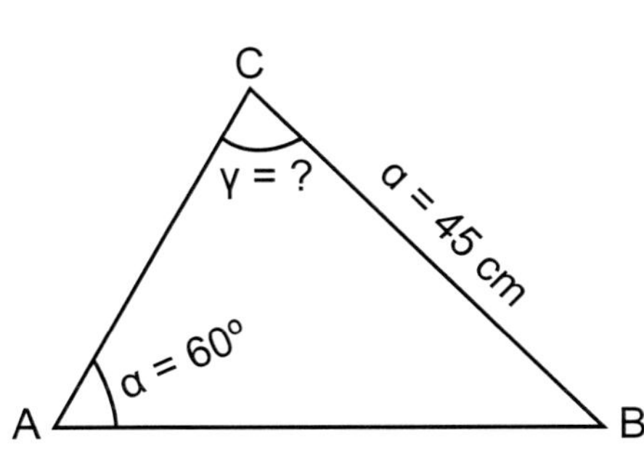

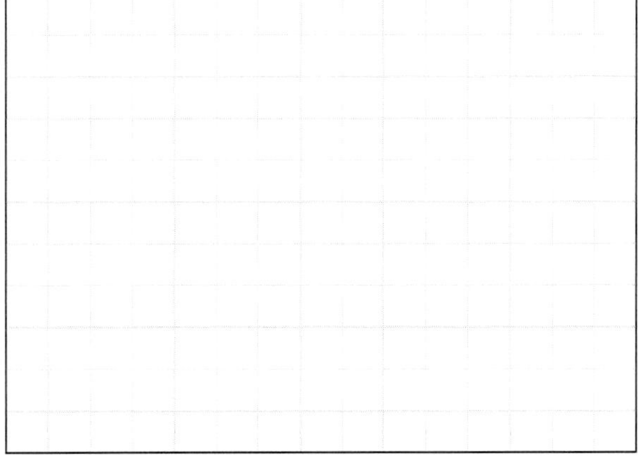

Aufgabe 4: *Berechne die Länge der Seite b mit Hilfe des Sinussatzes.*

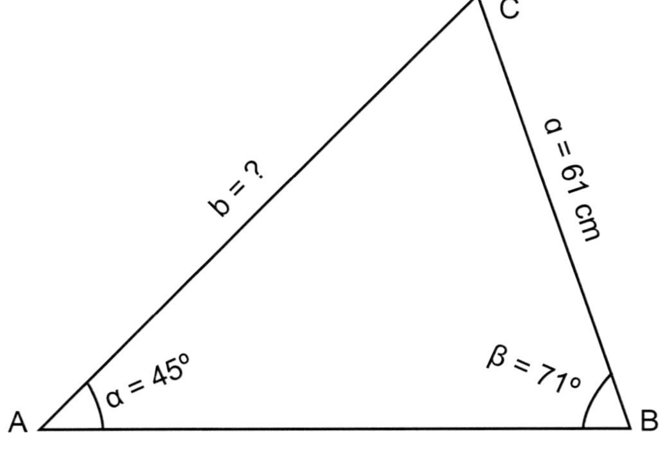

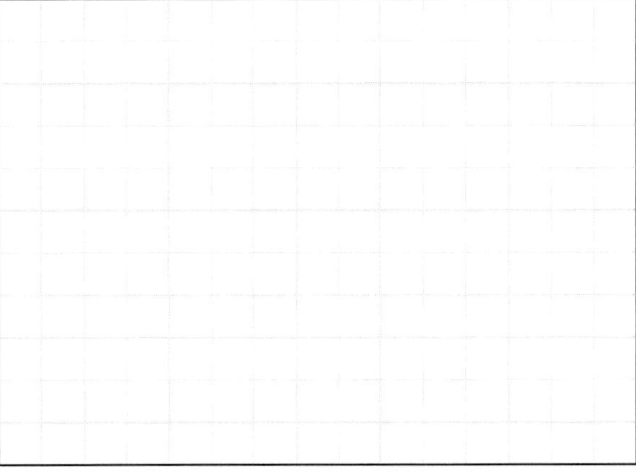

VI. Der Sinussatz

2. Anwendungen des Sinussatzes – Lösungen

Aufgabe 1: *Berechne die Länge der Seite a mit Hilfe des Sinussatzes.*

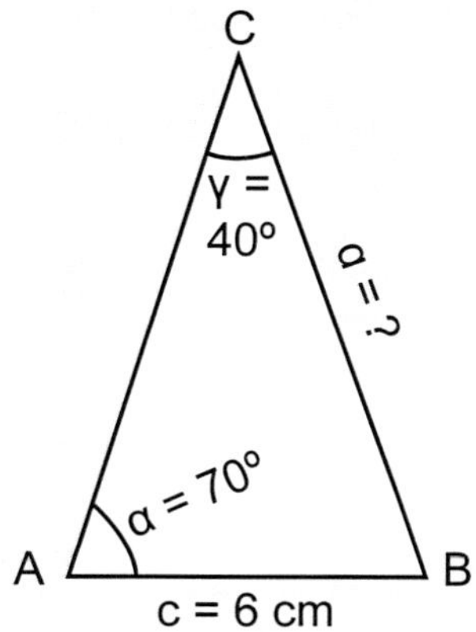

$$\frac{a}{c} = \frac{\sin \alpha}{\sin \gamma}$$

$$\frac{a}{6\ \text{cm}} = \frac{\sin 70°}{\sin 40°} \quad | \cdot 6\ \text{cm}$$

$$a = 6\ \text{cm} \cdot \frac{\sin 70°}{\sin 40°}$$

$$a \approx 6\ \text{cm} \cdot \frac{0{,}9396}{0{,}6427}$$

$$\underline{\underline{\mathbf{a \approx 8{,}77\ cm}}}$$

Aufgabe 2: *Berechne die Größe des Winkels α mit Hilfe des Sinussatzes.*

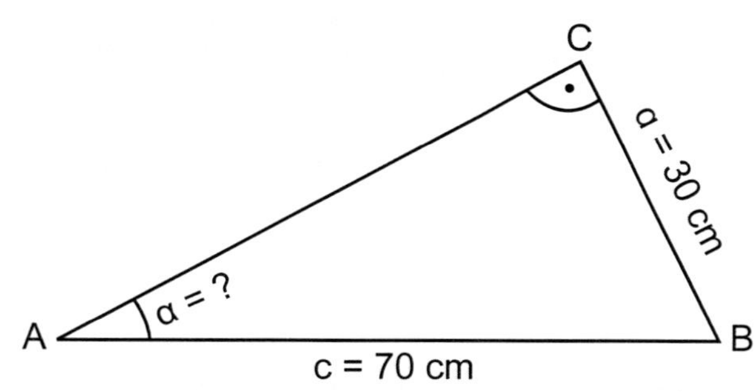

$$\frac{\sin \alpha}{\sin \gamma} = \frac{c}{b}$$

$$\frac{\sin \alpha}{1} = \frac{30\ \text{cm}}{70\ \text{cm}} \quad | \cdot 1\ \text{cm}$$

$$\sin \alpha = 1 \cdot \frac{30\ \text{cm}}{70\ \text{cm}}$$

$$\sin \alpha \approx 0{,}4285$$

$$\underline{\underline{\mathbf{\alpha \approx 25{,}4°}}}$$

Aufgabe 3: *Berechne die Größe des Winkels γ mit Hilfe des Sinussatzes.*

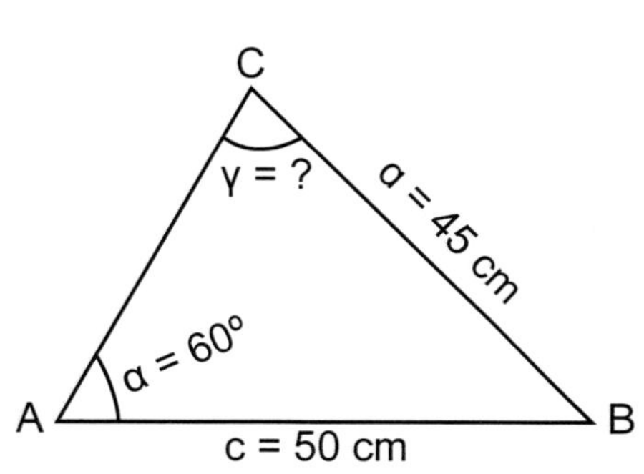

$$\frac{\sin \gamma}{\sin \alpha} = \frac{c}{a}$$

$$\frac{\sin \gamma}{\sin 60°} = \frac{50\ \text{cm}}{45\ \text{cm}} \quad | \cdot \sin 60°$$

$$\sin \gamma = \sin 60° \cdot \frac{50\ \text{cm}}{45\ \text{cm}}$$

$$\sin \gamma \approx 0{,}8660 \cdot 1{,}\overline{1}$$

$$\sin \gamma \approx 0{,}9622$$

$$\underline{\underline{\mathbf{\gamma \approx 74{,}2°}}}$$

Aufgabe 4: *Berechne die Länge der Seite b mit Hilfe des Sinussatzes.*

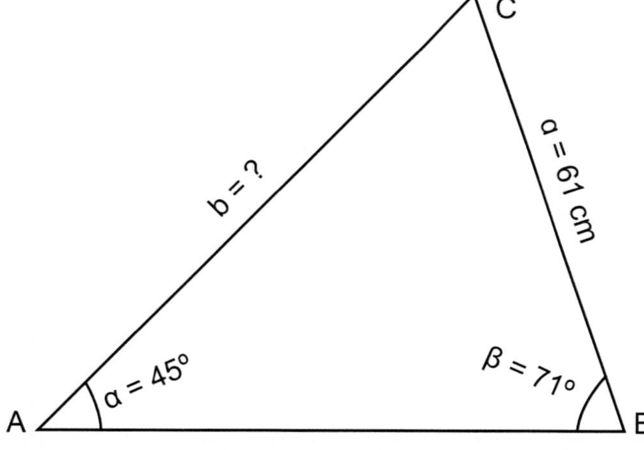

$$\frac{b}{a} = \frac{\sin \beta}{\sin \alpha}$$

$$\frac{b}{61\ \text{cm}} = \frac{\sin 71°}{\sin 45°} \quad | \cdot 61\ \text{cm}$$

$$b = 61\ \text{cm} \cdot \frac{\sin 71°}{\sin 45°}$$

$$b \approx 61\ \text{cm} \cdot \frac{0{,}9455}{0{,}7071}$$

$$\underline{\underline{\mathbf{b \approx 81{,}57\ cm}}}$$

KOHL VERLAG Grundbildung Trigonometrie – Aus der Schulpraxis für die Schulpraxis - Bestell-Nr. 12 117

VI. Der Sinussatz

2. Anwendungen des Sinussatzes

Aufgabe 5: *Die Eckpunkte A, B und C liegen am Rand eines Sees. Berechne den Winkel β und die Entfernungen von A nach B sowie von B nach C.*

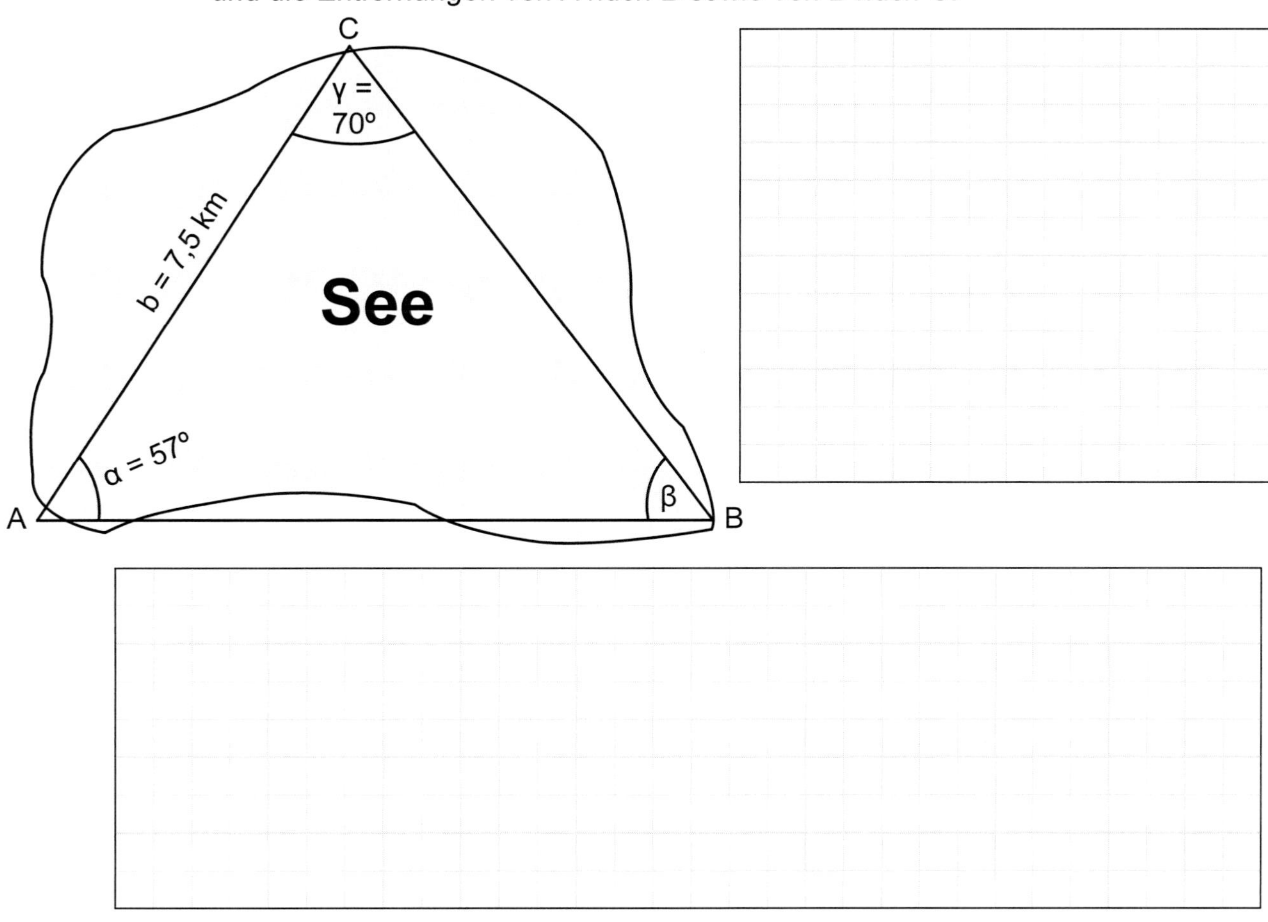

Aufgabe 6: *Die Eckpunkte A und B liegen in einem Tal, der Eckpunkt C bildet die Bergspitze. Berechne den Winkel von γ sowie die Entfernungen in der Luft von A nach C sowie von B nach C.*

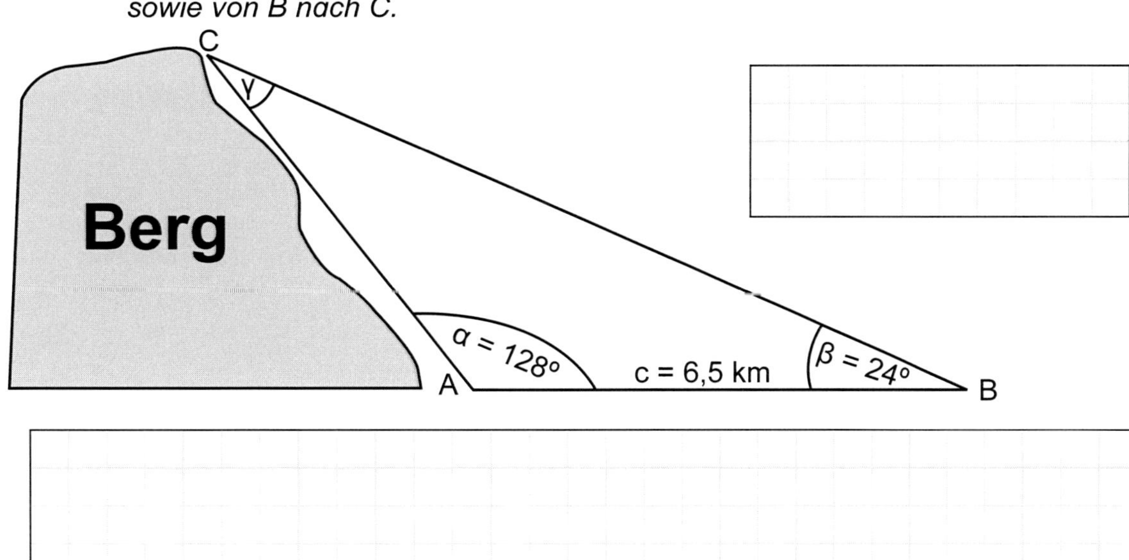

Grundbildung Trigonometrie
Aus der Schulpraxis für die Schulpraxis - Bestell-Nr. 12 117

VI. Der Sinussatz

2. Anwendungen des Sinussatzes – Lösungen

Aufgabe 5: *Die Eckpunkte A, B und C liegen am Rand eines Sees. Berechne den Winkel β und die Entfernungen von A nach B sowie von B nach C.*

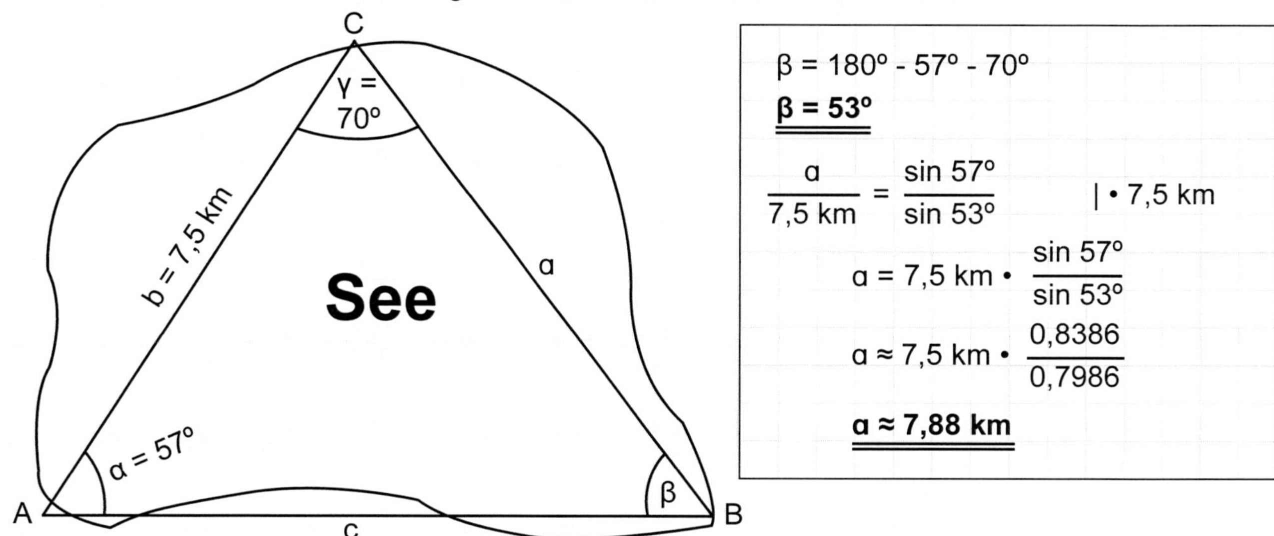

$\beta = 180° - 57° - 70°$

$\underline{\underline{\boldsymbol{\beta = 53°}}}$

$\frac{a}{7{,}5\text{ km}} = \frac{\sin 57°}{\sin 53°} \quad | \cdot 7{,}5\text{ km}$

$a = 7{,}5\text{ km} \cdot \frac{\sin 57°}{\sin 53°}$

$a \approx 7{,}5\text{ km} \cdot \frac{0{,}8386}{0{,}7986}$

$\underline{\underline{\boldsymbol{a \approx 7{,}88\text{ km}}}}$

$\frac{c}{7{,}5\text{ km}} = \frac{\sin 70°}{\sin 53°} \quad | \cdot 7{,}5\text{ km}$

$c = 7{,}5\text{ km} \cdot \frac{\sin 70°}{\sin 53°}$

$c \approx 7{,}5\text{ km} \cdot \frac{0{,}9397}{0{,}7986}$

$\underline{\underline{\boldsymbol{c \approx 8{,}82\text{ km}}}}$

Der Winkel β ist 53° groß. Die Entfernung von A nach B beträgt ca. 8,82 km, von B nach C ca. 7,88 km.

Aufgabe 6: *Die Eckpunkte A und B liegen in einem Tal, der Eckpunkt C bildet die Bergspitze. Berechne den Winkel von γ sowie die Entfernungen in der Luft von A nach C sowie von B nach C.*

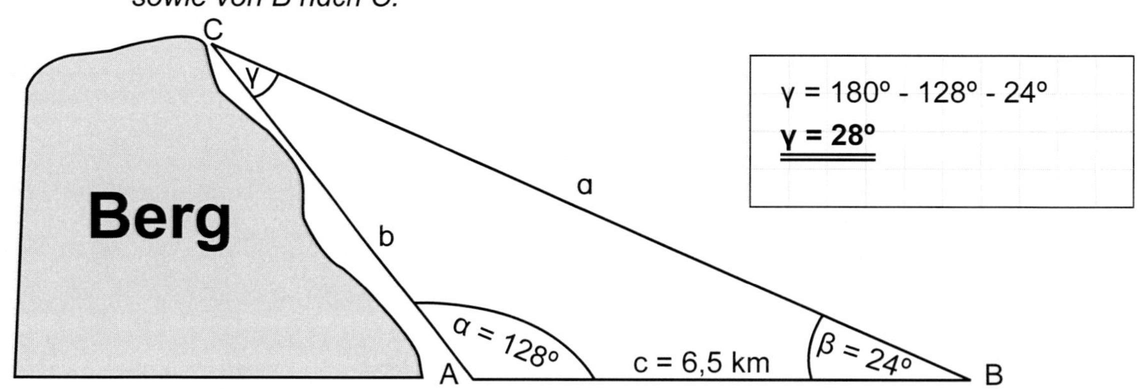

$\gamma = 180° - 128° - 24°$

$\underline{\underline{\boldsymbol{\gamma = 28°}}}$

$\frac{b}{6{,}5\text{ km}} = \frac{\sin 24°}{\sin 28°} \quad | \cdot 6{,}5\text{ km}$

$b = 6{,}5\text{ km} \cdot \frac{\sin 24°}{\sin 28°}$

$b \approx 6{,}5\text{ km} \cdot \frac{0{,}4067}{0{,}4694}$

$\underline{\underline{\boldsymbol{b \approx 5{,}63\text{ km}}}}$

$\frac{a}{6{,}5\text{ km}} = \frac{\sin 128°}{\sin 28°} \quad | \cdot 6{,}5\text{ km}$

$a = 6{,}5\text{ km} \cdot \frac{\sin 128°}{\sin 28°}$

$a \approx 6{,}5\text{ km} \cdot \frac{0{,}7880}{0{,}4694}$

$\underline{\underline{\boldsymbol{a \approx 10{,}91\text{ km}}}}$

Der Winkel γ ist 28° groß. Die Entfernung von A nach C beträgt ca. 5,63 km, von B nach C ca. 10,91 km.

Grundbildung Trigonometrie
Aus der Schulpraxis für die Schulpraxis - Bestell-Nr. 12 117
KOHL VERLAG

VI. Der Sinussatz

3. Zeichnung von Dreiecken sowie Berechnung von Winkelgrößen und Seitenlängen mit Hilfe des Sinussatzes

Aufgabe 1: *Zeichne ein Dreieck mit der Seitenlänge c = 9 cm und mit den Winkeln $\alpha = 60°$ sowie $\beta = 40°$. Berechne den Winkel γ und die Seitenlängen a und b.*

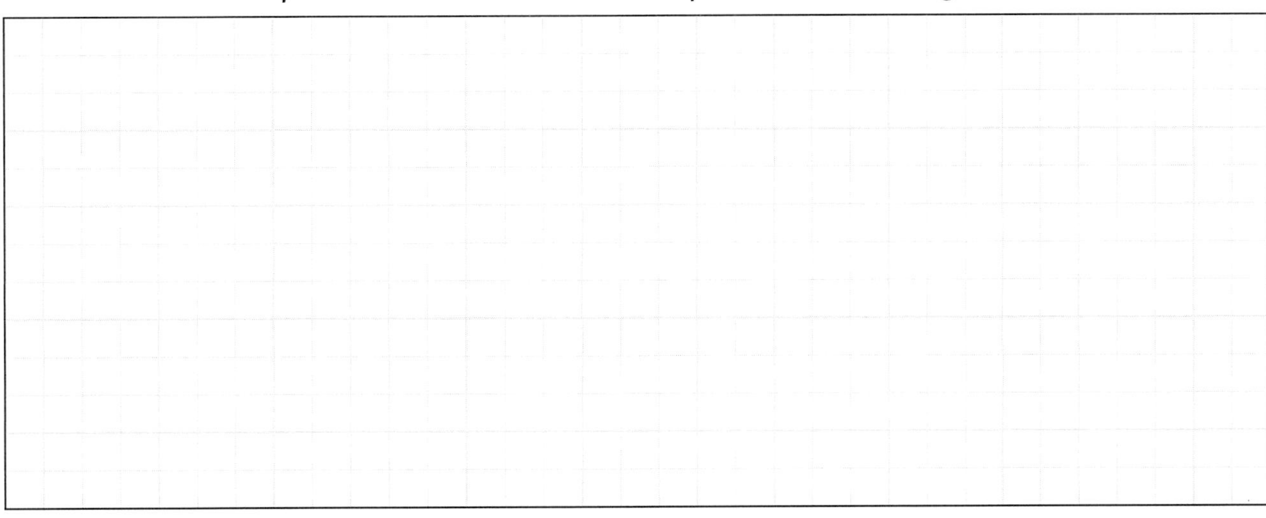

Aufgabe 2: *Zeichne ein Dreieck mit der Seitenlänge c = 8 cm und mit den Winkeln $\beta = 50°$ sowie $\gamma = 75°$. Berechne den Winkel α und die Seitenlängen a und b.*

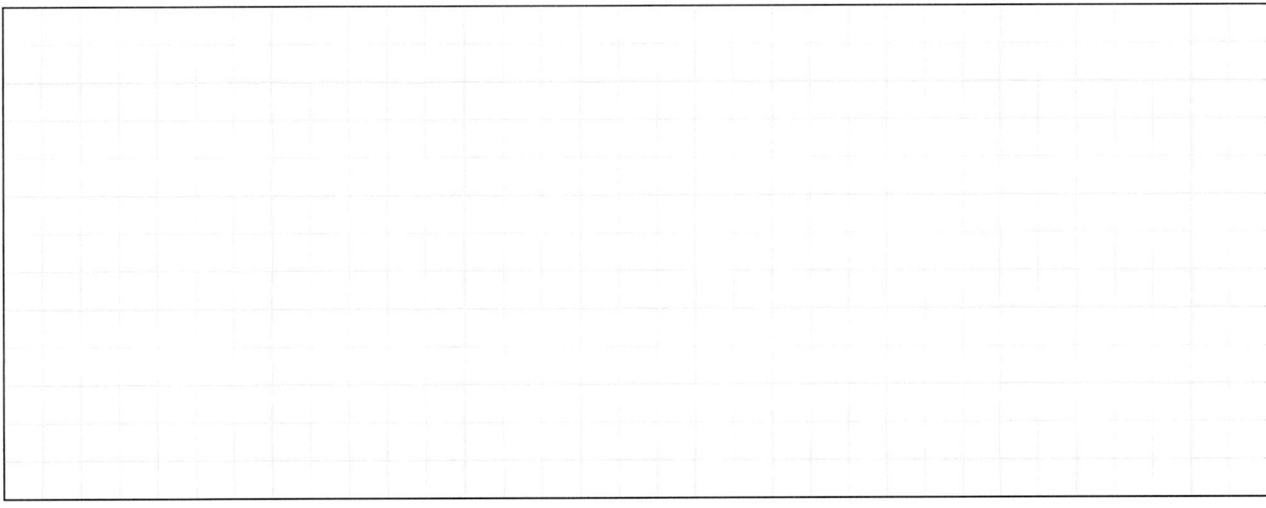

Aufgabe 3: *Zeichne ein Dreieck mit der Seitenlänge c = 7 cm und b = 6 cm und mit dem Winkel $\gamma = 62°$. Berechne die Seite c und die Winkel α und β.*

KOHL VERLAG Grundbildung Trigonometrie
Aus der Schulpraxis für die Schulpraxis - Bestell-Nr. 12 117

VI. Der Sinussatz

3. Zeichnung von Dreiecken sowie Berechnung von Winkelgrößen und Seitenlängen mit Hilfe des Sinussatzes – Lösungen

Aufgabe 1: *Zeichne ein Dreieck mit der Seitenlänge c = 9 cm und mit den Winkeln α = 60° sowie β = 40°. Berechne den Winkel γ und die Seitenlängen a und b.*

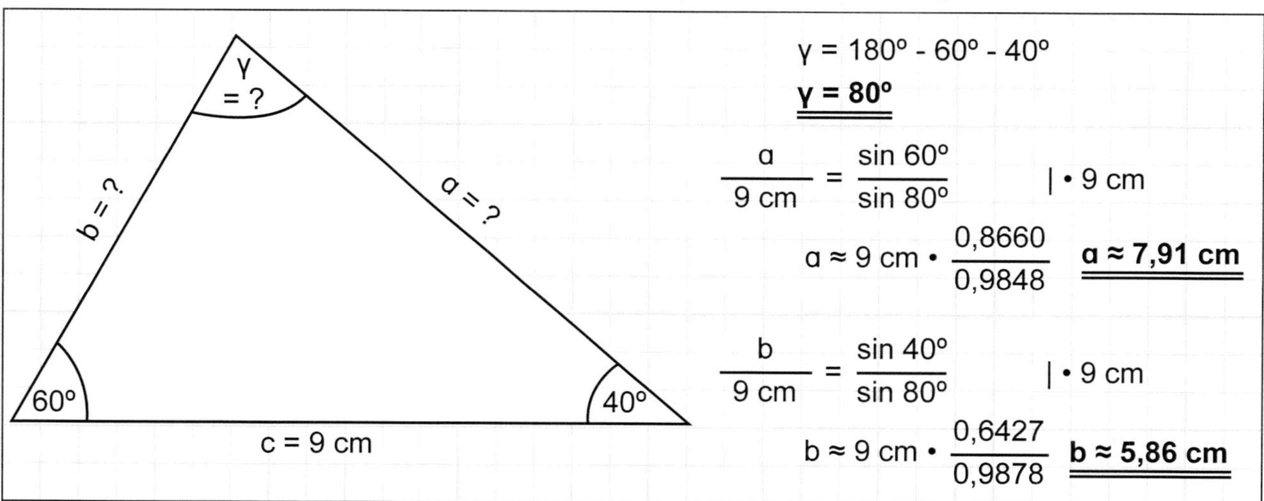

Aufgabe 2: *Zeichne ein Dreieck mit der Seitenlänge c = 8 cm und mit den Winkeln β = 50° sowie γ = 75°. Berechne den Winkel α und die Seitenlängen a und b.*

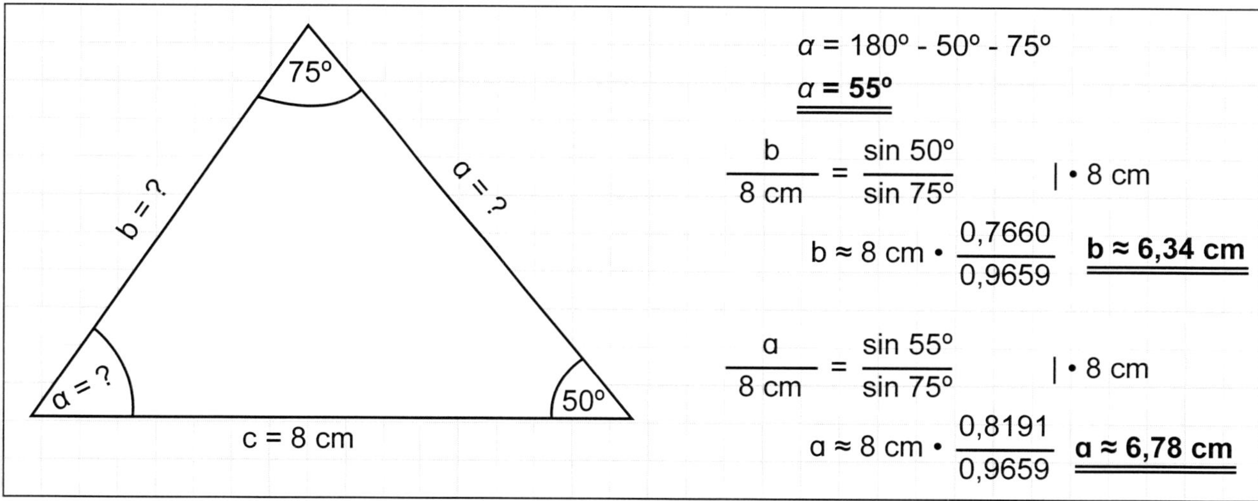

Aufgabe 3: *Zeichne ein Dreieck mit der Seitenlänge c = 7 cm und b = 6 cm und mit dem Winkel γ = 62°. Berechne die Seite a und die Winkel α und β.*

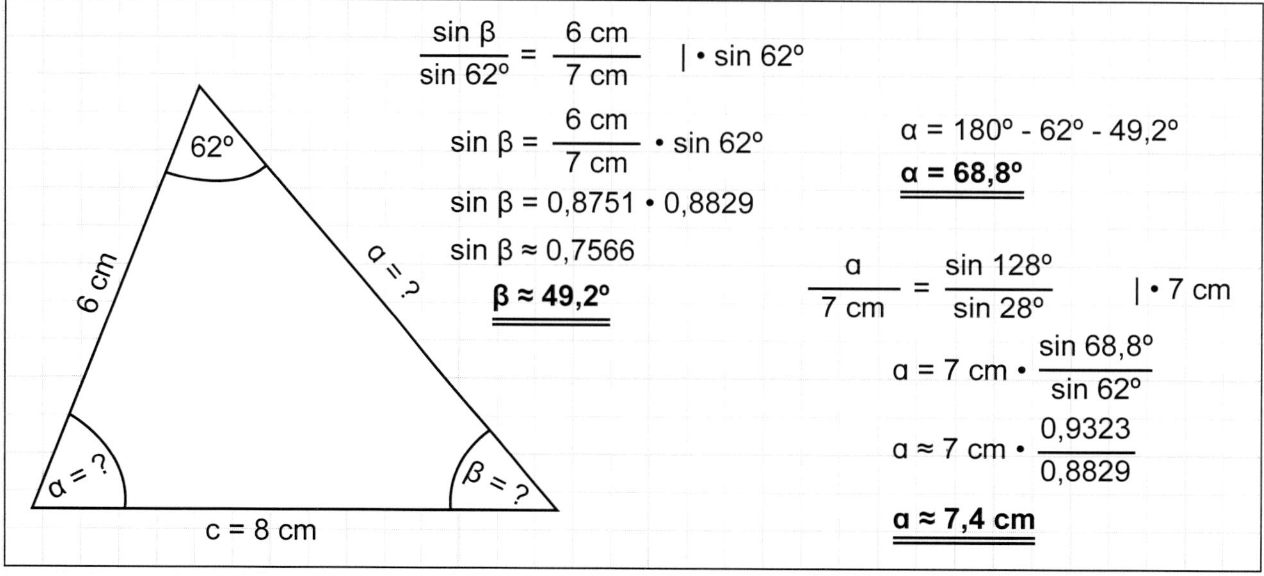

KOHL VERLAG Grundbildung Trigonometrie
Aus der Schulpraxis für die Schulpraxis - Bestell-Nr. 12 117

VI. Der Sinussatz

4. Zeichnerische Darstellung der Sinuswerte bei Winkelgrößen von 0° - 180° in beliebigen Dreiecken

In beliebigen Dreiecken kann jeweils ein Winkel stumpfwinklig (= größer als 90° oder kleiner als 180°) sein. Deshalb benötigen wir auch die Sinuswerte für stumpfe Winkel.

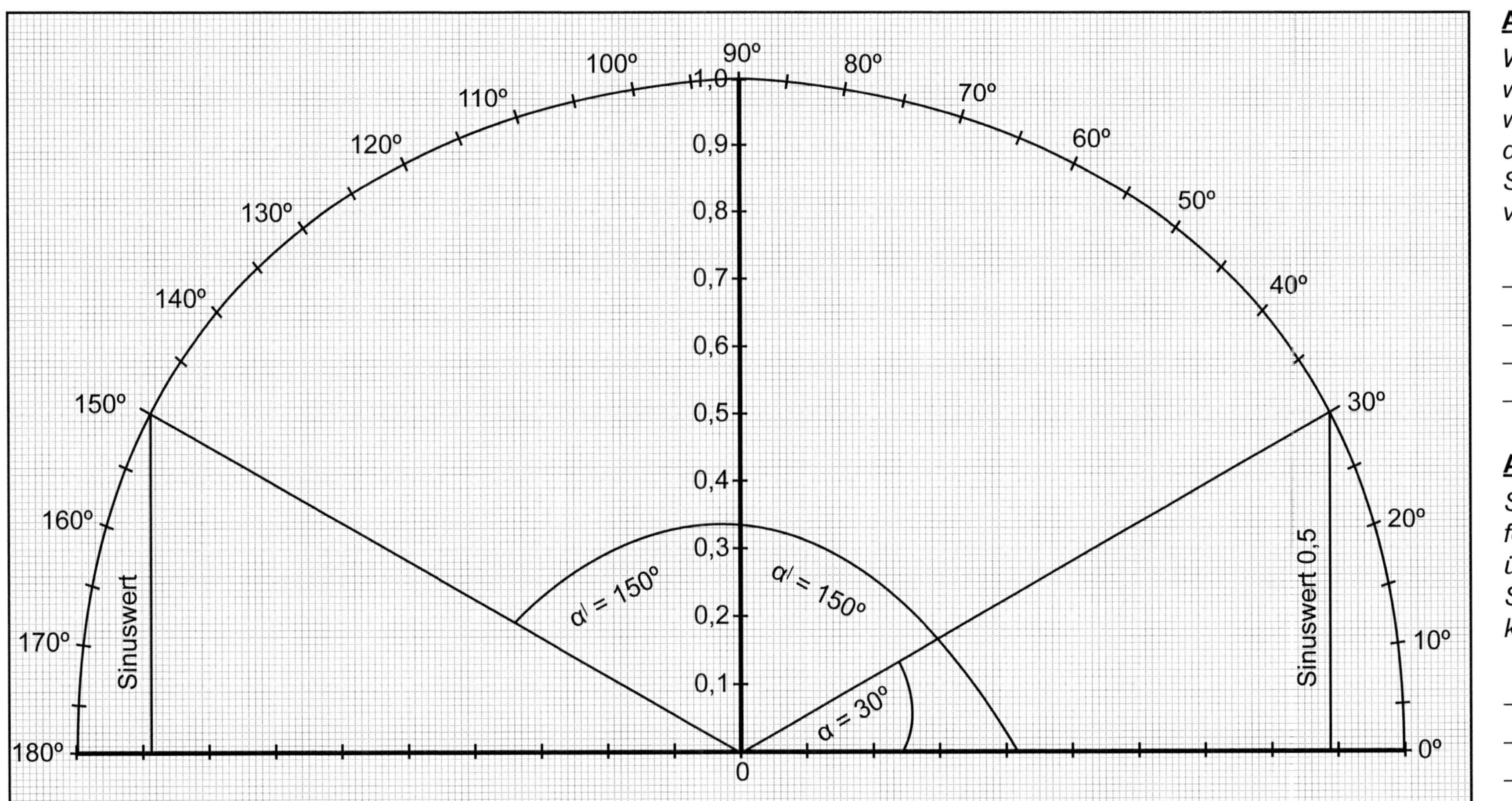

Aufgabe 1: *Was stellst du fest, wenn du den Sinuswert des Winkels α = 30° mit dem Sinuswert α/ = 150° vergleichst?*

____

____

____

____

Aufgabe 2: *Stelle im Schaubild fest, welchen Winkel über 90° mit seinem Sinuswert des Winkels 60° entspricht?*

____

____

____

____

Aufgabe 3: *Was kannst du allgemein sagen, wenn du die Sinuswerte der Winkel 0° bis 90° mit den Sinuswerten der Winkel vergleichst, die von mehr 90° bis 180° groß sind?*

____

____

____

4. **Zeichnerische Darstellung der Sinuswerte bei Winkelgrößen von 0° - 180° in beliebigen Dreiecken** – Lösungen

In beliebigen Dreiecken kann jeweils ein Winkel stumpfwinklig (= größer als 90° oder kleiner als 180°) sein. Deshalb benötigen wir auch die Sinuswerte für stumpfe Winkel.

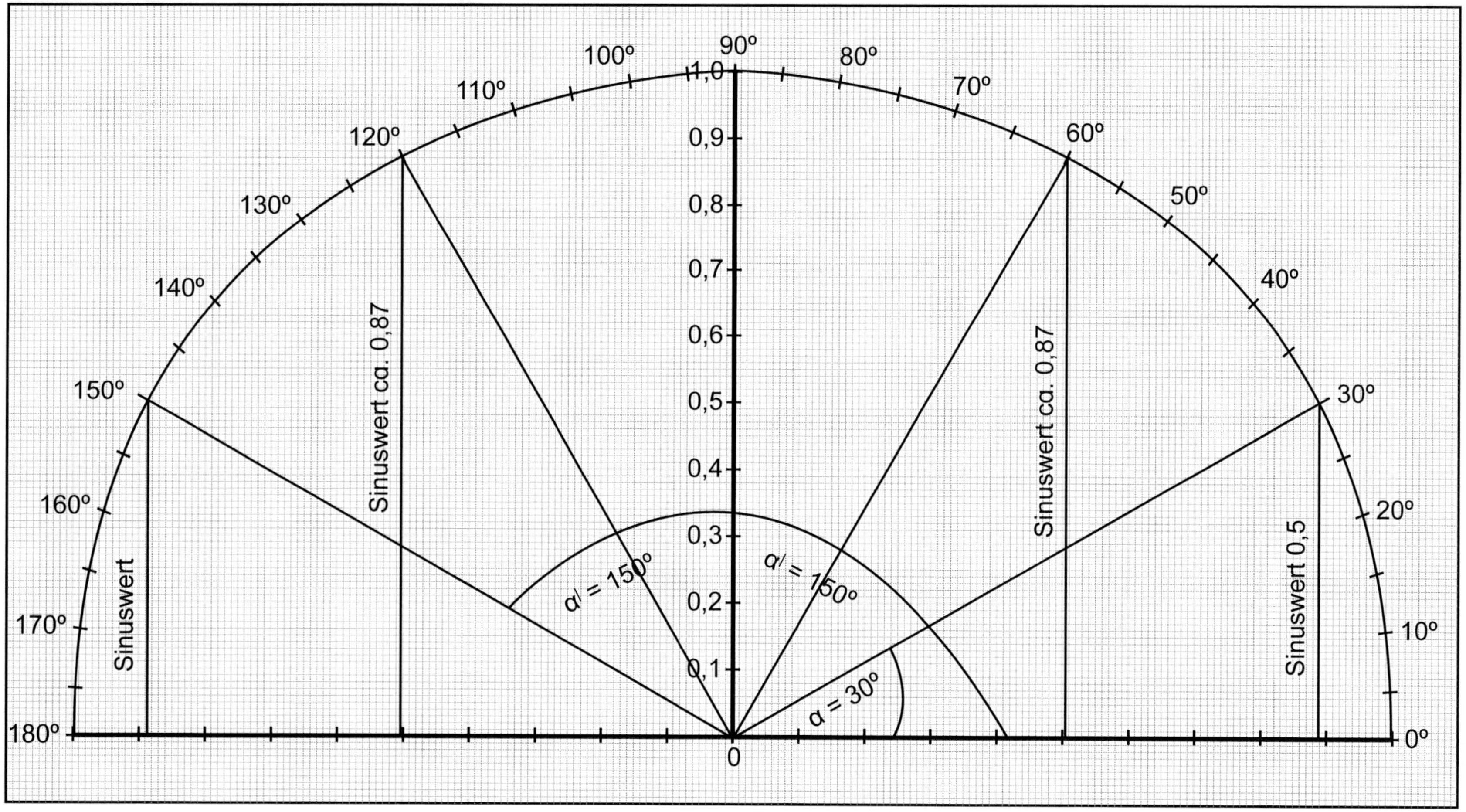

Aufgabe 1:
Was stellst du fest, wenn du den Sinuswert des Winkels α = 30° mit dem Sinuswert α/ = 150° vergleichst?

Der Sinuswert von 30° und der Sinuswert von 150° haben denselben Wert, nämlich 0,5.

Aufgabe 2:
Stelle im Schaubild fest, welchen Winkel über 90° mit seinem Sinuswert des Winkels 60° entspricht?

Der Sinuswert 60° entspricht dem Sinuswert des Winkels 120°.

Aufgabe 3: *Was kannst du allgemein sagen, wenn du die Sinuswerte der Winkel 0° bis 90° mit den Sinuswerten der Winkel vergleichst, die von mehr 90° bis 180° groß sind?*

Der Sinuswert eines Winkels α von 0° bis 90° entspricht dem Sinuswert eines Winkels 180° - α).

Beispiel: sin 60° = sin (180° - 60°) 120°. Auch die Sinuswerte von Winkeln über 90° bis 180° sind positiv und liegen im Zahlenbereich bis 1.

VI. Der Sinussatz

5. Beweis der Gültigkeit des Sinussatzes für stumpfwinklige Dreiecke

Nach den Winkelgrößen werden 3 verschiedene Arten von Dreiecken unterschieden:

- spitzwinklige Dreiecke
  In spitzwinkligen Dreiecken sind alle 3 Innenwinkel kleiner als 90°.

- rechtwinklige Dreiecke
  In rechtwinkligen Dreiecken ist 1 Innenwinkel genau 90° groß, die anderen 2 Innenwinkel sind jeweils kleiner als 90°.

- stumpfwinklige Dreiecke
  In stumpfwinkligen Dreiecken ist 1 Innenwinkel größer als 90°, die beiden anderen Innenwinkel sind jeweils kleiner als 90°.

Der Sinussatz ist gültig für alle möglichen Dreiecke, also für spitzwinklige, rechtwinklige und stumpfwinklige Dreiecke.

Beweis der Gültigkeit des Sinussatzes für stumpfwinklige Dreiecke

Gegeben ist das folgende stumpfwinklige Dreieck ABC:

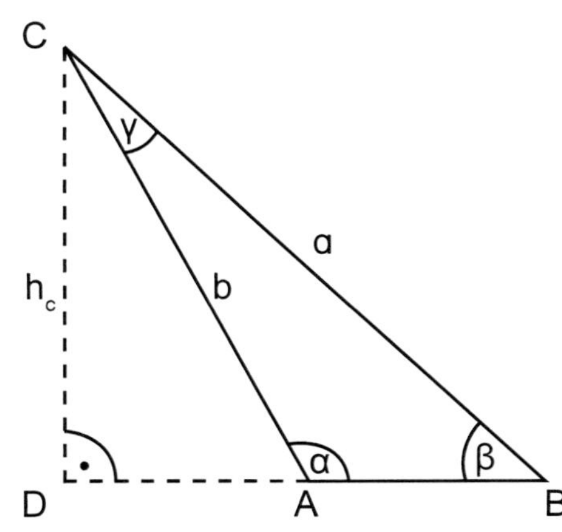

Wir bilden folgende 2 rechtwinklige Dreiecke: BCD und ACD

Für das Dreieck BCD gilt:

$$\frac{h_c}{a} = \sin \beta \qquad | \cdot a$$

$$h_c = a \cdot \sin \beta$$

Für das Dreieck ACD gilt:

$$\frac{h_c}{b} = \sin (180° - \alpha) \qquad | \cdot b$$

$$h_c = b \cdot (180° - \alpha)$$

Somit ist die Gleichsetzung möglich:

$$a \cdot \sin \beta = b \cdot \sin (180° - \alpha)$$

Da $\sin \alpha = \sin (180° - \alpha)$, können wir gleichsetzen:

$$a \cdot \sin \beta = b \cdot \sin \alpha \qquad | : b \qquad | : \sin \beta$$

$$\boxed{\frac{a}{b} = \frac{\sin \alpha}{\sin \beta}}$$

VI. Der Sinussatz

6. Textaufgaben (Anwendungen des Sinussatzes)

Mache bei jeder folgenden Aufgabe zuerst eine Skizze. Notiere dort ein Fragezeichen, was gesucht wird. Benenne in der Skizze, was gegeben ist. Rechne dann aus, was gesucht wird. Unterstreiche das Ergebnis mit zwei Linien. Schreibe zum Schluss einen (kurzen) Antwortsatz.

Aufgabe 1: *Gegeben ist eine Strecke von A nach B mit einer Länge von 60 Metern. Vom Punkt A aus gesehen liegt der Punkt C unter einem Winkel von 35°. Vom Punkt C aus gesehen liegt der Punkt B unter einem Winkel von 120°. Berechne die Entfernungen zwischen A und C sowie zwischen B und C.*

Aufgabe 2: *Die Entfernung zwischen den Punkten A und B beträgt 110 m. Vom Punkt B aus gesehen liegt der Punkt C unter einem Winkel von 55°. Vom Punkt C aus gesehen liegt der Punkt A unter einem Winkel von 60°. Berechne die Entfernung zwischen A und C sowie zwischen B und C.*

VI. Der Sinussatz

6. Textaufgaben (Anwendungen des Sinussatzes) – Lösungen

Mache bei jeder folgenden Aufgabe zuerst eine Skizze. Notiere dort ein Fragezeichen, was gesucht wird. Benenne in der Skizze, was gegeben ist. Rechne dann aus, was gesucht wird. Unterstreiche das Ergebnis mit zwei Linien. Schreibe zum Schluss einen (kurzen) Antwortsatz.

Aufgabe 1: *Gegeben ist eine Strecke von A nach B mit einer Länge von 60 Metern. Vom Punkt A aus gesehen liegt der Punkt C unter einem Winkel von 35°. Vom Punkt C aus gesehen liegt der Punkt B unter einem Winkel von 120°. Berechne die Entfernungen zwischen A und C sowie zwischen B und C.*

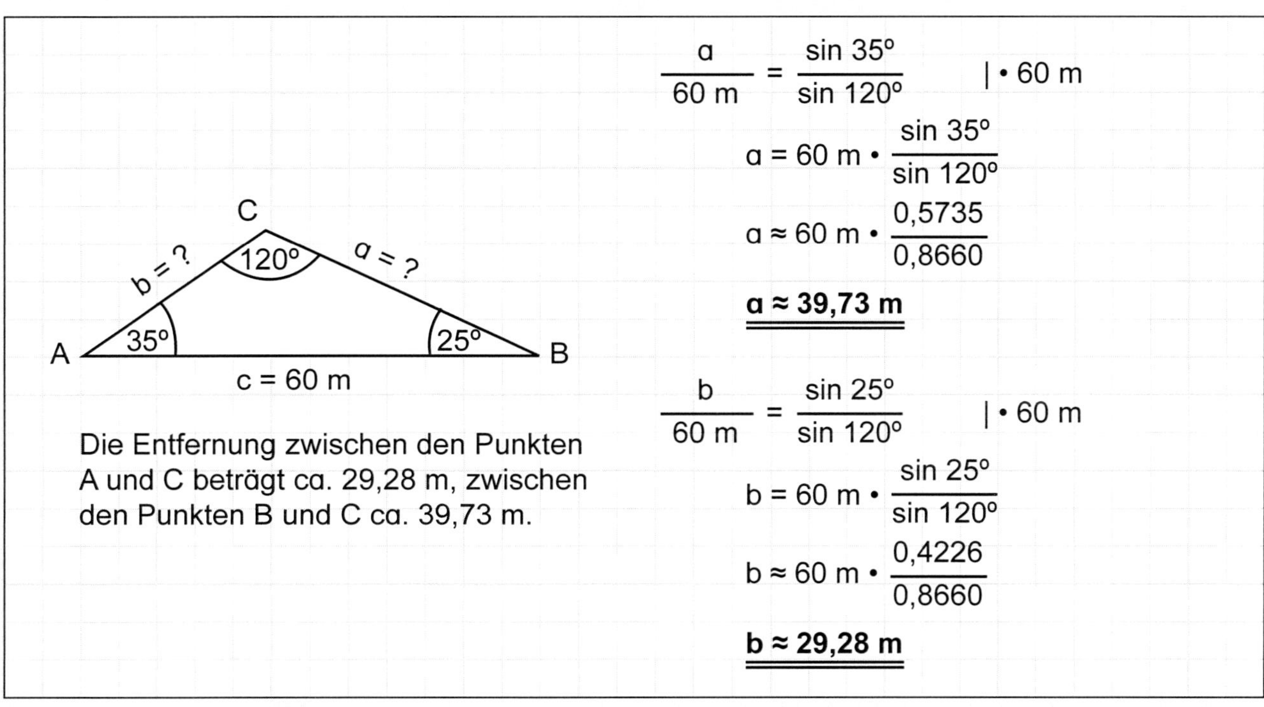

Aufgabe 2: *Die Entfernung zwischen den Punkten A und B beträgt 110 m. Vom Punkt B aus gesehen liegt der Punkt C unter einem Winkel von 55°. Vom Punkt C aus gesehen liegt der Punkt A unter einem Winkel von 60°. Berechne die Entfernung zwischen A und C sowie zwischen B und C.*

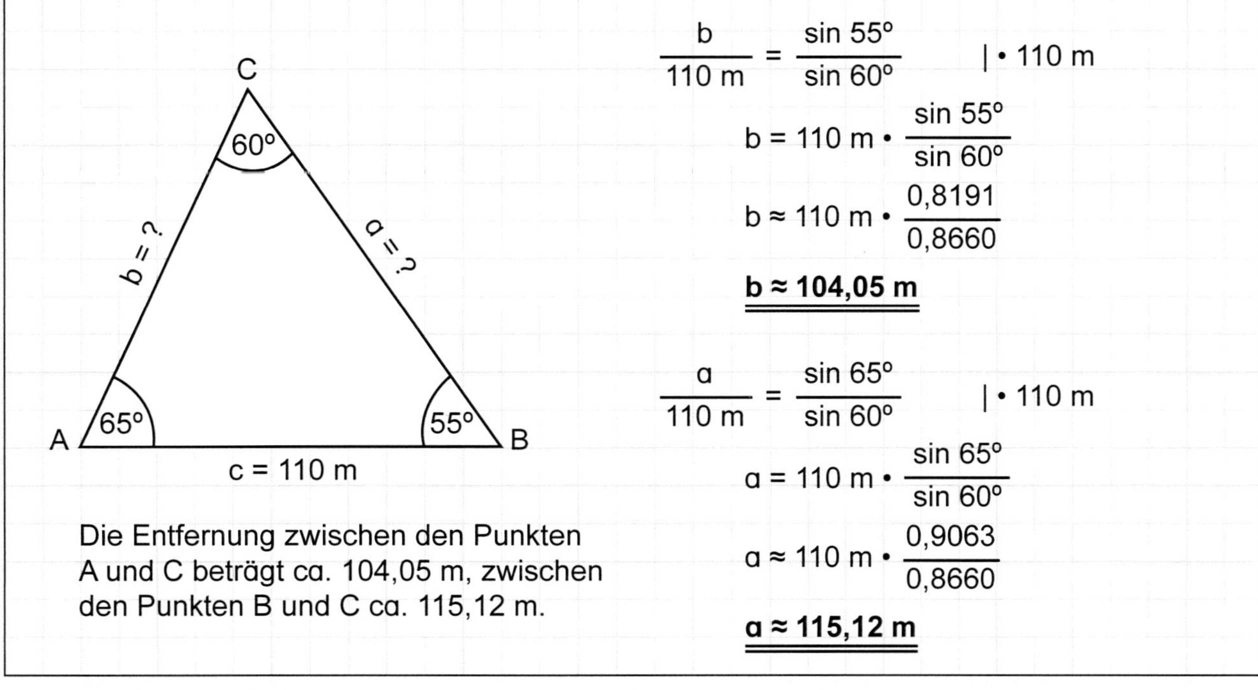

VI. Der Sinussatz

6. Textaufgaben (Anwendungen des Sinussatzes)

Mache bei jeder folgenden Aufgabe zuerst eine Skizze. Notiere dort ein Fragezeichen, was gesucht wird. Benenne in der Skizze, was gegeben ist. Rechne dann aus, was gesucht wird. Unterstreiche das Ergebnis mit zwei Linien. Schreibe zum Schluss einen (kurzen) Antwortsatz.

Aufgabe 3: *Ein Schiff peilt einen Leuchtturm unter einem Winkel von 38° an und fährt dann geradeaus weiter. Später peilt das Schiff den Leuchtturm unter einem Winkel von 68° an. Bei der 1. Peilung befand sich das Schiff 11 km vom Leuchtturm entfernt. Berechne, wie weit das Schiff bei der 2. Peilung vom Leuchtturm entfernt ist.*

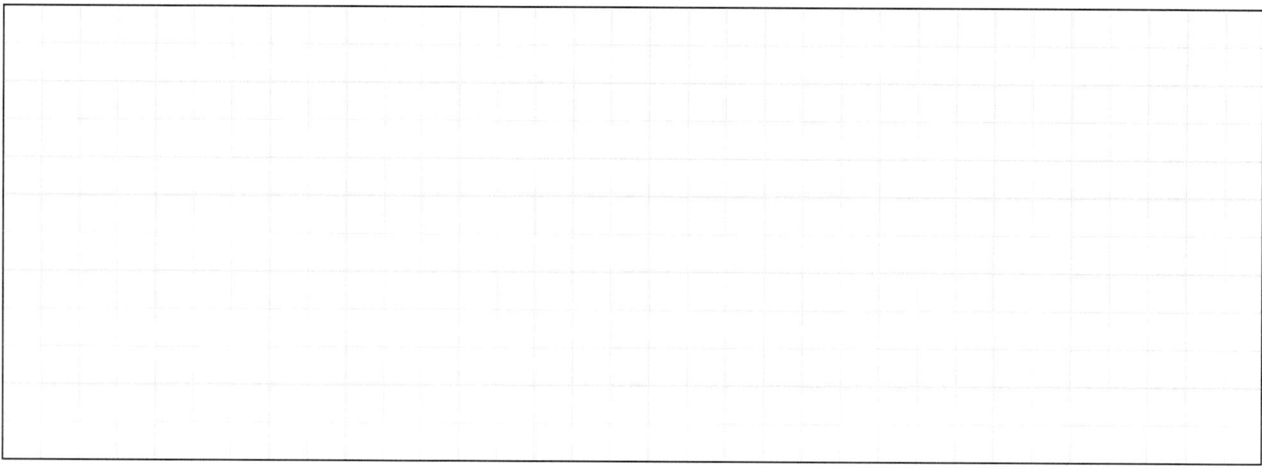

Aufgabe 4: *Bei der ersten Messung ist die Spitze eines Hauses unter einem Winkel von 13° zu sehen. Geht man geradeaus 55 m höher zum Haus hin, erscheint die Spitze des Hauses unter einem Winkel von 27°. Berechne, wie hoch das Haus ist.*

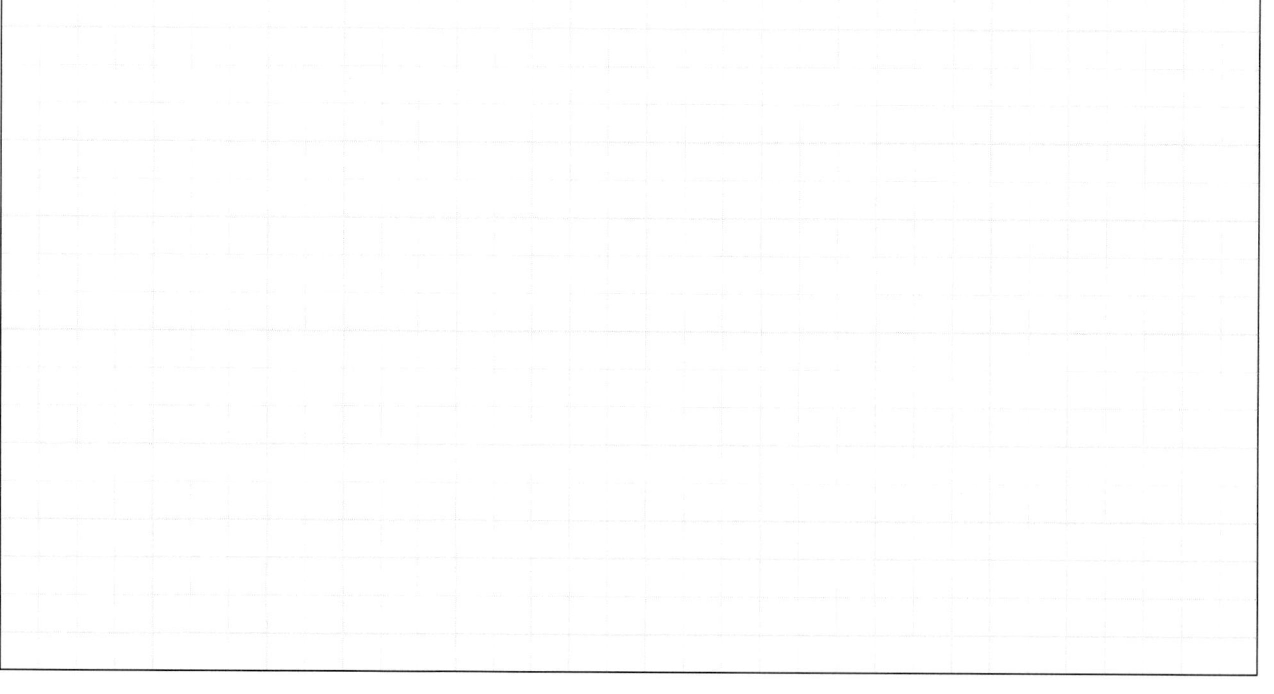

VI. Der Sinussatz

6. Textaufgaben (Anwendungen des Sinussatzes) – Lösungen

Mache bei jeder folgenden Aufgabe zuerst eine Skizze. Notiere dort ein Fragezeichen, was gesucht wird. Benenne in der Skizze, was gegeben ist. Rechne dann aus, was gesucht wird. Unterstreiche das Ergebnis mit zwei Linien. Schreibe zum Schluss einen (kurzen) Antwortsatz.

Aufgabe 3: *Ein Schiff peilt einen Leuchtturm unter einem Winkel von 38° an und fährt dann geradeaus weiter. Später peilt das Schiff den Leuchtturm unter einem Winkel von 68° an. Bei der 1. Peilung befand sich das Schiff 11 km vom Leuchtturm entfernt. Berechne, wie weit das Schiff bei der 2. Peilung vom Leuchtturm entfernt ist.*

Leuchtturm
b = 11 km
a = ?
38°
110°
70°
Schiff ⟶

$$\frac{a}{11\text{ km}} = \frac{\sin 38°}{\sin 110°} \quad | \cdot 11\text{ km}$$

$$a = 11\text{ km} \cdot \frac{\sin 38°}{\sin 110°}$$

$$a \approx 11\text{ km} \cdot \frac{0{,}6156}{0{,}9396}$$

$$\mathbf{a \approx 7{,}21\text{ km}}$$

Bei der 2. Peilung ist das Schiff ca. 7,21 km vom Leuchtturm entfernt.

Aufgabe 4: *Bei der ersten Messung ist die Spitze eines Hauses unter einem Winkel von 13° zu sehen. Geht man geradeaus 55 m höher zum Haus hin, erscheint die Spitze des Hauses unter einem Winkel von 27°. Berechne, wie hoch das Haus ist.*

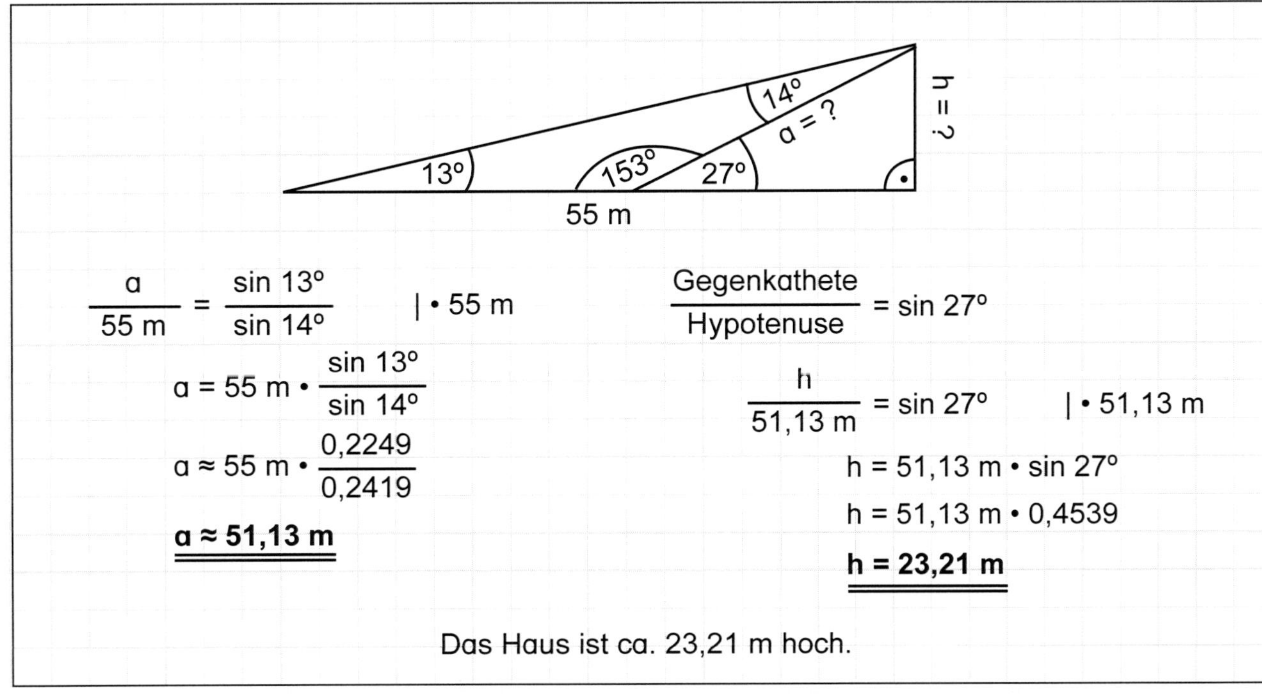

$$\frac{a}{55\text{ m}} = \frac{\sin 13°}{\sin 14°} \quad | \cdot 55\text{ m}$$

$$a = 55\text{ m} \cdot \frac{\sin 13°}{\sin 14°}$$

$$a \approx 55\text{ m} \cdot \frac{0{,}2249}{0{,}2419}$$

$$\mathbf{a \approx 51{,}13\text{ m}}$$

$$\frac{\text{Gegenkathete}}{\text{Hypotenuse}} = \sin 27°$$

$$\frac{h}{51{,}13\text{ m}} = \sin 27° \quad | \cdot 51{,}13\text{ m}$$

$$h = 51{,}13\text{ m} \cdot \sin 27°$$

$$h = 51{,}13\text{ m} \cdot 0{,}4539$$

$$\mathbf{h = 23{,}21\text{ m}}$$

Das Haus ist ca. 23,21 m hoch.

KOHL VERLAG
Grundbildung Trigonometrie
Aus der Schulpraxis für die Schulpraxis - Bestell-Nr. 12 117

VI. Der Sinussatz

6. Textaufgaben (Anwendungen des Sinussatzes)

Mache bei jeder folgenden Aufgabe zuerst eine Skizze. Notiere dort ein Fragezeichen, was gesucht wird. Benenne in der Skizze, was gegeben ist. Rechne dann aus, was gesucht wird. Unterstreiche das Ergebnis mit zwei Linien. Schreibe zum Schluss einen (kurzen) Antwortsatz.

Aufgabe 5: *In einem Landkreis bilden – von oben aus der Luft gesehen – drei Kirchen ein Dreieck. Die Kirche B liegt 16 km von der Kirche A entfernt. Von der Kirche B ist die Kirche C 12 km entfernt. Von der Kirche C aus betrachtet ist der Winkel zwischen den Kirchen A und C 105° groß. Berechne die Entfernung zwischen den Kirchen A und C.*

Aufgabe 6: *Eine Person visiert die Spitze eines 25 m hohen Baumes unter einem Höhenwinkel von 15° an. Dann geht die Person in der Ebene näher an diesen Baum heran und visiert die Spitze des Baumes unter einem Winkel von 22° ein. Berechne, wie viele Meter die Person näher an den Baum herangegangen ist.*

KOHL VERLAG Grundbildung Trigonometrie
Aus der Schulpraxis für die Schulpraxis - Bestell-Nr. 12 117

VI. Der Sinussatz

6. Textaufgaben (Anwendungen des Sinussatzes) – Lösungen

Mache bei jeder folgenden Aufgabe zuerst eine Skizze. Notiere dort ein Fragezeichen, was gesucht wird. Benenne in der Skizze, was gegeben ist. Rechne dann aus, was gesucht wird. Unterstreiche das Ergebnis mit zwei Linien. Schreibe zum Schluss einen (kurzen) Antwortsatz.

Aufgabe 5: *In einem Landkreis bilden – von oben aus der Luft gesehen – drei Kirchen ein Dreieck. Die Kirche B liegt 16 km von der Kirche A entfernt. Von der Kirche B ist die Kirche C 12 km entfernt. Von der Kirche C aus betrachtet ist der Winkel zwischen den Kirchen A und C 105° groß. Berechne die Entfernung zwischen den Kirchen A und C.*

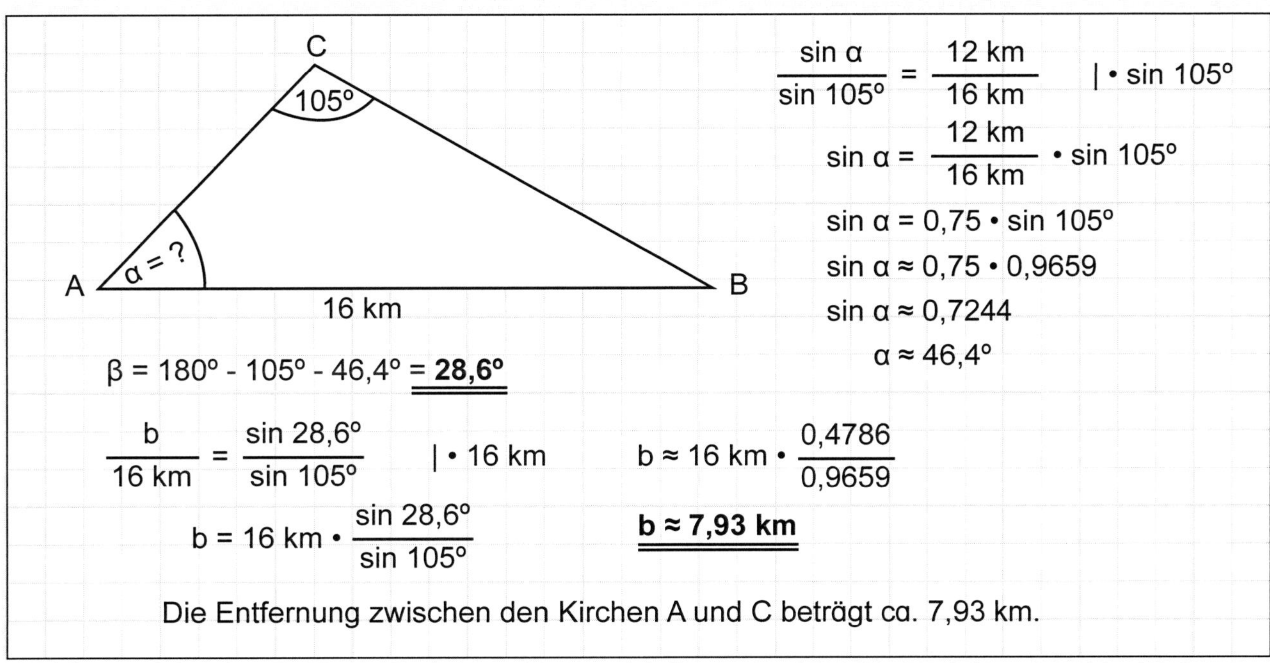

Aufgabe 6: *Eine Person visiert die Spitze eines 25 m hohen Baumes unter einem Höhenwinkel von 15° an. Dann geht die Person in der Ebene näher an diesen Baum heran und visiert die Spitze des Baumes unter einem Winkel von 22° ein. Berechne, wie viele Meter die Person näher an den Baum herangegangen ist.*

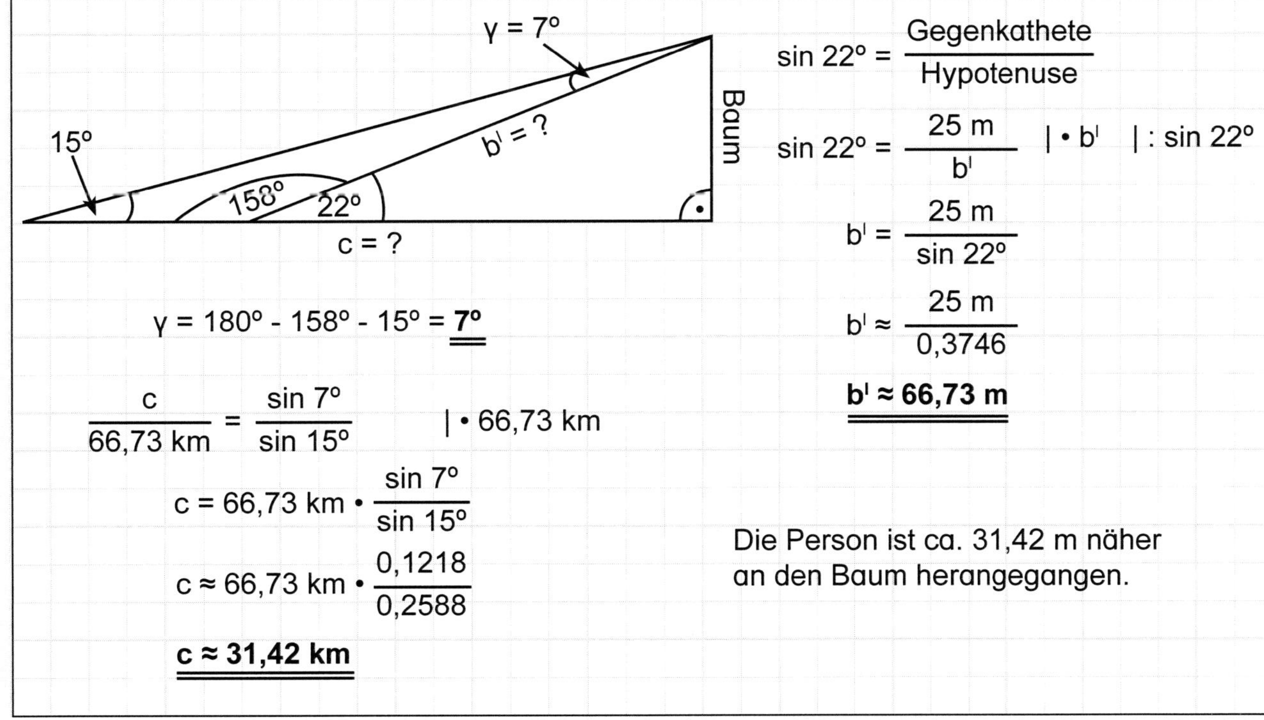

Grundbildung Trigonometrie
Aus der Schulpraxis für die Schulpraxis - Bestell-Nr. 12 117
KOHL VERLAG

VI. Der Sinussatz

6. Textaufgaben (Anwendungen des Sinussatzes)

Mache bei jeder folgenden Aufgabe zuerst eine Skizze. Notiere dort ein Fragezeichen, was gesucht wird. Benenne in der Skizze, was gegeben ist. Rechne dann aus, was gesucht wird. Unterstreiche das Ergebnis mit zwei Linien. Schreibe zum Schluss einen (kurzen) Antwortsatz.

Aufgabe 7: *Ein Hubschrauber wird vom Endpunkt A einer 500 m langen, geraden Standlinie unter einem Höhenwinkel von 35° gesehen. Zur selben Zeit wird dieser Hubschrauber vom Endpunkt B der Standlinie unter einem Höhenwinkel von 65° beobachtet. Berechne, in welcher Höhe sich der Hubschrauber derzeit über der Standlinie befindet.*

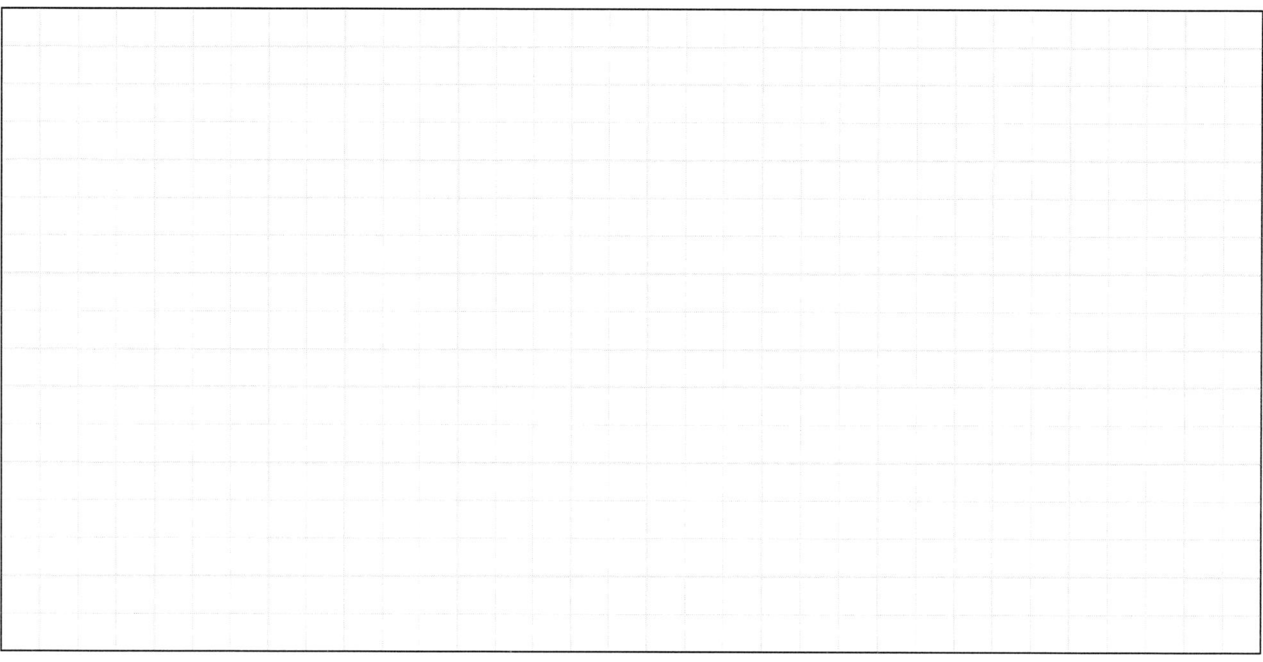

Aufgabe 8: *Von den Endpunkten A und B einer 1600 m langen, geraden Straße führen zwei Wanderwege zu einem Rastplatz. Vom Endpunkt A aus gesehen ist der Winkel zwischen der Standlinie und dem Rastplatz 45°. Vom Endpunkt B aus betrachtet ist der Winkel zwischen der Standlinie und dem Rastplatz 95°. Berechne, wie lang beide Wanderwege jeweils sind.*

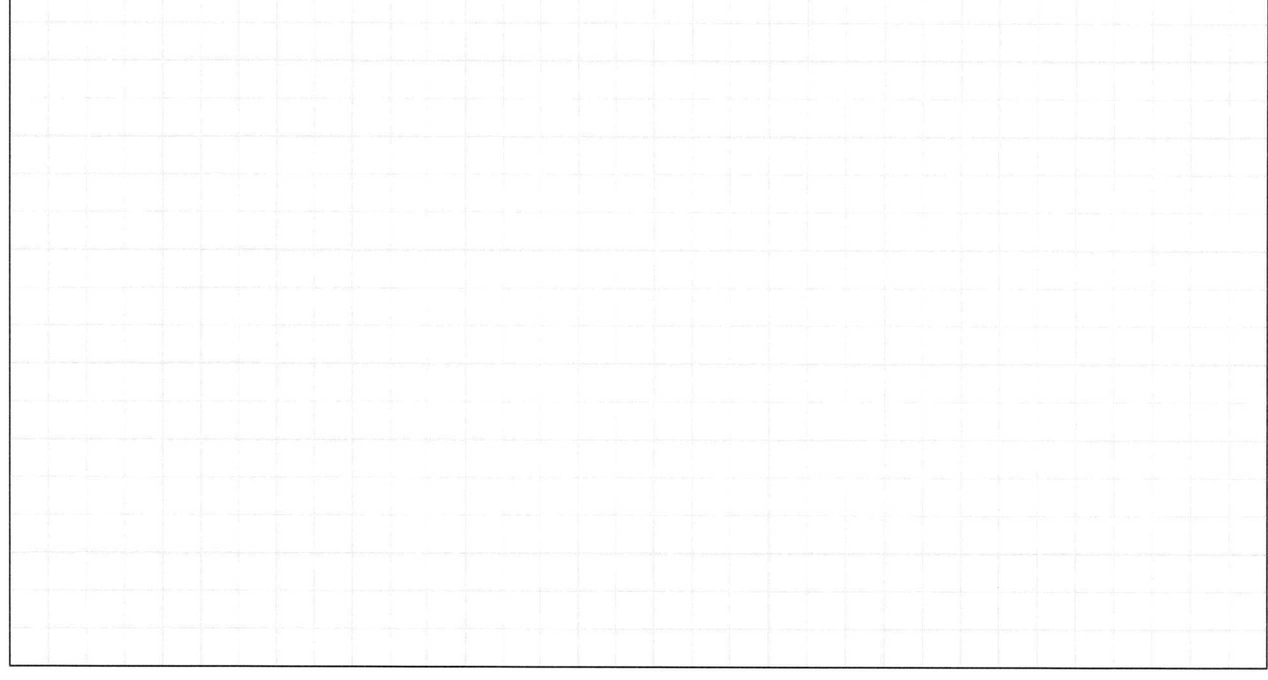

KOHL VERLAG Grundbildung Trigonometrie
Aus der Schulpraxis für die Schulpraxis - Bestell-Nr. 12 117

VI. Der Sinussatz

6. Textaufgaben (Anwendungen des Sinussatzes) – Lösungen

Mache bei jeder folgenden Aufgabe zuerst eine Skizze. Notiere dort ein Fragezeichen, was gesucht wird. Benenne in der Skizze, was gegeben ist. Rechne dann aus, was gesucht wird. Unterstreiche das Ergebnis mit zwei Linien. Schreibe zum Schluss einen (kurzen) Antwortsatz.

Aufgabe 7: *Ein Hubschrauber wird vom Endpunkt A einer 500 m langen, geraden Standlinie unter einem Höhenwinkel von 35° gesehen. Zur selben Zeit wird dieser Hubschrauber vom Endpunkt B der Standlinie unter einem Höhenwinkel von 65° beobachtet. Berechne, in welcher Höhe sich der Hubschrauber derzeit über der Standlinie befindet.*

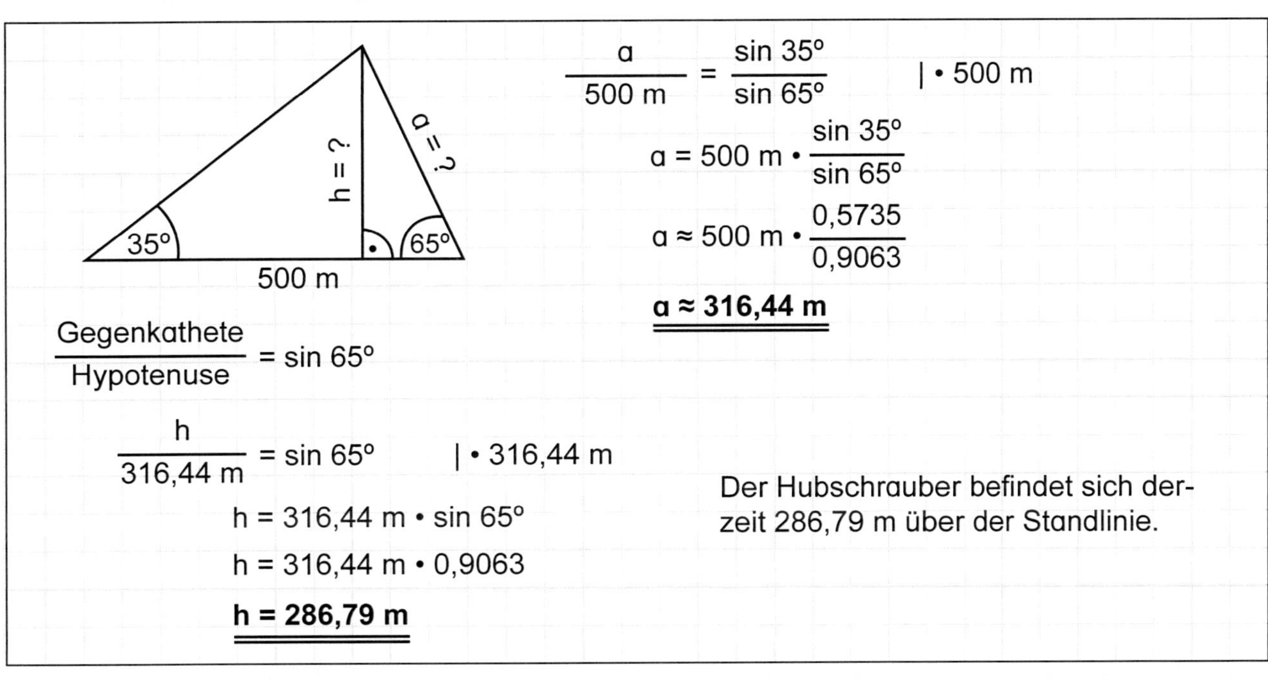

$$\frac{a}{500\text{ m}} = \frac{\sin 35°}{\sin 65°} \quad | \cdot 500\text{ m}$$

$$a = 500\text{ m} \cdot \frac{\sin 35°}{\sin 65°}$$

$$a \approx 500\text{ m} \cdot \frac{0{,}5735}{0{,}9063}$$

$$\underline{\underline{\mathbf{a \approx 316{,}44\text{ m}}}}$$

$$\frac{\text{Gegenkathete}}{\text{Hypotenuse}} = \sin 65°$$

$$\frac{h}{316{,}44\text{ m}} = \sin 65° \quad | \cdot 316{,}44\text{ m}$$

$$h = 316{,}44\text{ m} \cdot \sin 65°$$

$$h = 316{,}44\text{ m} \cdot 0{,}9063$$

$$\underline{\underline{\mathbf{h = 286{,}79\text{ m}}}}$$

Der Hubschrauber befindet sich derzeit 286,79 m über der Standlinie.

Aufgabe 8: *Von den Endpunkten A und B einer 1600 m langen, geraden Straße führen zwei Wanderwege zu einem Rastplatz. Vom Endpunkt A aus gesehen ist der Winkel zwischen der Standlinie und dem Rastplatz 45°. Vom Endpunkt B aus betrachtet ist der Winkel zwischen der Standlinie und dem Rastplatz 95°. Berechne, wie lang beide Wanderwege jeweils sind.*

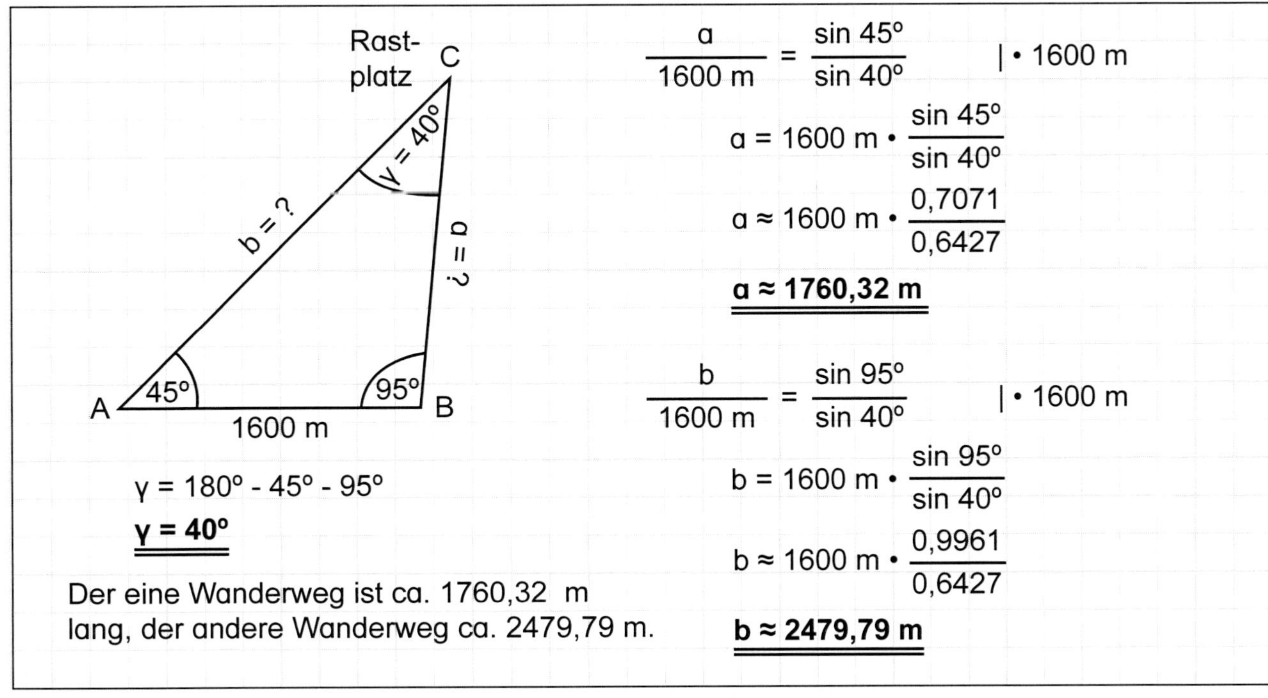

$$\gamma = 180° - 45° - 95°$$

$$\underline{\underline{\mathbf{\gamma = 40°}}}$$

$$\frac{a}{1600\text{ m}} = \frac{\sin 45°}{\sin 40°} \quad | \cdot 1600\text{ m}$$

$$a = 1600\text{ m} \cdot \frac{\sin 45°}{\sin 40°}$$

$$a \approx 1600\text{ m} \cdot \frac{0{,}7071}{0{,}6427}$$

$$\underline{\underline{\mathbf{a \approx 1760{,}32\text{ m}}}}$$

$$\frac{b}{1600\text{ m}} = \frac{\sin 95°}{\sin 40°} \quad | \cdot 1600\text{ m}$$

$$b = 1600\text{ m} \cdot \frac{\sin 95°}{\sin 40°}$$

$$b \approx 1600\text{ m} \cdot \frac{0{,}9961}{0{,}6427}$$

$$\underline{\underline{\mathbf{b \approx 2479{,}79\text{ m}}}}$$

Der eine Wanderweg ist ca. 1760,32 m lang, der andere Wanderweg ca. 2479,79 m.

Grundbildung Trigonometrie
Aus der Schulpraxis für die Schulpraxis - Bestell-Nr. 12 117
KOHL VERLAG

VI. Der Sinussatz

7. Zwischentest zum Sinussatz

Aufgabe 1: *Für welche geometrischen Figuren gilt der Sinussatz?*

____

Aufgabe 2: *Wie heißen die 3 Gleichungen des Sinussatzes für die oben rechts vorgegebene geometrische Figur?*

Aufgabe 3: *Warum heißt der Sinussatz so?*

____

Aufgabe 4: *Was besagt der Sinussatz in Worten?*

____

____

Aufgabe 5: *Unter welchen Voraussetzungen lässt sich der Sinussatz sofort anwenden?*

____

____

____

____

Aufgabe 6: *Wie kann man den Sinussatz beweisen?*

____

____

____

____

____

VI. Der Sinussatz

7. **Zwischentest zum Sinussatz** – Lösungen

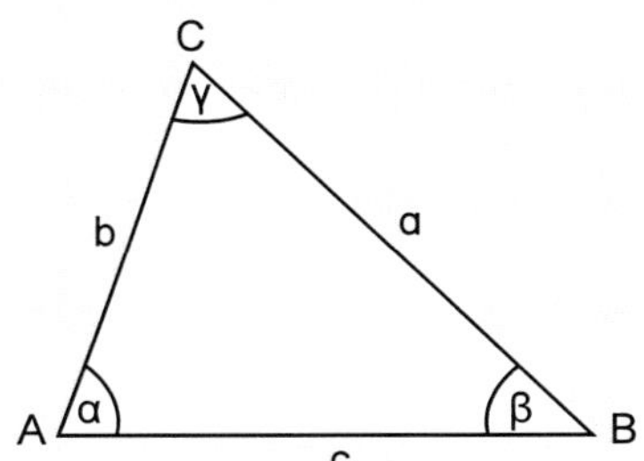

Aufgabe 1: *Für welche geometrischen Figuren gilt der Sinussatz?*

Für beliebige Dreiecke

Aufgabe 2: *Wie heißen die 3 Gleichungen des Sinussatzes für die oben rechts vorgegebene geometrische Figur?*

$$\frac{a}{b} = \frac{\sin \alpha}{\sin \beta} \qquad \frac{b}{c} = \frac{\sin \beta}{\sin \gamma} \qquad \frac{a}{c} = \frac{\sin \alpha}{\sin \gamma}$$

Aufgabe 3: *Warum heißt der Sinussatz so?*

Die Anwendung des Satzes erfordert immer Sinuswerte.

Aufgabe 4: *Was besagt der Sinussatz in Worten?*

In jedem beliebigen Dreieck verhalten sich 2 Seiten zueinander wie die Sinuswerte ihrer Gegenwinkel.

Aufgabe 5: *Unter welchen Voraussetzungen lässt sich der Sinussatz sofort anwenden?*

Wenn 2 Seitenlängen und die Größe eines Gegenwinkels

oder

2 Winkelgrößen und 1 von beiden Winkeln nicht eingeschlossene Seitenlänge gegeben sind.

Aufgabe 6: *Wie kann man den Sinussatz beweisen?*

Beweis siehe Seite 76 bis 78.

KOHL VERLAG Grundbildung Trigonometrie
Aus der Schulpraxis für die Schulpraxis - Bestell-Nr. 12 117

VII. Der Kosinussatz

1. Einführung

Es gibt Fälle, in denen sich der Sinussatz bei Berechnungen in beliebigen Dreiecken nicht (sofort) anwenden lässt:

<u>Gegeben</u>:
Seiten a und c
sowie Winkel β

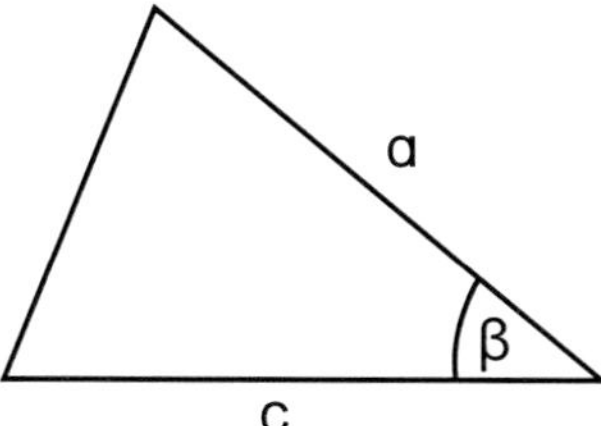

<u>Gegeben</u>:
Seiten a, b und c

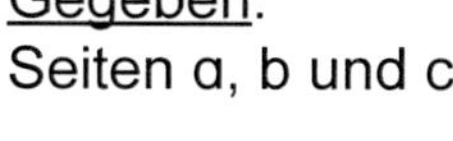

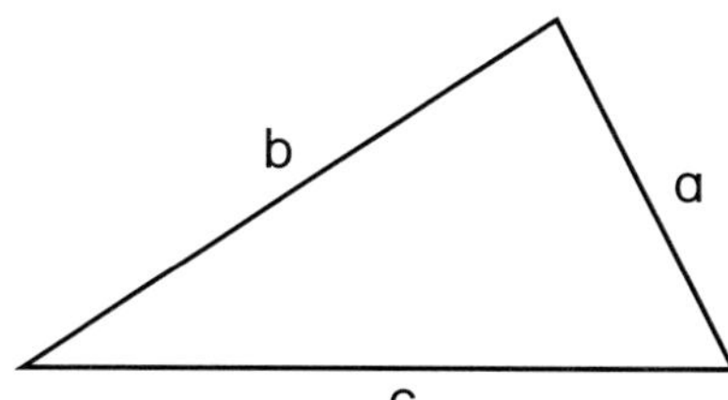

<u>Erkläre</u>: *Wieso lässt sich der Sinussatz in den beiden oben dargestellten Fällen nicht anwenden?*

____

____

Wir merken uns:

Der Sinussatz lässt sich bei Berechnungen in beliebigen Dreiecken nicht (sofort) anwenden, wenn...

... die Längen von zwei Seiten und die Größe des von ihnen eingeschlossenen Winkels gegeben sind

<u>oder</u>

... die Längen von drei Seiten.

Für diese beiden Fälle brauchen wir den Kosinussatz.

Der Kosinussatz:

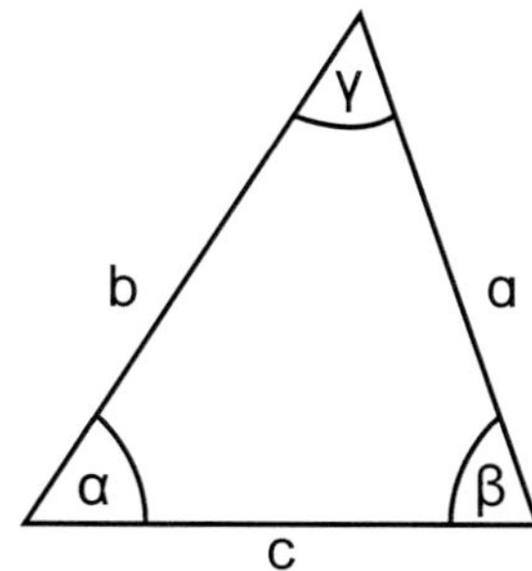

$$a^2 = b^2 + c^2 - 2 \cdot b \cdot c \cdot \cos \alpha$$
$$b^2 = a^2 + c^2 - 2 \cdot a \cdot c \cdot \cos \beta$$
$$c^2 = a^2 + b^2 - 2 \cdot a \cdot b \cdot \cos \gamma$$

Der Kosinussatz in Worten:

In jedem beliebigen Dreieck ist das Quadrat über einer Seite genauso groß wie die Summe der Quadrate über den beiden anderen Seiten vermindert (= verringert) um das doppelte Produkt aus diesen zwei Seiten und dem Kosinus des eingeschlossenen Winkels.

<u>Hinweis</u>: Nach der *ersten* Verwendung des Kosinussatzes sind weitere Berechnungen auch mit dem Sinussatz möglich.

Grundbildung Trigonometrie
Aus der Schulpraxis für die Schulpraxis - Bestell-Nr. 12 117
KOHL VERLAG

VII. Der Kosinussatz

1. <u>Einführung</u> – Lösungen

Es gibt Fälle, in denen sich der Sinussatz bei Berechnungen in beliebigen Dreiecken nicht (sofort) anwenden lässt:

<u>Gegeben</u>:
Seiten a und c
sowie Winkel β

<u>Gegeben</u>:
Seiten a, b und c

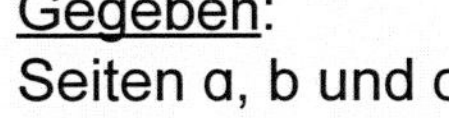

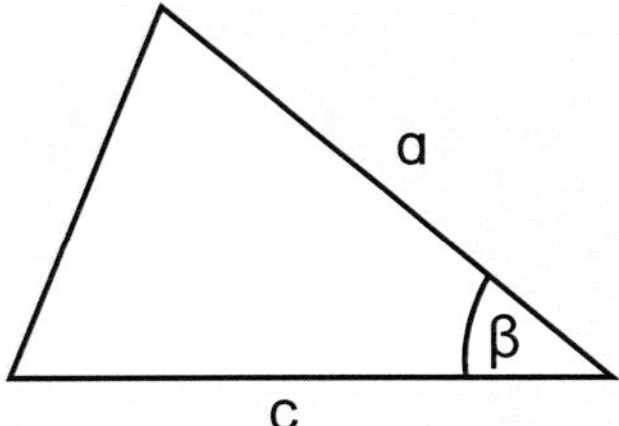

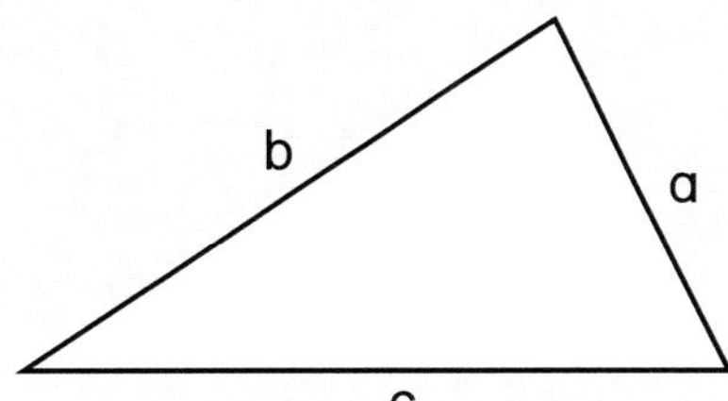

<u>Erkläre</u>: *Wieso lässt sich der Sinussatz in den beiden oben dargestellten Fällen nicht anwenden?*

Es sind keine 2 Seiten und 1 Gegenwinkel und keine 2 Winkel mit 1 von beiden Winkeln nicht eingeschlossenen Seite gegeben.

Wir merken uns:
Der Sinussatz lässt sich bei Berechnungen in beliebigen Dreiecken nicht (sofort) anwenden, wenn...

... die Längen von zwei Seiten und die Größe des von ihnen eingeschlossenen Winkels gegeben sind

<u>oder</u>

... die Längen von drei Seiten.

Für diese beiden Fälle brauchen wir den Kosinussatz.

Der Kosinussatz:

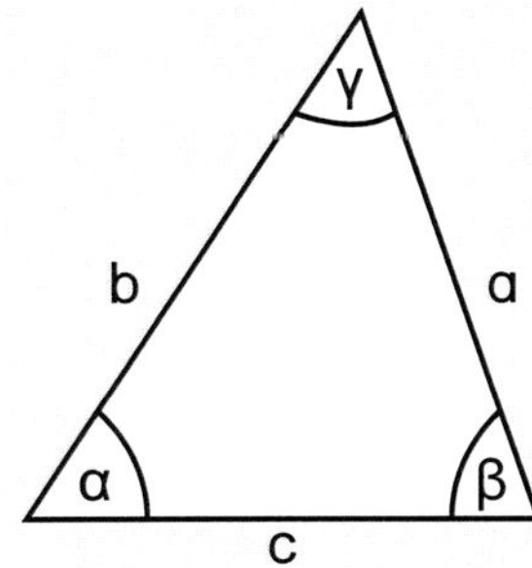

$$a^2 = b^2 + c^2 - 2 \cdot b \cdot c \cdot \cos \alpha$$
$$b^2 = a^2 + c^2 - 2 \cdot a \cdot c \cdot \cos \beta$$
$$c^2 = a^2 + b^2 - 2 \cdot a \cdot b \cdot \cos \gamma$$

Der Kosinussatz in Worten:
In jedem beliebigen Dreieck ist das Quadrat über einer Seite genauso groß wie die Summe der Quadrate über den beiden anderen Seiten vermindert (= verringert) um das doppelte Produkt aus diesen zwei Seiten und dem Kosinus des eingeschlossenen Winkels.

<u>Hinweis</u>: Nach der *ersten* Verwendung des Kosinussatzes sind weitere Berechnungen auch mit dem Sinussatz möglich.

Grundbildung Trigonometrie
Aus der Schulpraxis für die Schulpraxis - Bestell-Nr. 12 117
KOHL VERLAG

VII. Der Kosinussatz

2. Die Herleitung des Kosinussatzes

Wir zerlegen das Dreieck ABC in die beiden rechtwinkligen Dreiecke ACD und BCD:

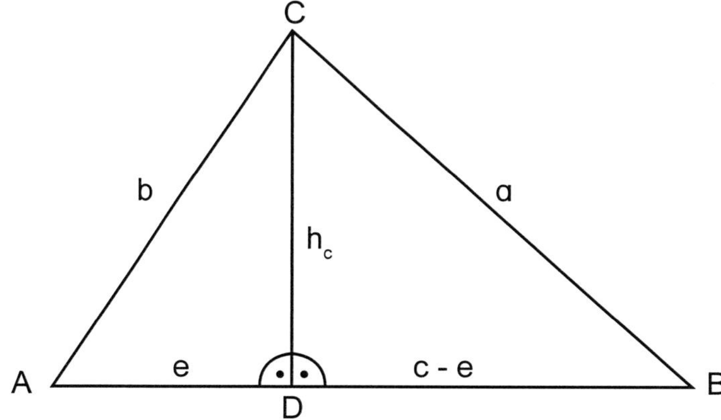

1. Für das linke Dreieck ACD gilt gemäß dem Satz des Pythagoras:

$$b^2 = h_c^2 + e^2 \qquad | - e^2$$
$$b^2 - e^2 = h_c^2$$

2. Für das rechte Dreieck BCD gilt gemäß dem Satz des Pythagoras:

$$a^2 = h_c^2 + (c - e)^2$$

3. In diese Gleichung setzen wir für h_c^2 aus der ersten Gleichung ein: $b^2 - e^2$

Somit heißt die Gleichung:

$$a^2 = b^2 - e^2 + (c - e)^2$$

Durch Ausklammern ergibt sich die Gleichung:

$$a^2 = b^2 - e^2 + c^2 - 2\,ce + e^2 \qquad | \; e^2 \text{ fällt weg}$$
$$a^2 = b^2 + c^2 - 2\,ce$$

4. Wir können die Gleichung aufstellen:

$$\cos\alpha = \frac{e}{b} \qquad | \cdot b$$
$$\cos\alpha \cdot b = e$$

5. Für e setzen sind wir in der Gleichung

$a^2 = b^2 - 2\,ce$ ein: $\cos\alpha \cdot b$

6. Damit ergibt sich die Gleichung:

$$a^2 = b^2 + c^2 - 2\,c \cdot \cos\alpha \cdot b$$

Durch Umstellung heißt die Gleichung

$$a^2 = b^2 + c^2 - 2 \cdot b \cdot c \cdot \cos\alpha \text{ (= Kosinussatz!)}$$

Entsprechend lässt sich der Kosinussatz beginnend mit $b^2 = \ldots$ und $c^2 = \ldots$ herleiten, indem man an der Höhe h_b bzw. Höhe ha das Dreieck A B C in zwei rechtwinklige Dreiecke zerlegt …

KOHL VERLAG Grundbildung Trigonometrie Aus der Schulpraxis für die Schulpraxis - Bestell-Nr. 12 117

VII. Der Kosinussatz

3. Zeichnung von Dreiecken und Berechnung von Seitenlängen und Winkelgrößen mit Hilfe des Kosinussatzes

Aufgabe 1: *Zeichne ein Dreieck mit den Seitenlängen $a = 10$ cm und $c = 9$ cm sowie mit dem Winkel $\beta = 45°$. Berechne die Seitenlänge b, die Winkelgröße α und die Winkelgröße γ.*

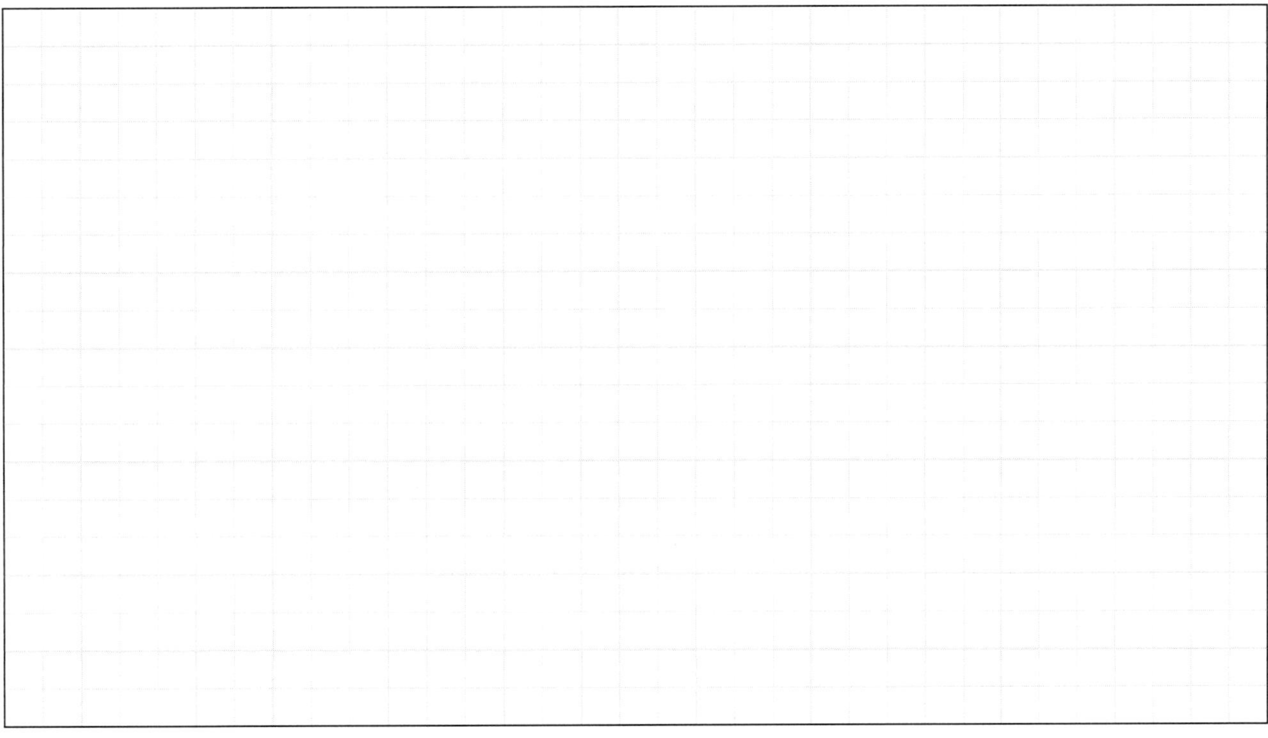

Aufgabe 2: *Zeichne ein Dreieck mit den Seitenlängen $a = 7$ cm, $b = 9$ cm und $c = 11$ cm. Berechne die Winkelgrößen α, β sowie γ.*

KOHL VERLAG Lernen mit Erfolg
Grundbildung Trigonometrie
Aus der Schulpraxis für die Schulpraxis - Bestell-Nr. 12 117

VII. Der Kosinussatz

3. Zeichnung von Dreiecken und Berechnung von Seitenlängen und Winkelgrößen mit Hilfe des Kosinussatzes – Lösungen

Aufgabe 1: *Zeichne ein Dreieck mit den Seitenlängen $a = 10$ cm und $c = 9$ cm sowie mit dem Winkel $\beta = 45°$. Berechne die Seitenlänge b, die Winkelgröße α und die Winkelgröße γ.*

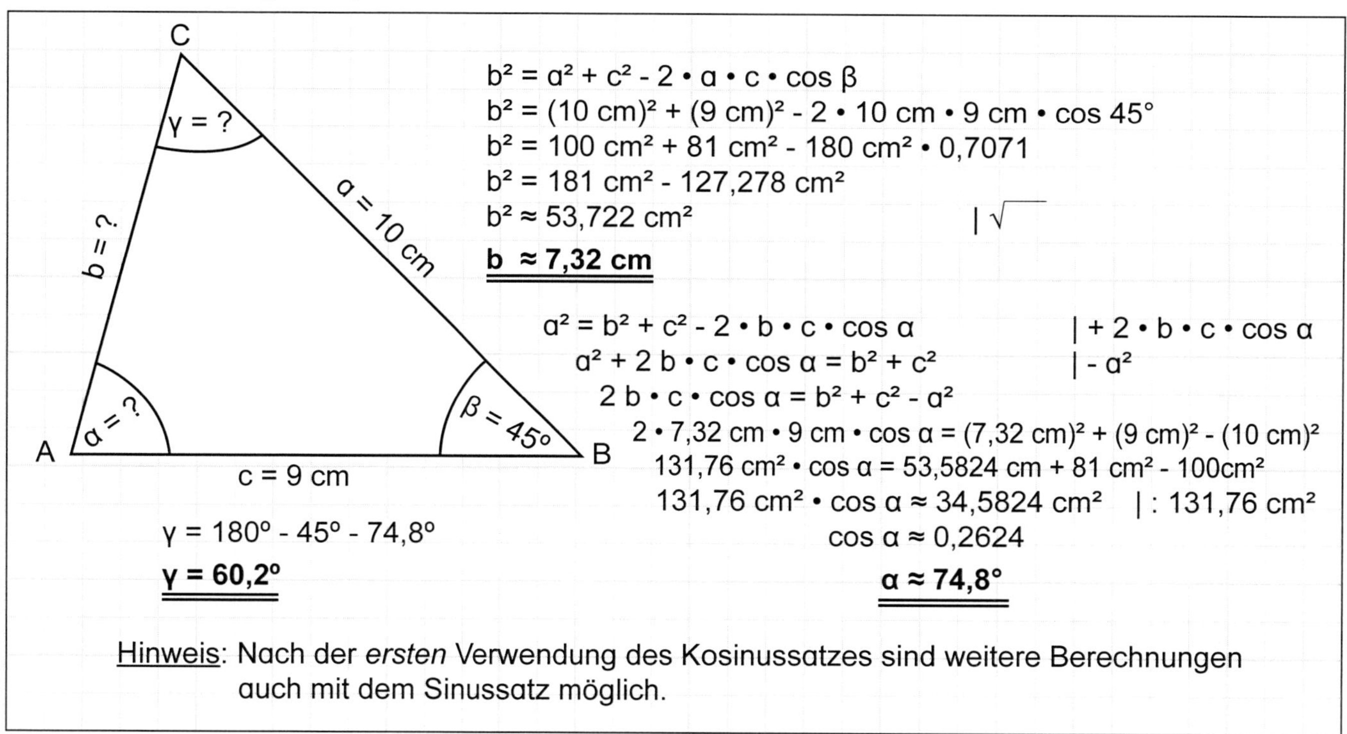

$b^2 = a^2 + c^2 - 2 \cdot a \cdot c \cdot \cos \beta$

$b^2 = (10\text{ cm})^2 + (9\text{ cm})^2 - 2 \cdot 10\text{ cm} \cdot 9\text{ cm} \cdot \cos 45°$

$b^2 = 100\text{ cm}^2 + 81\text{ cm}^2 - 180\text{ cm}^2 \cdot 0{,}7071$

$b^2 = 181\text{ cm}^2 - 127{,}278\text{ cm}^2$

$b^2 \approx 53{,}722\text{ cm}^2 \quad | \sqrt{}$

$\mathbf{b \approx 7{,}32\text{ cm}}$

$a^2 = b^2 + c^2 - 2 \cdot b \cdot c \cdot \cos \alpha \quad | + 2 \cdot b \cdot c \cdot \cos \alpha$

$a^2 + 2\,b \cdot c \cdot \cos \alpha = b^2 + c^2 \quad | - a^2$

$2\,b \cdot c \cdot \cos \alpha = b^2 + c^2 - a^2$

$2 \cdot 7{,}32\text{ cm} \cdot 9\text{ cm} \cdot \cos \alpha = (7{,}32\text{ cm})^2 + (9\text{ cm})^2 - (10\text{ cm})^2$

$131{,}76\text{ cm}^2 \cdot \cos \alpha = 53{,}5824\text{ cm} + 81\text{ cm}^2 - 100\text{cm}^2$

$131{,}76\text{ cm}^2 \cdot \cos \alpha \approx 34{,}5824\text{ cm}^2 \quad | : 131{,}76\text{ cm}^2$

$\cos \alpha \approx 0{,}2624$

$\mathbf{\alpha \approx 74{,}8°}$

$\gamma = 180° - 45° - 74{,}8°$

$\mathbf{\gamma = 60{,}2°}$

Hinweis: Nach der *ersten* Verwendung des Kosinussatzes sind weitere Berechnungen auch mit dem Sinussatz möglich.

Aufgabe 2: *Zeichne ein Dreieck mit den Seitenlängen $a = 7$ cm, $b = 9$ cm und $c = 11$ cm. Berechne die Winkelgrößen α, β sowie γ.*

$a^2 = b^2 + c^2 - 2 \cdot b \cdot c \cdot \cos \alpha \quad | + 2 \cdot b \cdot c \cdot \cos \alpha$

$a^2 + 2 \cdot b \cdot c \cdot \cos \alpha = b^2 + c^2 \quad | - a^2$

$2 \cdot b \cdot c \cdot \cos \alpha = b^2 + c^2 - a^2$

$2 \cdot 9\text{ cm} \cdot 11\text{ cm} \cdot \cos \alpha = (9\text{ cm})^2 + (11\text{ cm})^2 - (7\text{ cm})^2$

$198\text{ cm}^2 \cdot \cos \alpha = 81\text{ cm}^2 + 121\text{ cm}^2 - 49\text{ cm}^2$

$198\text{ cm}^2 \cdot \cos \alpha = 153\text{ cm}^2 \quad | : 198\text{ cm}^2$

$\cos \alpha \approx 0{,}7727$

$\mathbf{\cos \alpha \approx 39{,}4°}$

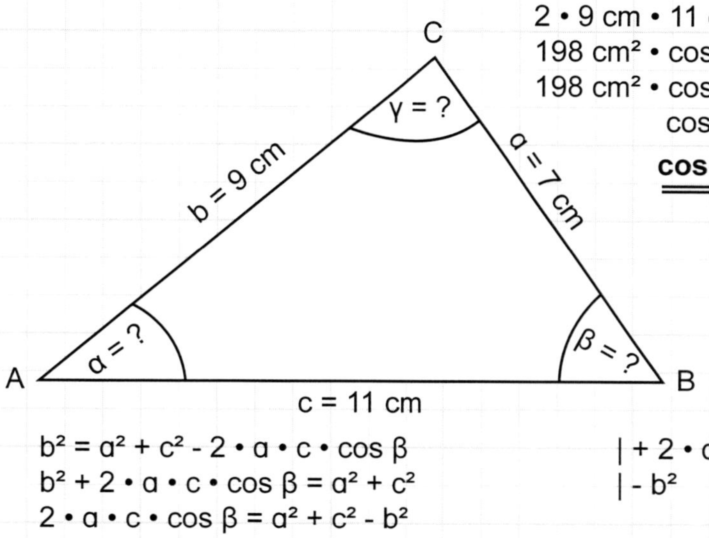

C
γ = ?
b = 9 cm
a = 7 cm
α = ?
β = ?
A
B
c = 11 cm

$\gamma = 180° - 39{,}4° - 54{,}7°$

$\mathbf{\gamma = 85{,}9°}$

$b^2 = a^2 + c^2 - 2 \cdot a \cdot c \cdot \cos \beta \quad | + 2 \cdot a \cdot c \cdot \cos \beta$

$b^2 + 2 \cdot a \cdot c \cdot \cos \beta = a^2 + c^2 \quad | - b^2$

$2 \cdot a \cdot c \cdot \cos \beta = a^2 + c^2 - b^2$

$2 \cdot 7\text{ cm} \cdot 11\text{ cm} \cdot \cos \beta = (7\text{ cm})^2 + (11\text{ cm})^2 - (9\text{ cm})^2$

$154\text{ cm}^2 \cdot \cos \beta = 49\text{ cm}^2 + 121\text{ cm}^2 - 81\text{ cm}^2$

$154\text{ cm}^2 \cdot \cos \beta = 89\text{ cm}^2 \quad | : 154\text{ cm}^2$

$\cos \beta \approx 0{,}5749$

$\mathbf{\beta \approx 54{,}7°}$

Hinweis: Nach der *ersten* Verwendung des Kosinussatzes sind weitere Berechnungen auch mit dem Sinussatz möglich.

KOHL VERLAG Grundbildung Trigonometrie – Aus der Schulpraxis für die Schulpraxis - Bestell-Nr. 12 117

VI. Der Kosinussatz

4. Zeichnerische Darstellung der Kosinuswerte bei Winkelgrößen von 0° - 180° in beliebigen Dreiecken

In beliebigen Dreiecken kann jeweils ein Winkel stumpfwinklig (= größer als 90°, aber kleiner als 180°) sein. Deshalb benötigen wir für die **Anwendung des Kosinussatzes bei stumpfwinkligen Dreiecken** die Kosinuswerte bei Winkeln über 90°.

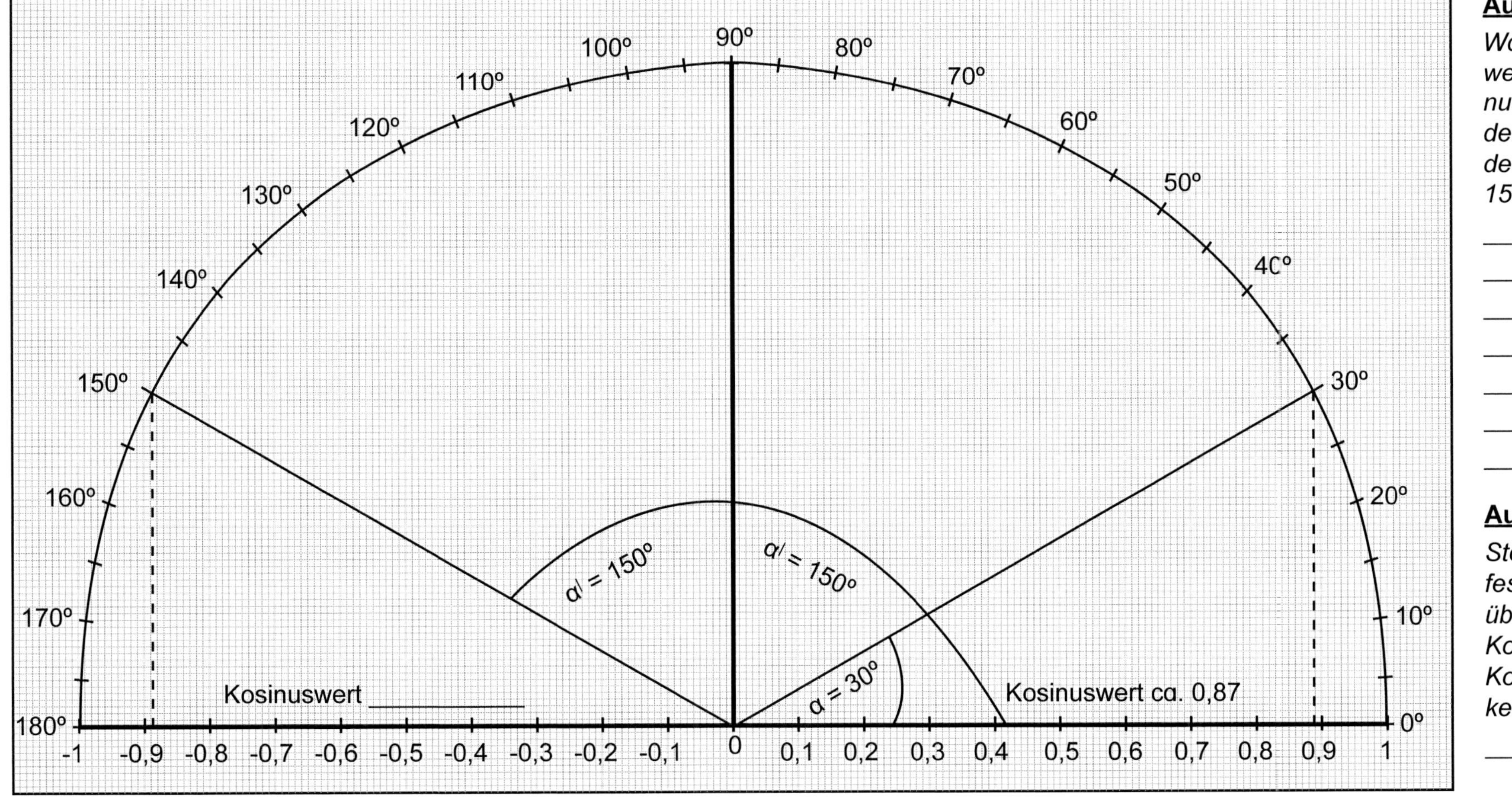

Aufgabe 1:
Was stellst du fest, wenn du den Kosinuswert α = 30° mit dem Kosinuswert des Winkels α' = 150° vergleichst?

______

Aufgabe 2:
Stelle im Schaubild fest, welcher Winkel über 90° mit seinem Kosinuswert dem Kosinuswert des Winkels 60° entspricht.

______

Aufgabe 3: *Was kannst du allgemein sagen, wenn du die Kosinuswerte der Winkel 0° bis 90° mit den Kosinuswerten der Winkel vergleichst, die von über 90° bis 180° groß sind?*

______

VI. Der Kosinussatz

4. <u>Zeichnerische Darstellung der Kosinuswerte bei Winkelgrößen von 0° - 180° in beliebigen Dreiecken</u> – Lösungen

In beliebigen Dreiecken kann jeweils ein Winkel stumpfwinklig (= größer als 90°, aber kleiner als 180°) sein. Deshalb benötigen wir für die **Anwendung des Kosinussatzes bei stumpfwinkligen Dreiecken** die Kosinuswerte bei Winkeln über 90°.

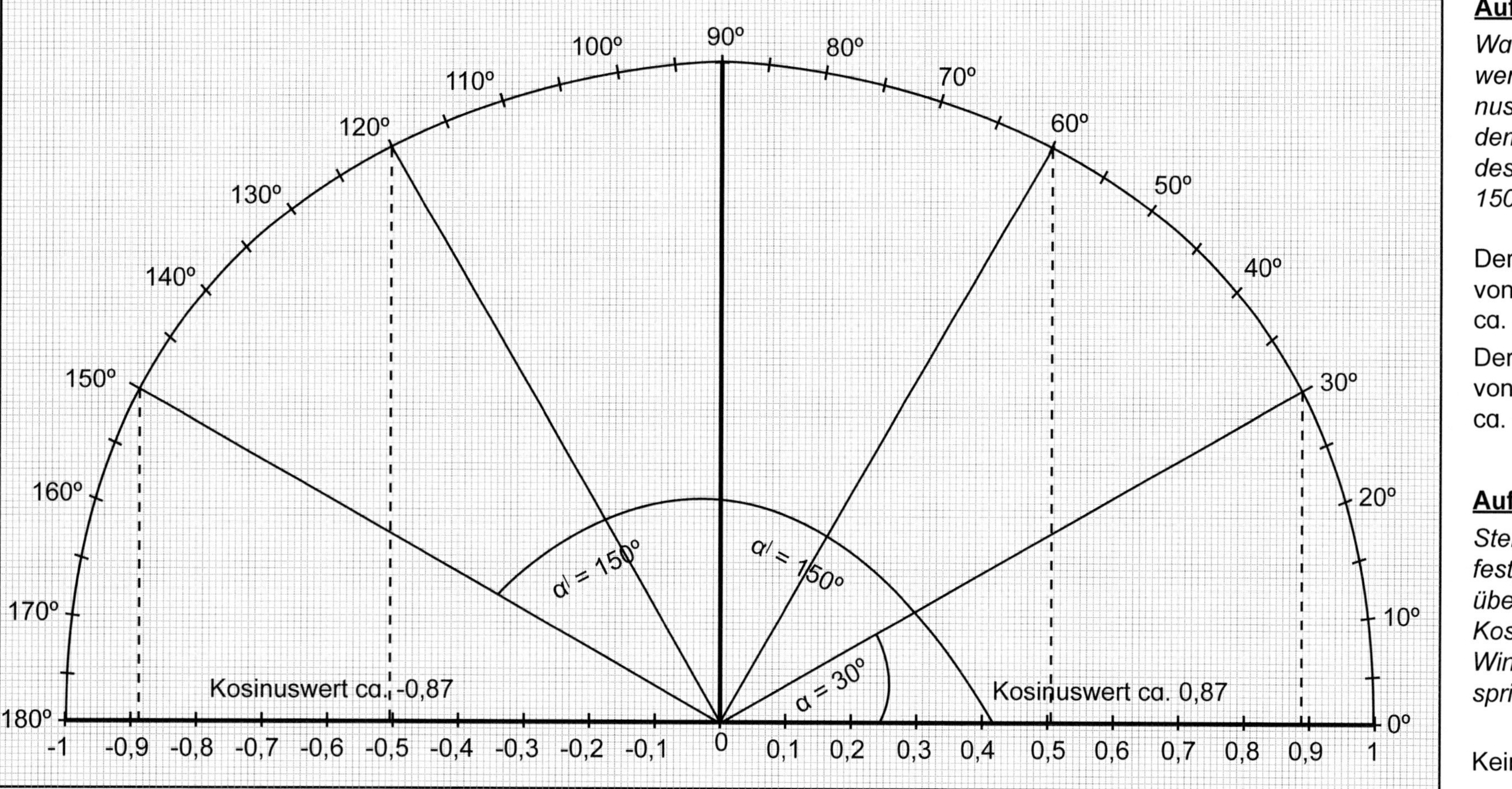

<u>Aufgabe 1</u>:

Was stellst du fest, wenn du den Kosinuswert α = 30° mit dem Kosinuswert des Winkels α/ = 150° vergleichst?

Der Kosinuswert von 30° beträgt ca. 0,87.

Der Kosinuswert von 150° beträgt ca. - 0,87.

<u>Aufgabe 2</u>:

Stelle im Schaubild fest, welcher Winkel über 90° mit seinem Kosinuswert des Winkels 60° entspricht.

Kein Winkel!

<u>Aufgabe 3</u>: *Was kannst du allgemein sagen, wenn du die Kosinuswerte der Winkel 0° bis 90° mit den Kosinuswerten der Winkel vergleichst, die von über 90° bis 180° groß sind?*

Die Kosinuswerte für Winkel von 0° bis 90° sind positive Werte im Bereich 1 bis 0. Die Kosinuswerte für Winkel von über 90° bis 180° sind negative Werte im Bereich bis - 1. Kosinus für α > 90: cos α (180° - α).

KOHL VERLAG
Grundbildung Trigonometrie
Aus der Schulpraxis für die Schulpraxis - Bestell-Nr. 12 117

VII. Der Kosinussatz

5. Anwendungen des Kosinussatzes

Beispiel 1:

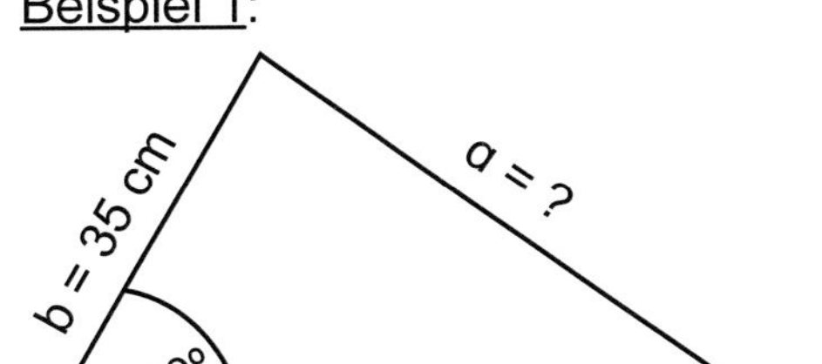

$a^2 = b^2 + c^2 - 2 \cdot b \cdot c \cdot \cos \alpha$

$a^2 = (35\text{ cm})^2 + (60\text{ cm})^2 - 2 \cdot 35\text{ cm} \cdot 60\text{ cm} \cdot \cos 60°$

$a^2 = 1225\text{ cm}^2 + 3600\text{ cm}^2 - 4200\text{ cm}^2 \cdot 0{,}5$

$a^2 = 4825\text{ cm}^2 - 2100\text{ cm}^2$

$a^2 = 2725\text{ cm}^2 \qquad | \sqrt{}$

$a \approx 52{,}20$ cm

Beispiel 2:

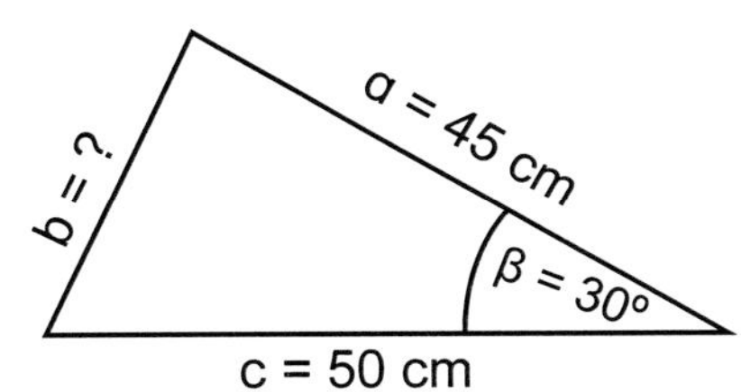

$b^2 = a^2 + c^2 - 2 \cdot a \cdot c \cdot \cos \beta$

$b^2 = (45\text{ cm})^2 + (50\text{ cm})^2 - 2 \cdot 45\text{ cm} \cdot 50\text{ cm} \cdot \cos 30°$

$b^2 = 2025\text{ cm}^2 + 2500\text{ cm}^2 - 4500\text{ cm}^2 \cdot \cos 30$

$b^2 = 4525\text{ cm}^2 - 4500\text{ cm}^2 \cdot 0{,}8660$

$b^2 = 4525\text{ cm}^2 - 3897\text{ cm}^2$

$b^2 \approx 628\text{ cm}^2 \qquad | \sqrt{}$

$b \approx 25{,}06$ cm

Aufgabe 1: *Berechne jeweils die gesuchte Seitenlänge.*

a)

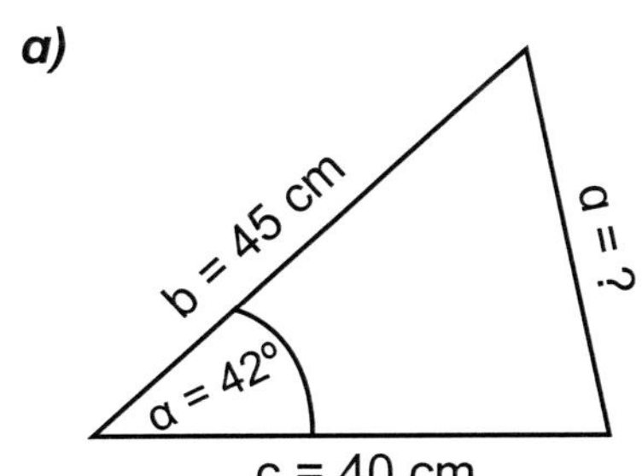

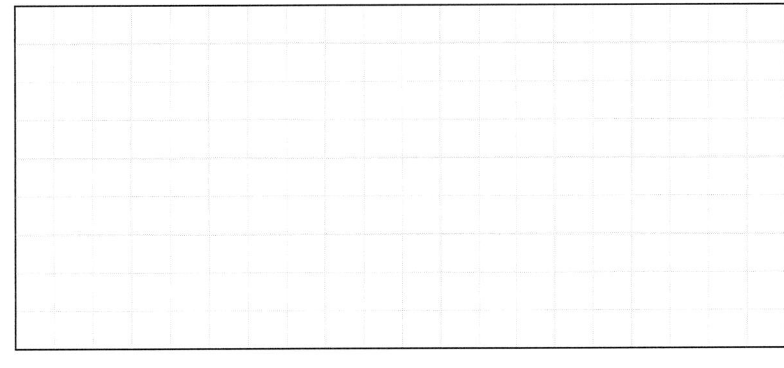

b)

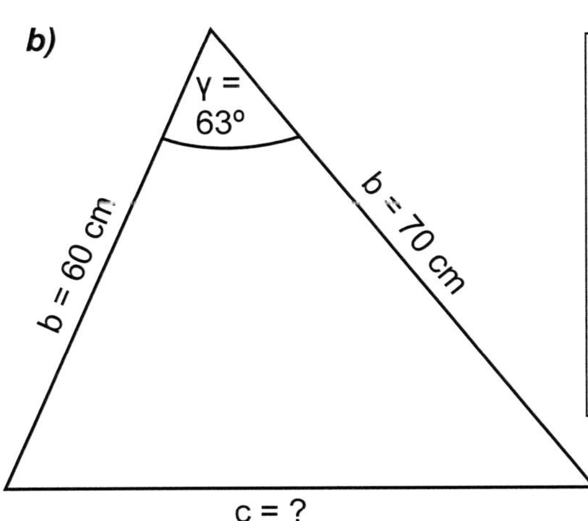

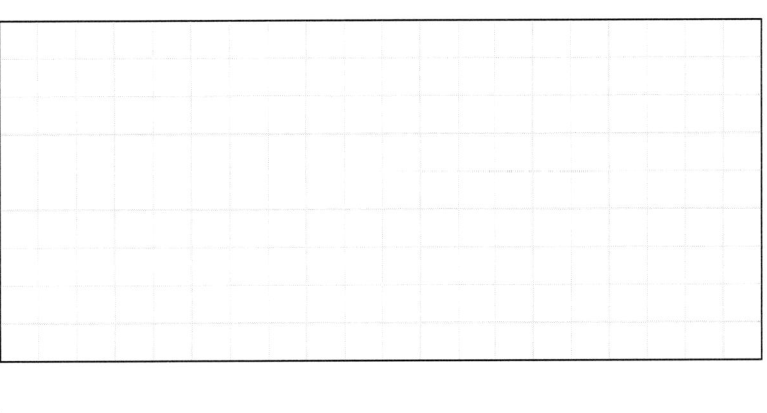

KOHL VERLAG
Grundbildung Trigonometrie
Aus der Schulpraxis für die Schulpraxis - Bestell-Nr. 12 117

VII. Der Kosinussatz

5. Anwendungen des Kosinussatzes – Lösungen

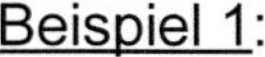

Beispiel 1:

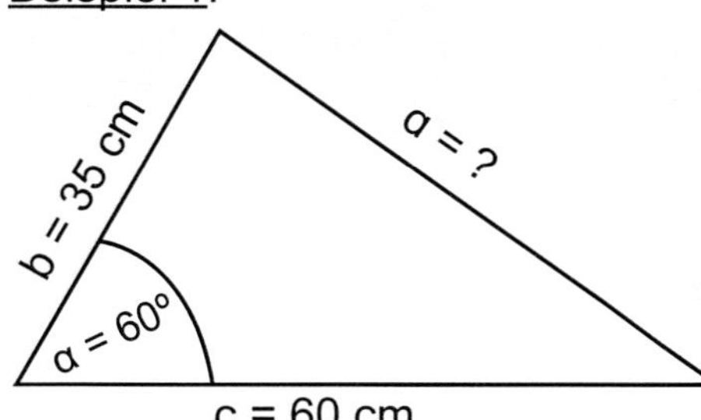

$a^2 = b^2 + c^2 - 2 \cdot b \cdot c \cdot \cos \alpha$

$a^2 = (35\text{ cm})^2 + (60\text{ cm})^2 - 2 \cdot 35\text{ cm} \cdot 60\text{ cm} \cdot \cos 60°$

$a^2 = 1225\text{ cm}^2 + 3600\text{ cm}^2 - 4200\text{ cm}^2 \cdot 0{,}5$

$a^2 = 4825\text{ cm}^2 - 2100\text{ cm}^2$

$a^2 = 2725\text{ cm}^2 \quad | \sqrt{}$

$a \approx 52{,}20\text{ cm}$

Beispiel 2:

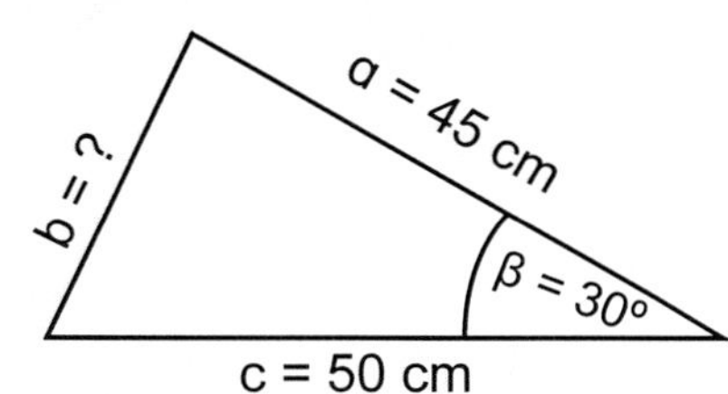

$b^2 = a^2 + c^2 - 2 \cdot a \cdot c \cdot \cos \beta$

$b^2 = (45\text{ cm})^2 + (50\text{ cm})^2 - 2 \cdot 45\text{ cm} \cdot 50\text{ cm} \cdot \cos 30°$

$b^2 = 2025\text{ cm}^2 + 2500\text{ cm}^2 - 4500\text{ cm}^2 \cdot \cos 30$

$b^2 = 4525\text{ cm}^2 - 4500\text{ cm}^2 \cdot 0{,}8660$

$b^2 = 4525\text{ cm}^2 - 3897\text{ cm}^2$

$b^2 \approx 628\text{ cm}^2 \quad | \sqrt{}$

$b \approx 25{,}06\text{ cm}$

Aufgabe 1: *Berechne jeweils die gesuchte Seitenlänge.*

a)

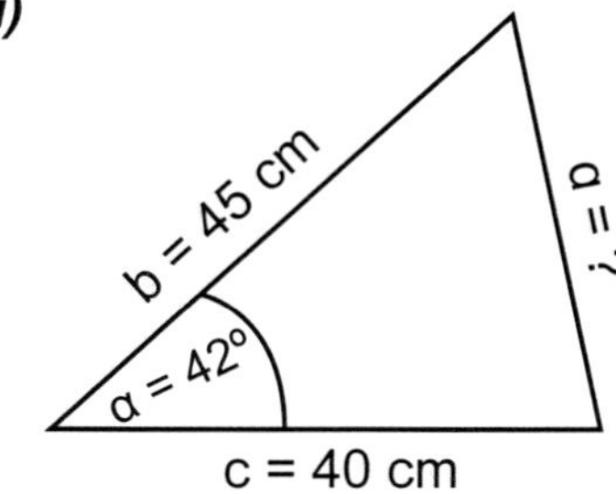

$a^2 = b^2 + c^2 - 2 \cdot b \cdot c \cdot \cos \alpha$

$a^2 = (45\text{ cm})^2 + (40\text{ cm})^2 - 2 \cdot 45\text{ cm} \cdot 40\text{ cm} \cdot \cos 42°$

$a^2 = 2025\text{ cm}^2 + 1600\text{ cm}^2 - 3600\text{ cm}^2 \cdot \cos 42°$

$a^2 = 3625\text{ cm}^2 - 3600\text{ cm}^2 \cdot 0{,}7431$

$a^2 = 3625\text{ cm}^2 - 2675{,}32\text{ cm}^2$

$a^2 \approx 949{,}68\text{ cm}^2 \quad | \sqrt{}$

$a \approx 30{,}82\text{ cm}$

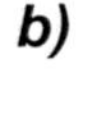

b)

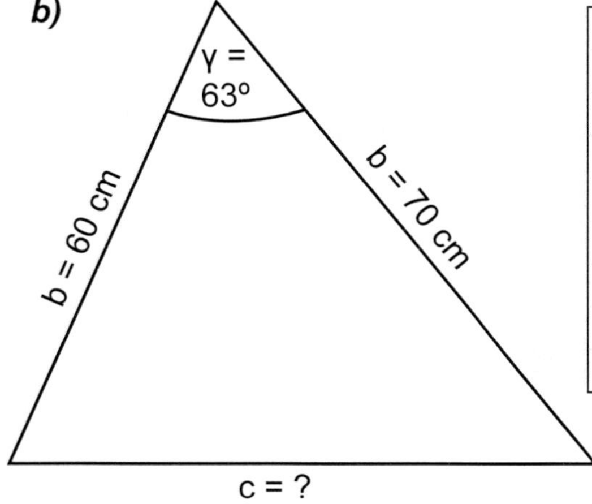

$c^2 = a^2 + b^2 - 2 \cdot a \cdot b \cdot \cos \gamma$

$c^2 = (70\text{ cm})^2 + (60\text{ cm})^2 - 2 \cdot 70\text{ cm} \cdot 60\text{ cm} \cdot \cos 63°$

$c^2 = 4900\text{ cm}^2 + 3600\text{ cm}^2 - 8400\text{ cm}^2 \cdot \cos 63°$

$c^2 = 8500\text{ cm}^2 - 8400\text{ cm}^2 \cdot 0{,}4539$

$c^2 \approx 8500\text{ cm}^2 - 3813{,}52\text{ cm}^2$

$c^2 \approx 4886{,}48\text{ cm}^2 \quad | \sqrt{}$

$c \approx 68{,}46\text{ cm}$

VII. Der Kosinussatz

5. Anwendungen des Kosinussatzes

Beispiel 3:

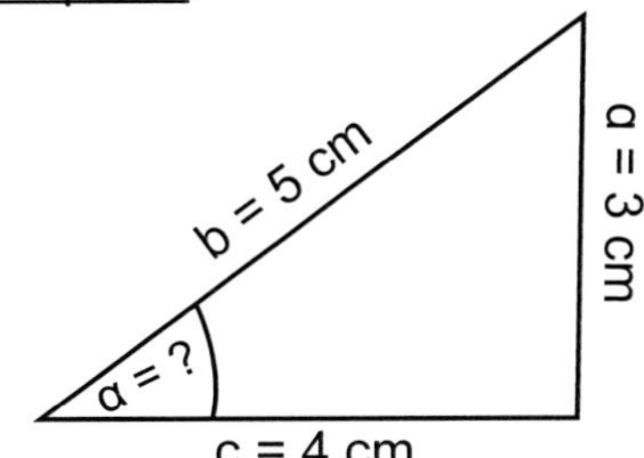

$a^2 = b^2 + c^2 - 2 \cdot b \cdot c \cdot \cos\alpha \quad | + 2 \cdot b \cdot c \cdot \cos\alpha$

$a^2 + 2 \cdot b \cdot c \cdot \cos\alpha = b^2 + c^2 \quad | - a^2$

$2 \cdot b \cdot c \cdot \cos\alpha = b^2 + c^2 - a^2$

$2 \cdot 5\text{ cm} \cdot 4\text{ cm} \cdot \cos\alpha = (5\text{ cm})^2 + (4\text{ cm})^2 - (3\text{ cm})^2$

$40\text{ cm}^2 \cdot \cos\alpha = 25\text{ cm}^2 + 16\text{ cm}^2 - 9\text{ cm}^2$

$40\text{ cm}^2 \cdot \cos\alpha = 32\text{ cm}^2 \quad | : 40\text{ cm}^2$

$\cos\alpha = 0{,}8$

$\alpha \approx 36{,}8°$

Beispiel 4:

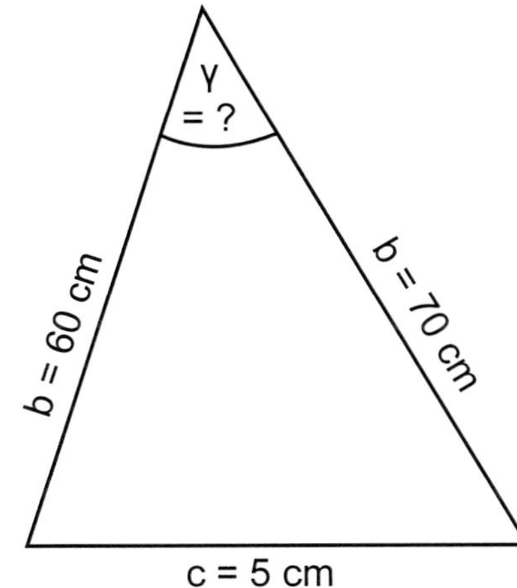

$c^2 = a^2 + b^2 - 2 \cdot a \cdot b \cdot \cos\gamma \quad | + 2 \cdot a \cdot b \cdot \cos\gamma$

$c^2 + 2 \cdot a \cdot b \cdot \cos\gamma = a^2 + b^2 \quad | - c^2$

$2 \cdot a \cdot b \cdot \cos\gamma = a^2 + b^2 - c^2$

$2 \cdot 7\text{ cm} \cdot 6\text{ cm} \cdot \cos\gamma = (7\text{ cm})^2 + (6\text{ cm})^2 - (5\text{ cm})^2$

$84\text{ cm}^2 \cdot \cos\gamma = 49\text{ cm}^2 + 36\text{ cm}^2 - 25\text{ cm}^2$

$84\text{ cm}^2 \cdot \cos\gamma = 60\text{ cm}^2 \quad | : 84\text{ cm}^2$

$\cos\gamma \approx 0{,}7142$

$\gamma \approx 44{,}4°$

Aufgabe 2: *Berechne jeweils den gesuchten Winkel.*

a)

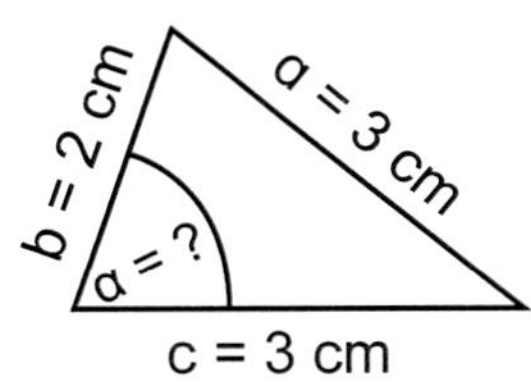

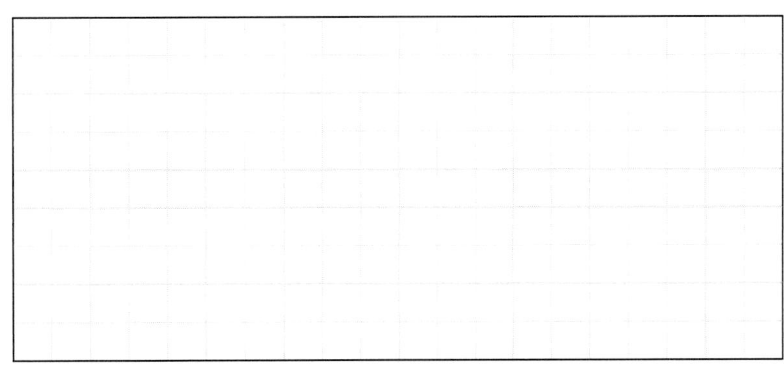

b)

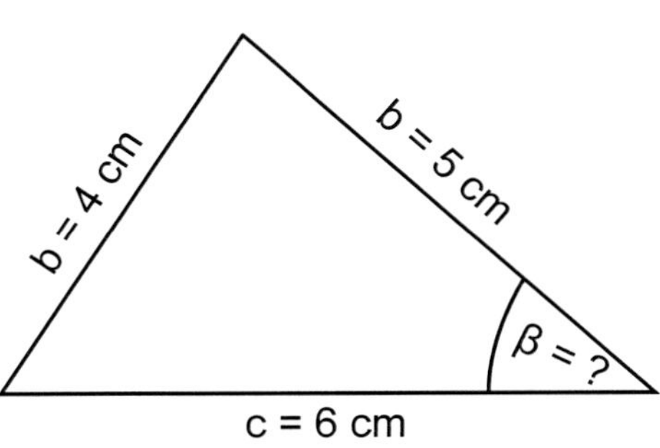

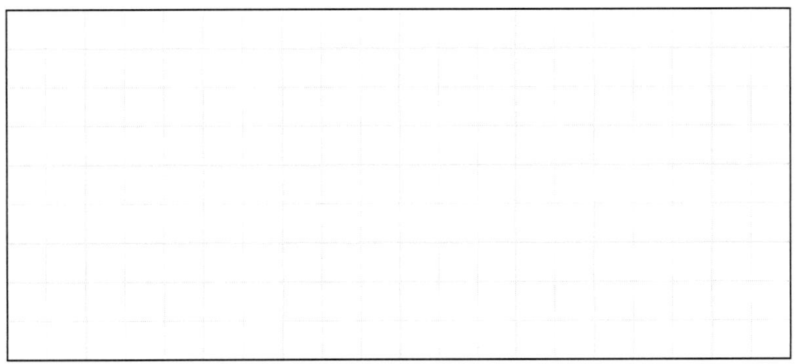

KOHL VERLAG Grundbildung Trigonometrie
Aus der Schulpraxis für die Schulpraxis - Bestell-Nr. 12 117

VII. Der Kosinussatz

5. **Anwendungen des Kosinussatzes** – Lösungen

Beispiel 3:

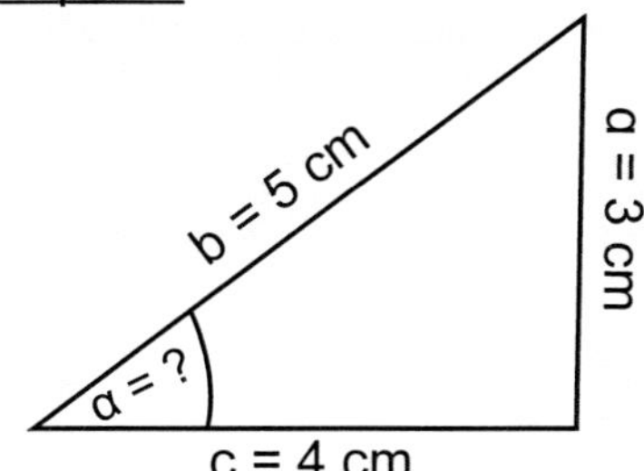

$a^2 = b^2 + c^2 - 2 \cdot b \cdot c \cdot \cos\alpha \qquad | + 2 \cdot b \cdot c \cdot \cos\alpha$

$a^2 + 2 \cdot b \cdot c \cdot \cos\alpha = b^2 + c^2 \qquad | - a^2$

$2 \cdot b \cdot c \cdot \cos\alpha = b^2 + c^2 - a^2$

$2 \cdot 5\text{ cm} \cdot 4\text{ cm} \cdot \cos\alpha = (5\text{ cm})^2 + (4\text{ cm})^2 - (3\text{ cm})^2$

$40\text{ cm}^2 \cdot \cos\alpha = 25\text{ cm}^2 + 16\text{ cm}^2 - 9\text{ cm}^2$

$40\text{ cm}^2 \cdot \cos\alpha = 32\text{ cm}^2 \qquad | : 40\text{ cm}^2$

$\cos\alpha = 0{,}8$

$\alpha \approx 36{,}8°$

Beispiel 4:

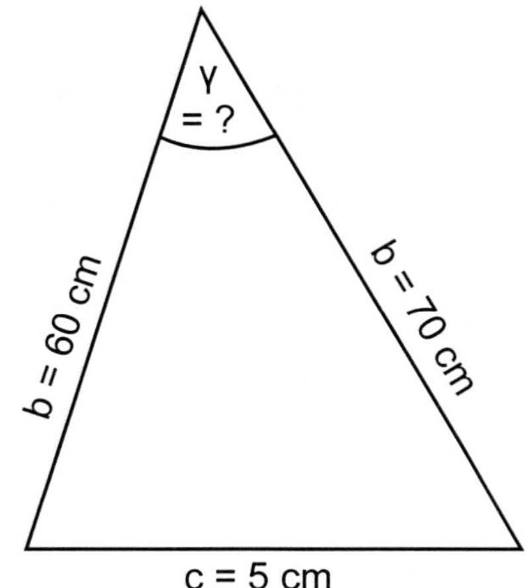

$c^2 = a^2 + b^2 - 2 \cdot a \cdot b \cdot \cos\gamma \qquad | + 2 \cdot a \cdot b \cdot \cos\gamma$

$c^2 + 2 \cdot a \cdot b \cdot \cos\gamma = a^2 + b^2 \qquad | - c^2$

$2 \cdot a \cdot b \cdot \cos\gamma = a^2 + b^2 - c^2$

$2 \cdot 7\text{ cm} \cdot 6\text{ cm} \cdot \cos\gamma = (7\text{ cm})^2 + (6\text{ cm})^2 - (5\text{ cm})^2$

$84\text{ cm}^2 \cdot \cos\gamma = 49\text{ cm}^2 + 36\text{ cm}^2 - 25\text{ cm}^2$

$84\text{ cm}^2 \cdot \cos\gamma = 60\text{ cm}^2 \qquad | : 84\text{ cm}^2$

$\cos\gamma \approx 0{,}7142$

$\gamma \approx 44{,}4°$

Aufgabe 2: *Berechne jeweils den gesuchten Winkel.*

a)

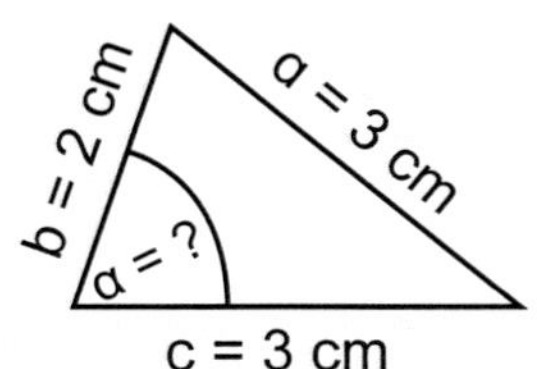

$a^2 = b^2 + c^2 - 2 \cdot b \cdot c \cdot \cos\alpha \qquad | + 2 \cdot b \cdot c \cdot \cos\alpha$

$a^2 + 2 \cdot b \cdot c \cdot \cos\alpha = b^2 + c^2 \qquad | - a^2$

$2 \cdot b \cdot c \cdot \cos\alpha = b^2 + c^2 - a^2$

$2 \cdot 2\text{ cm} \cdot 3\text{ cm} \cdot \cos\alpha = (2\text{ cm})^2 + (3\text{ cm})^2 - (3\text{ cm})^2$

$12\text{ cm}^2 \cdot \cos\alpha = 4\text{ cm}^2 + 9\text{ cm}^2 - 9\text{ cm}^2$

$12\text{ cm}^2 \cdot \cos\alpha = 4\text{ cm}^2 \qquad | : 12\text{ cm}^2$

$\cos\alpha \approx 0{,}3333$

$\alpha \approx 70{,}5°$

b)

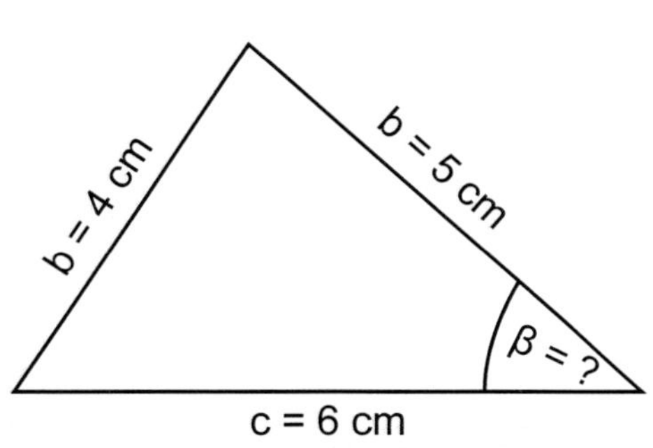

$b^2 = a^2 + c^2 - 2 \cdot a \cdot c \cdot \cos\beta \qquad | + 2 \cdot a \cdot c \cdot \cos\beta$

$b^2 + 2 \cdot a \cdot c \cdot \cos\beta = a^2 + c^2 \qquad | - b^2$

$2 \cdot a \cdot c \cdot \cos\beta = a^2 + c^2 - b^2$

$2 \cdot 5\text{ cm} \cdot 6\text{ cm} \cdot \cos\beta = (5\text{ cm})^2 + (6\text{ cm})^2 - (4\text{ cm})^2$

$60\text{ cm}^2 \cdot \cos\beta = 25\text{ cm}^2 + 36\text{ cm}^2 - 16\text{ cm}^2$

$60\text{ cm}^2 \cdot \cos\beta = 45\text{ cm}^2 \qquad | : 60\text{ cm}^2$

$\cos\beta = 0{,}75$

$\beta \approx 41{,}4°$

KOHL VERLAG
Grundbildung Trigonometrie
Aus der Schulpraxis für die Schulpraxis - Bestell-Nr. 12 117

VII. Der Kosinussatz

5. Anwendungen des Kosinussatzes

Aufgabe 3: *An einem Fluss bilden 3 Bäume ein Dreieck. Zwei Bäume stehen auf der einen Seite des Flusses, ein Baum auf der anderen Seite des Flusses. Berechne die 3 Winkelgrößen, in denen die 3 Bäume zueinander stehen.*

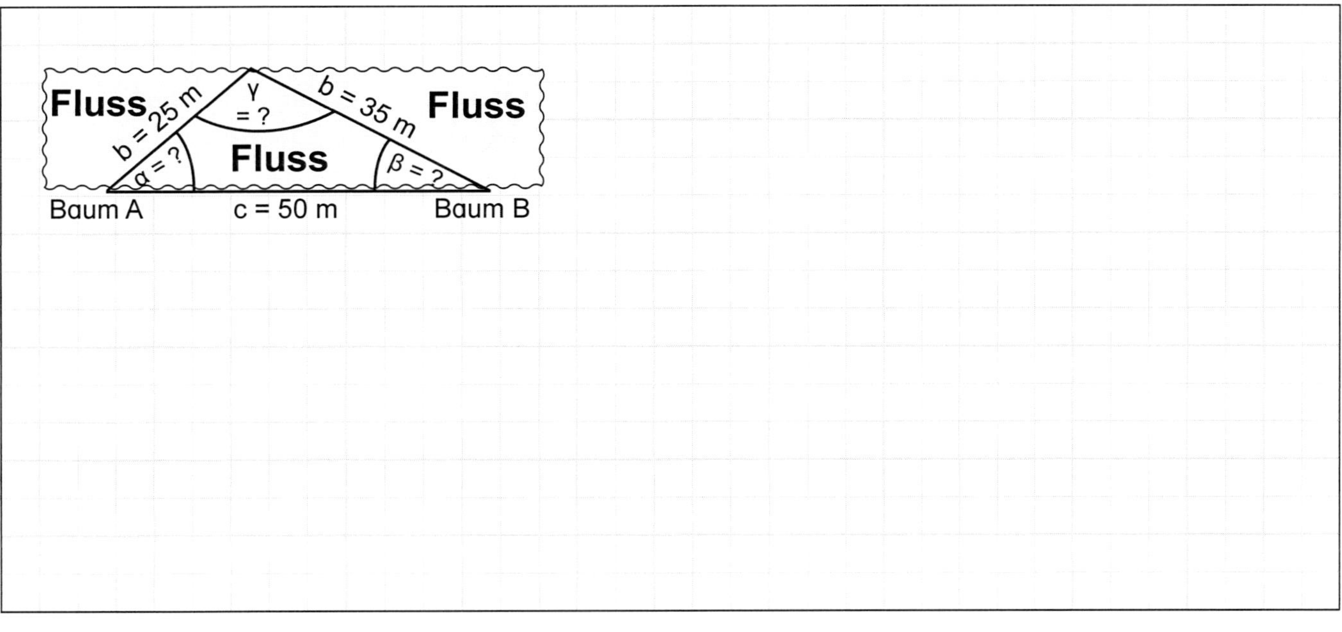

Aufgabe 4: *Unter einem Berg verläuft geradlinig ein Tunnel. Aus der Entfernung sieht ein Mann den Eingang und den Ausgang des Tunnels in einem Winkel von 100°.*

Berechne:

a) *die Länge des Tunnels*

b) *die Größe der beiden anderen Innenwinkel des Dreiecks*

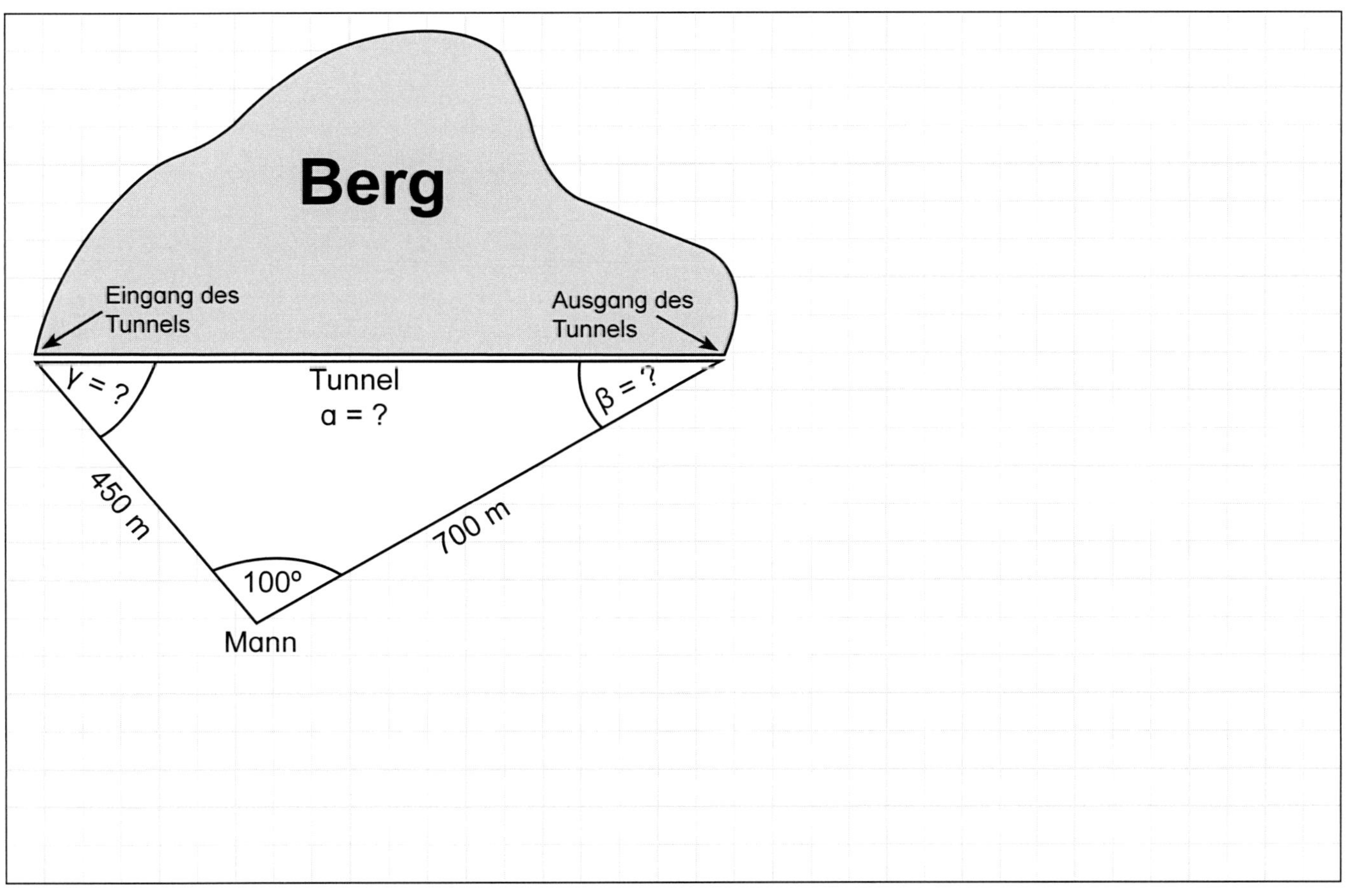

Grundbildung Trigonometrie
Aus der Schulpraxis für die Schulpraxis - Bestell-Nr. 12 117
KOHL VERLAG

VII. Der Kosinussatz

5. Anwendungen des Kosinussatzes – Lösungen

Aufgabe 3: *An einem Fluss bilden 3 Bäume ein Dreieck. Zwei Bäume stehen auf der einen Seite des Flusses, Ein Baum auf der anderen Seite des Flusses. Berechne die 3 Winkelgrößen, in denen die 3 Bäume zueinander stehen.*

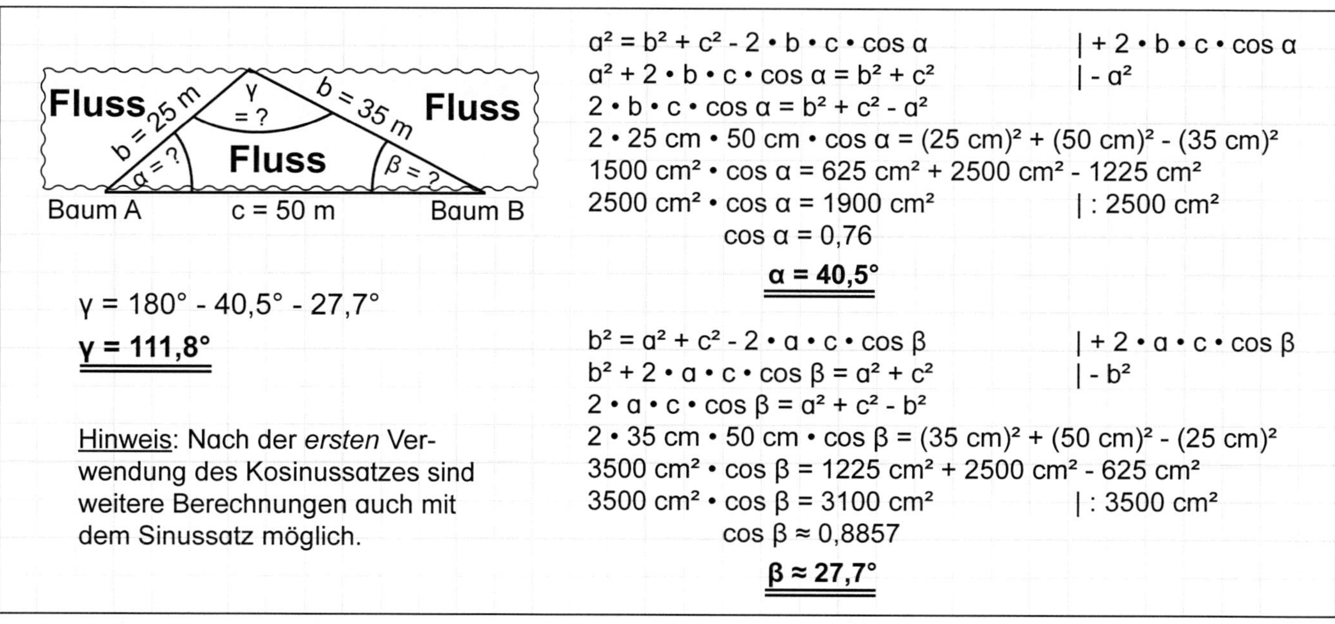

$a^2 = b^2 + c^2 - 2 \cdot b \cdot c \cdot \cos\alpha \quad | + 2 \cdot b \cdot c \cdot \cos\alpha$

$a^2 + 2 \cdot b \cdot c \cdot \cos\alpha = b^2 + c^2 \quad | - a^2$

$2 \cdot b \cdot c \cdot \cos\alpha = b^2 + c^2 - a^2$

$2 \cdot 25\text{ cm} \cdot 50\text{ cm} \cdot \cos\alpha = (25\text{ cm})^2 + (50\text{ cm})^2 - (35\text{ cm})^2$

$1500\text{ cm}^2 \cdot \cos\alpha = 625\text{ cm}^2 + 2500\text{ cm}^2 - 1225\text{ cm}^2$

$2500\text{ cm}^2 \cdot \cos\alpha = 1900\text{ cm}^2 \quad | : 2500\text{ cm}^2$

$\cos\alpha = 0{,}76$

$\underline{\underline{\boldsymbol{\alpha = 40{,}5°}}}$

$b^2 = a^2 + c^2 - 2 \cdot a \cdot c \cdot \cos\beta \quad | + 2 \cdot a \cdot c \cdot \cos\beta$

$b^2 + 2 \cdot a \cdot c \cdot \cos\beta = a^2 + c^2 \quad | - b^2$

$2 \cdot a \cdot c \cdot \cos\beta = a^2 + c^2 - b^2$

$2 \cdot 35\text{ cm} \cdot 50\text{ cm} \cdot \cos\beta = (35\text{ cm})^2 + (50\text{ cm})^2 - (25\text{ cm})^2$

$3500\text{ cm}^2 \cdot \cos\beta = 1225\text{ cm}^2 + 2500\text{ cm}^2 - 625\text{ cm}^2$

$3500\text{ cm}^2 \cdot \cos\beta = 3100\text{ cm}^2 \quad | : 3500\text{ cm}^2$

$\cos\beta \approx 0{,}8857$

$\underline{\underline{\boldsymbol{\beta \approx 27{,}7°}}}$

$\gamma = 180° - 40{,}5° - 27{,}7°$

$\underline{\underline{\boldsymbol{\gamma = 111{,}8°}}}$

Hinweis: Nach der *ersten* Verwendung des Kosinussatzes sind weitere Berechnungen auch mit dem Sinussatz möglich.

Aufgabe 4: *Unter einem Berg verläuft geradlinig ein Tunnel. Aus der Entfernung sieht ein Mann den Eingang und den Ausgang des Tunnels in einem Winkel von 100°.*

Berechne:

a) *die Länge des Tunnels*

b) *die Größe der beiden anderen Innenwinkel des Dreiecks*

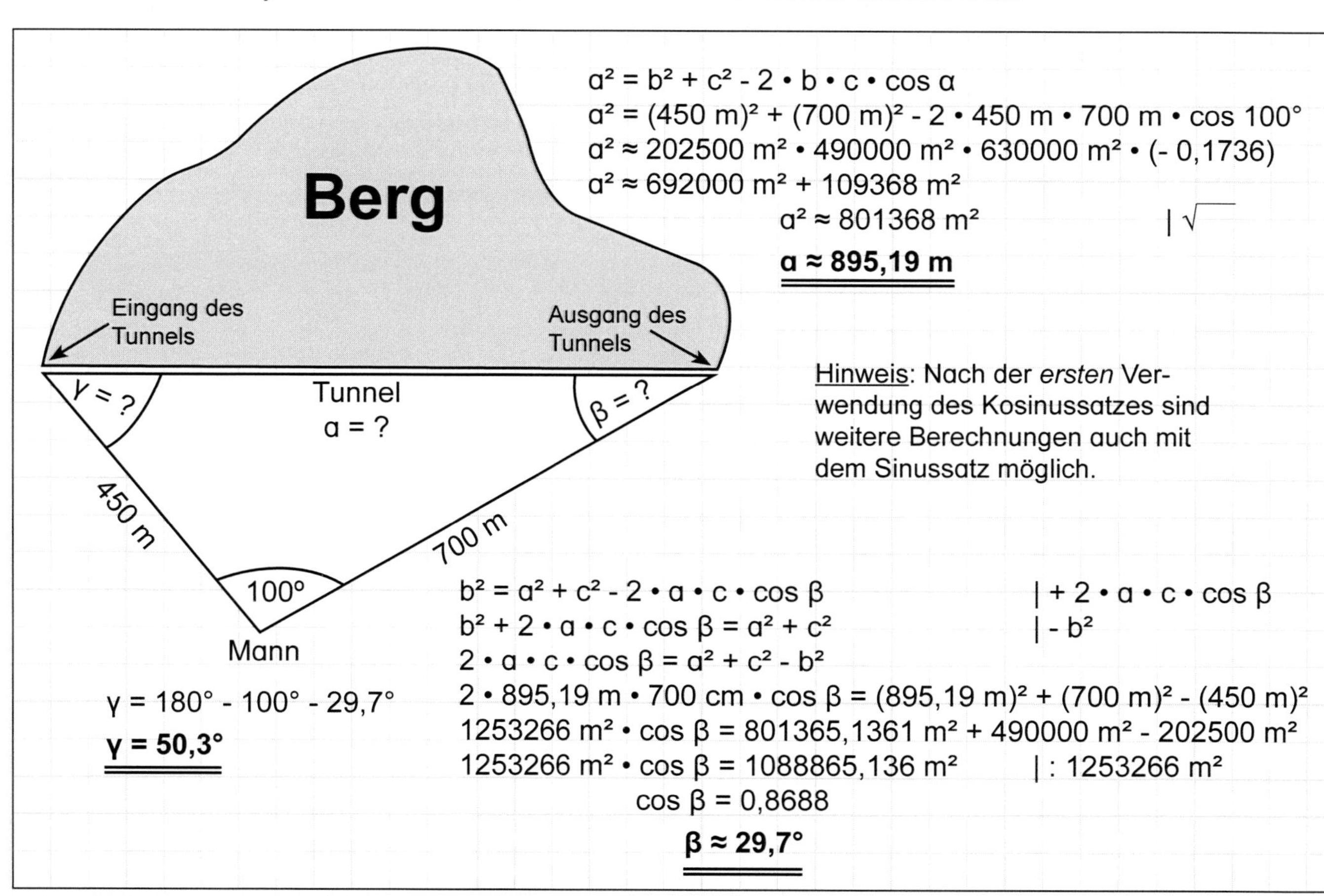

$a^2 = b^2 + c^2 - 2 \cdot b \cdot c \cdot \cos\alpha$

$a^2 = (450\text{ m})^2 + (700\text{ m})^2 - 2 \cdot 450\text{ m} \cdot 700\text{ m} \cdot \cos 100°$

$a^2 \approx 202500\text{ m}^2 \cdot 490000\text{ m}^2 \cdot 630000\text{ m}^2 \cdot (-0{,}1736)$

$a^2 \approx 692000\text{ m}^2 + 109368\text{ m}^2$

$a^2 \approx 801368\text{ m}^2 \quad | \sqrt{}$

$\underline{\underline{\boldsymbol{a \approx 895{,}19\text{ m}}}}$

Hinweis: Nach der *ersten* Verwendung des Kosinussatzes sind weitere Berechnungen auch mit dem Sinussatz möglich.

$b^2 = a^2 + c^2 - 2 \cdot a \cdot c \cdot \cos\beta \quad | + 2 \cdot a \cdot c \cdot \cos\beta$

$b^2 + 2 \cdot a \cdot c \cdot \cos\beta = a^2 + c^2 \quad | - b^2$

$2 \cdot a \cdot c \cdot \cos\beta = a^2 + c^2 - b^2$

$2 \cdot 895{,}19\text{ m} \cdot 700\text{ cm} \cdot \cos\beta = (895{,}19\text{ m})^2 + (700\text{ m})^2 - (450\text{ m})^2$

$1253266\text{ m}^2 \cdot \cos\beta = 801365{,}1361\text{ m}^2 + 490000\text{ m}^2 - 202500\text{ m}^2$

$1253266\text{ m}^2 \cdot \cos\beta = 1088865{,}136\text{ m}^2 \quad | : 1253266\text{ m}^2$

$\cos\beta = 0{,}8688$

$\underline{\underline{\boldsymbol{\beta \approx 29{,}7°}}}$

$\gamma = 180° - 100° - 29{,}7°$

$\underline{\underline{\boldsymbol{\gamma = 50{,}3°}}}$

Grundbildung Trigonometrie - Bestell-Nr. 12 117
Aus der Schulpraxis für die Schulpraxis
KOHL VERLAG

VII. Der Kosinussatz

6. Umstellungen des Kosinussatzes

Beispiel:

$$a^2 = b^2 + c^2 - 2 \cdot b \cdot c \cdot \cos\alpha \qquad | \text{ Seitentausch}$$
$$b^2 + c^2 - 2 \cdot b \cdot c \cdot \cos\alpha = a^2 \qquad | -b^2 - c^2$$
$$-2 \cdot b \cdot c \cdot \cos\alpha = a^2 - b^2 - c^2 \qquad | : (-2)$$
$$b \cdot c \cdot \cos\alpha = \frac{b^2 + c^2 - a^2}{2} \qquad | : (b \cdot c)$$
$$\cos\alpha = \frac{b^2 + c^2 - a^2}{2 \cdot b \cdot c}$$

Aufgabe 1: *Stelle die folgende Gleichung so um, dass zum Schluss cos β allein auf der linken Seite steht:* $\mathbf{b^2 = a^2 + c^2 - 2 \cdot a \cdot c \cdot \cos\beta}$

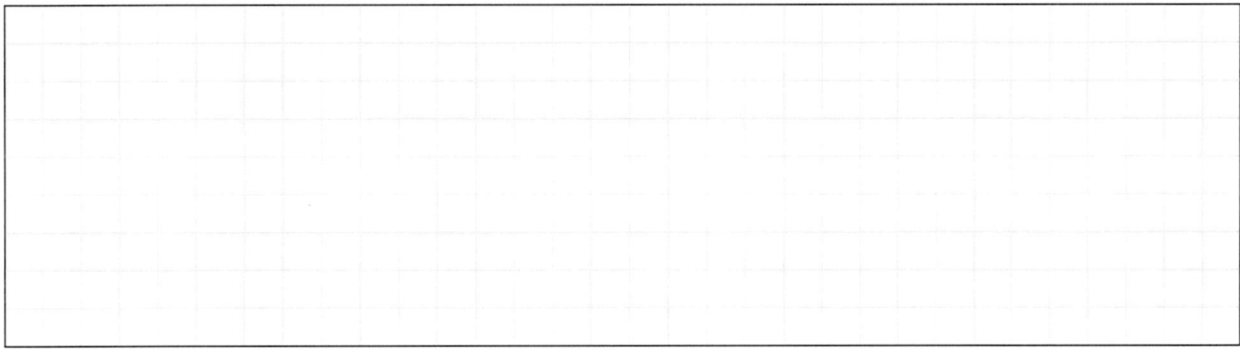

Aufgabe 2: *Stelle die folgende Gleichung so um, dass zum Schluss cos γ allein auf der linken Seite steht:* $\mathbf{c^2 = a^2 + b^2 - 2 \cdot a \cdot b \cdot \cos\gamma}$

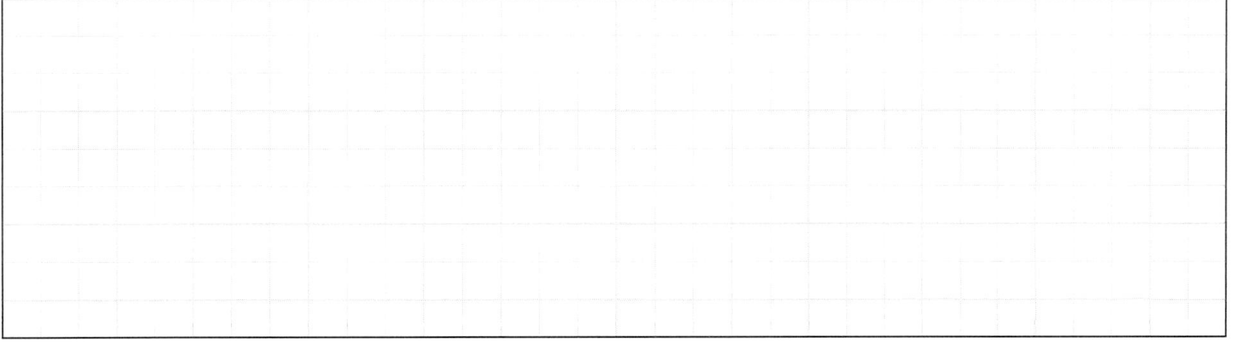

KOHL VERLAG Grundbildung Trigonometrie Aus der Schulpraxis für die Schulpraxis - Bestell-Nr. 12 117

VII. Der Kosinussatz

6. Umstellungen des Kosinussatzes – Lösungen

Beispiel:

$a^2 = b^2 + c^2 - 2 \cdot b \cdot c \cdot \cos\alpha$	| Seitentausch
$b^2 + c^2 - 2 \cdot b \cdot c \cdot \cos\alpha = a^2$	| $- b^2 - c^2$
$-2 \cdot b \cdot c \cdot \cos\alpha = a^2 - b^2 - c^2$	| : (- 2)
$b \cdot c \cdot \cos\alpha = \frac{b^2 + c^2 - a^2}{2}$	| : (b • c)
$\cos\alpha = \frac{b^2 + c^2 - a^2}{2 \cdot b \cdot c}$	

Aufgabe 1: *Stelle die folgende Gleichung so um, dass zum Schluss cos β allein auf der linken Seite steht:* **$b^2 = a^2 + c^2 - 2 \cdot a \cdot c \cdot \cos\beta$**

$b^2 = a^2 + c^2 - 2 \cdot a \cdot c \cdot \cos\beta$	| Seitentausch
$a^2 + c^2 - 2 \cdot a \cdot c \cdot \cos\beta = b^2$	| $- a^2 - c^2$
$-2 \cdot a \cdot c \cdot \cos\beta = b^2 - a^2 - c^2$	| : (- 2)
$a \cdot c \cdot \cos\beta = \frac{a^2 + c^2 - b^2}{2}$	| : (a • c)
$\cos\beta = \frac{a^2 + c^2 - b^2}{2 \cdot a \cdot c}$	

Aufgabe 2: *Stelle die folgende Gleichung so um, dass zum Schluss cos γ allein auf der linken Seite steht:* **$c^2 = a^2 + b^2 - 2 \cdot a \cdot b \cdot \cos\gamma$**

$c^2 = a^2 + b^2 - 2 \cdot a \cdot b \cdot \cos\gamma$	| Seitentausch
$a^2 + b^2 - 2 \cdot a \cdot b \cdot \cos\gamma = c^2$	| $- a^2 - b^2$
$-2 \cdot a \cdot b \cdot \cos\gamma = c^2 - a^2 - b^2$	| : (- 2)
$a \cdot b \cdot \cos\gamma = \frac{a^2 + b^2 - c^2}{2}$	| : (a • b)
$\cos\gamma = \frac{a^2 + b^2 - c^2}{2 \cdot a \cdot b}$	

KOHL VERLAG Grundbildung Trigonometrie
Aus der Schulpraxis für die Schulpraxis - Bestell-Nr. 12 117

VII. Der Kosinussatz

7. Textaufgaben (Anwendungen des Kosinussatzes)

Mache bei jeder folgenden Aufgabe zuerst eine Skizze. Notiere dort ein Fragezeichen, was gesucht wird. Benenne in der Skizze, was gegeben ist. Rechne dann aus, was gesucht wird. Unterstreiche das Ergebnis mit zwei Linien. Schreibe zum Schluss einen (kurzen) Antwortsatz.

Aufgabe 1: *Von einem gemeinsamen Punkt aus gehen zwei gerade Wegstrecken in einem Winkel von 70° auseinander. Die eine Wegstrecke ist 900 m lang, die andere Wegstrecke 700 m. Berechnet die Entfernung zwischen den beiden Endpunkten der Wegstrecken.*

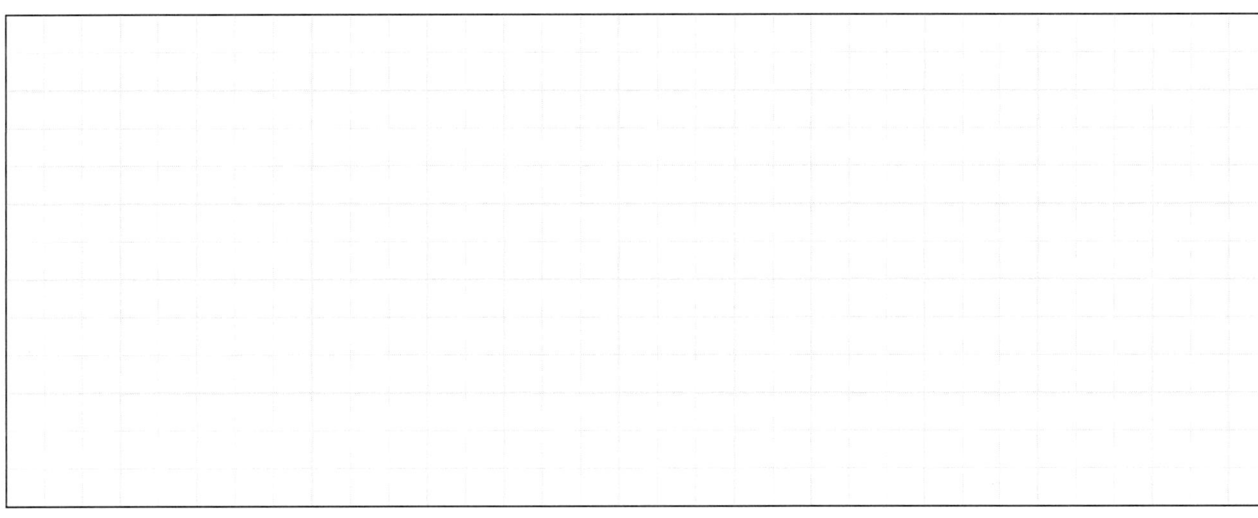

Aufgabe 2: *Von Ort A aus gesehen liegen die Orte B und C auf den Schenkeln des Winkels 100°. Der Ort B ist vom Ort A 6 km entfernt. Die Entfernung zwischen dem Ort A und dem Ort C beträgt 11 km. Berechne die Entfernung zwischen den Orten B und C.*

KOHL VERLAG Grundbildung Trigonometrie
Aus der Schulpraxis für die Schulpraxis - Bestell-Nr. 12 117

VII. Der Kosinussatz

7. Textaufgaben (Anwendungen des Kosinussatzes)

Mache bei jeder folgenden Aufgabe zuerst eine Skizze. Notiere dort ein Fragezeichen, was gesucht wird. Benenne in der Skizze, was gegeben ist. Rechne dann aus, was gesucht wird. Unterstreiche das Ergebnis mit zwei Linien. Schreibe zum Schluss einen (kurzen) Antwortsatz.

Aufgabe 1: *Von einem gemeinsamen Punkt aus gehen zwei gerade Wegstrecken in einem Winkel von 70° auseinander. Die eine Wegstrecke ist 900 m lang, die andere Wegstrecke 700 m. Berechnet die Entfernung zwischen den beiden Endpunkten der Wegstrecken.*

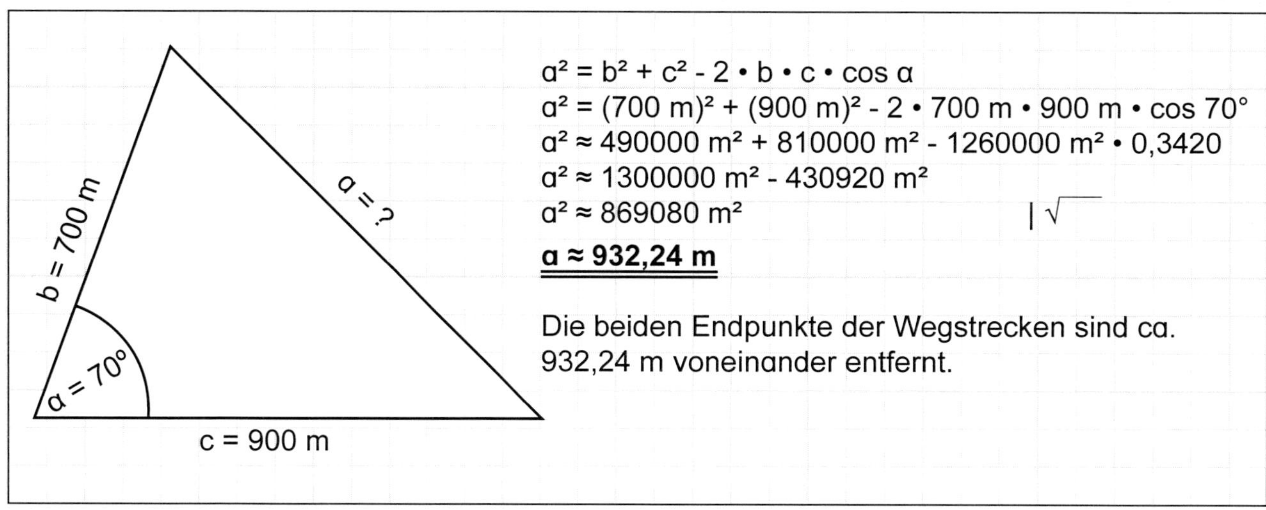

$a^2 = b^2 + c^2 - 2 \cdot b \cdot c \cdot \cos \alpha$

$a^2 = (700\text{ m})^2 + (900\text{ m})^2 - 2 \cdot 700\text{ m} \cdot 900\text{ m} \cdot \cos 70°$

$a^2 \approx 490000\text{ m}^2 + 810000\text{ m}^2 - 1260000\text{ m}^2 \cdot 0{,}3420$

$a^2 \approx 1300000\text{ m}^2 - 430920\text{ m}^2$

$a^2 \approx 869080\text{ m}^2 \quad | \sqrt{}$

$\underline{\underline{\mathbf{a \approx 932{,}24\text{ m}}}}$

Die beiden Endpunkte der Wegstrecken sind ca. 932,24 m voneinander entfernt.

Aufgabe 2: *Von Ort A aus gesehen liegen die Orte B und C auf den Schenkeln des Winkels 100°. Der Ort B ist vom Ort A 6 km entfernt. Die Entfernung zwischen dem Ort A und dem Ort C beträgt 11 km. Berechne die Entfernung zwischen den Orten B und C.*

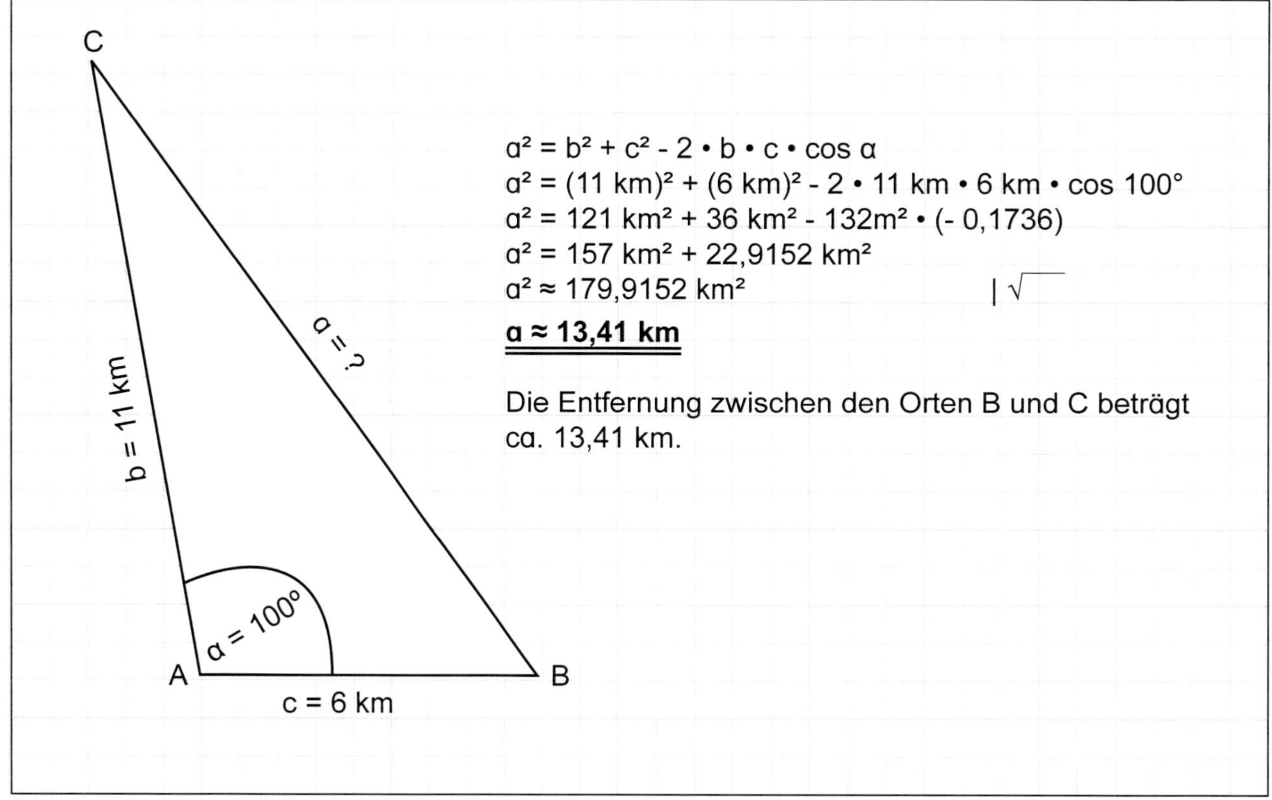

$a^2 = b^2 + c^2 - 2 \cdot b \cdot c \cdot \cos \alpha$

$a^2 = (11\text{ km})^2 + (6\text{ km})^2 - 2 \cdot 11\text{ km} \cdot 6\text{ km} \cdot \cos 100°$

$a^2 = 121\text{ km}^2 + 36\text{ km}^2 - 132\text{m}^2 \cdot (-\,0{,}1736)$

$a^2 = 157\text{ km}^2 + 22{,}9152\text{ km}^2$

$a^2 \approx 179{,}9152\text{ km}^2 \quad | \sqrt{}$

$\underline{\underline{\mathbf{a \approx 13{,}41\text{ km}}}}$

Die Entfernung zwischen den Orten B und C beträgt ca. 13,41 km.

Grundbildung Trigonometrie
Aus der Schulpraxis für die Schulpraxis - Bestell-Nr. 12 117
KOHL VERLAG

VII. Der Kosinussatz

7. Textaufgaben (Anwendungen des Kosinussatzes)

Mache bei jeder folgenden Aufgabe zuerst eine Skizze. Notiere dort ein Fragezeichen, was gesucht wird. Benenne in der Skizze, was gegeben ist. Rechne dann aus, was gesucht wird. Unterstreiche das Ergebnis mit zwei Linien. Schreibe zum Schluss einen (kurzen) Antwortsatz.

Aufgabe 3: *Eine Verkehrsinsel hat die Form eines Dreiecks mit geraden Linien. Die Seite a ist 12 Meter lang, die Seite b 8 Meter und die Seite c 10 Meter. Rechne aus, wie groß die Winkel α, β und γ dieses Dreiecks sind.*

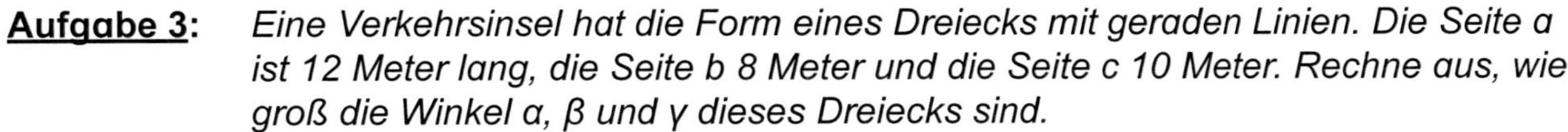

Aufgabe 4: *Um ein dreieckiges Grundstück verläuft ein Zaun. Die Seitenlängen des Grundstückes betragen 70 Meter, 60 Meter und 40 Meter. Rechne jeweils die Größe der 3 Innenwinkel des Grundstückes aus.*

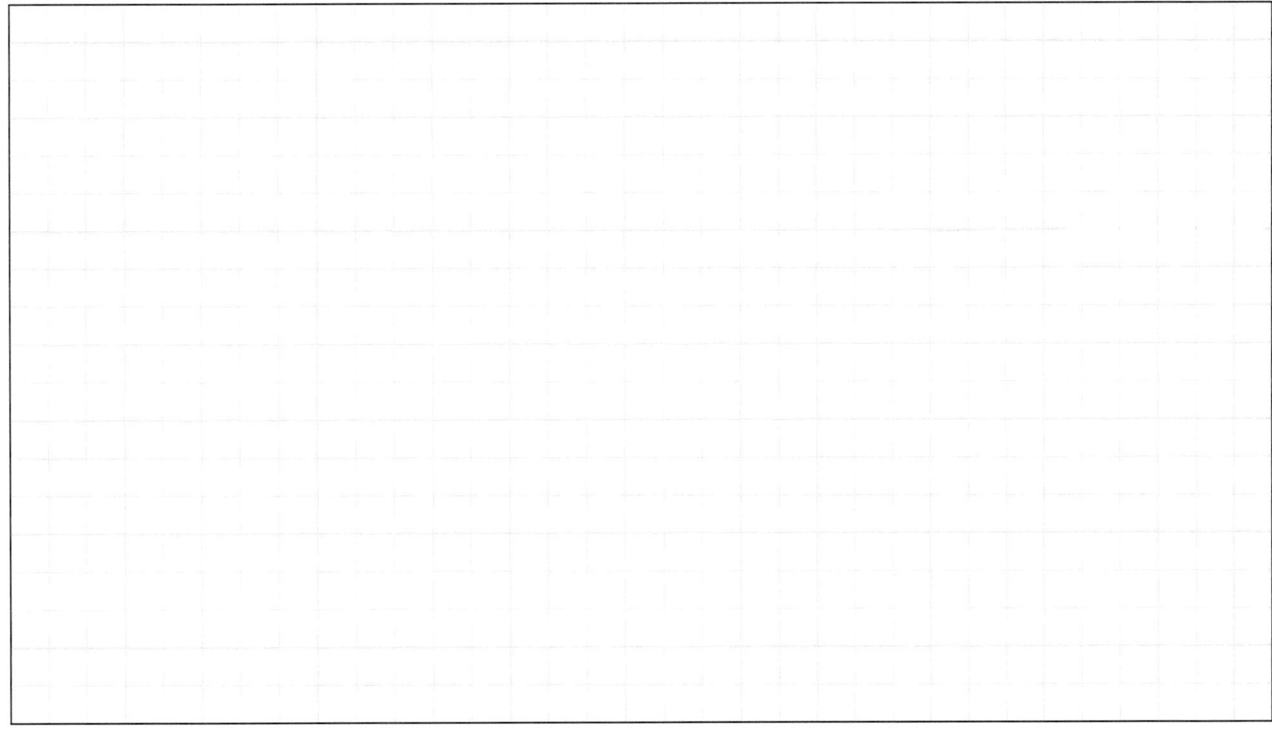

KOHL VERLAG
Grundbildung Trigonometrie
Aus der Schulpraxis für die Schulpraxis - Bestell-Nr. 12 117

VII. Der Kosinussatz

7. <u>Textaufgaben (Anwendungen des Kosinussatzes)</u> – Lösungen

Mache bei jeder folgenden Aufgabe zuerst eine Skizze. Notiere dort ein Fragezeichen, was gesucht wird. Benenne in der Skizze, was gegeben ist. Rechne dann aus, was gesucht wird. Unterstreiche das Ergebnis mit zwei Linien. Schreibe zum Schluss einen (kurzen) Antwortsatz.

<u>Aufgabe 3</u>: *Eine Verkehrsinsel hat die Form eines Dreiecks mit geraden Linien. Die Seite a ist 12 Meter lang, die Seite b 8 Meter und die Seite c 10 Meter. Rechne aus, wie groß die Winkel α, β und γ dieses Dreiecks sind.*

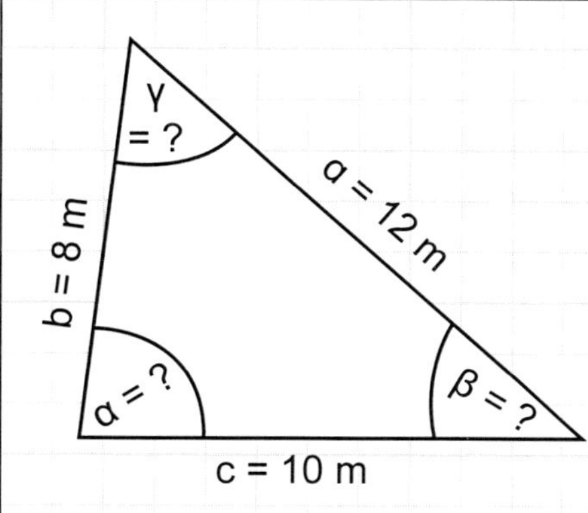

$a^2 = b^2 + c^2 - 2 \cdot b \cdot c \cdot \cos\alpha \quad | + 2 \cdot b \cdot c \cdot \cos\alpha$

$a^2 + 2 \cdot b \cdot c \cdot \cos\alpha = b^2 + c^2 \quad | - a^2$

$2 \cdot b \cdot c \cdot \cos\alpha = b^2 + c^2 - a^2$

$2 \cdot 8\text{ m} \cdot 10\text{ m} \cdot \cos\alpha = (8\text{ m})^2 + (10\text{ m})^2 - (12\text{ m})^2$

$160\text{ m}^2 \cdot \cos\alpha = 64\text{ m}^2 + 100\text{ m}^2 - 144\text{ m}^2$

$160\text{ m}^2 \cdot \cos\alpha = 20\text{ m}^2 \quad | : 160\text{ m}^2$

$\cos\alpha \approx 0{,}125$

$\alpha \approx 82{,}8°$

$b^2 = a^2 + c^2 - 2 \cdot a \cdot c \cdot \cos\beta \quad | + 2 \cdot a \cdot c \cdot \cos\beta$

$b^2 + 2 \cdot a \cdot c \cdot \cos\beta = a^2 + c^2 \quad | - b^2$

$2 \cdot a \cdot c \cdot \cos\beta = a^2 + c^2 - b^2$

$2 \cdot 12\text{ m} \cdot 10\text{ m} \cdot \cos\beta = (12\text{ m})^2 + (10\text{ m})^2 - (8\text{ m})^2$

$240\text{ m}^2 \cdot \cos\beta = 144\text{ m}^2 + 100\text{ m}^2 - 64\text{ m}^2$

$240\text{ m}^2 \cdot \cos\beta = 180\text{ m}^2 \quad | : 240\text{ m}^2$

$\cos\beta \approx 0{,}75$

$\beta \approx 41{,}4°$

$\gamma = 180° - 82{,}8° - 41{,}4°$

$\gamma = 55{,}8°$

Der Winkel α ist ca. 82,8° groß, der Winkel β ca. 41,4° und der Winkel γ etwa 55,8°.

<u>Hinweis</u>: Nach der *ersten* Verwendung des Kosinussatzes sind weitere Berechnungen auch mit dem Sinussatz möglich.

<u>Aufgabe 4</u>: *Um ein dreieckiges Grundstück verläuft ein Zaun. Die Seitenlängen des Grundstückes betragen 70 Meter, 60 Meter und 40 Meter. Rechne jeweils die Größe der 3 Innenwinkel des Grundstückes aus.*

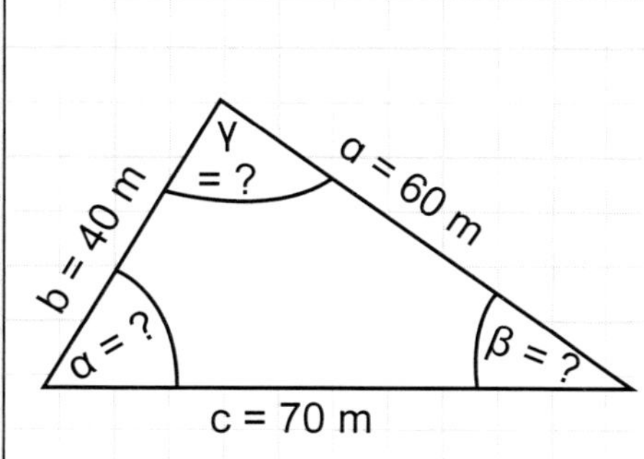

$a^2 = b^2 + c^2 - 2 \cdot b \cdot c \cdot \cos\alpha \quad | + 2 \cdot b \cdot c \cdot \cos\alpha$

$a^2 + 2 \cdot b \cdot c \cdot \cos\alpha = b^2 + c^2 \quad | - a^2$

$2 \cdot b \cdot c \cdot \cos\alpha = b^2 + c^2 - a^2$

$2 \cdot 40\text{ m} \cdot 70\text{ m} \cdot \cos\alpha = (40\text{ m})^2 + (70\text{ m})^2 - (60\text{ m})^2$

$5600\text{ m}^2 \cdot \cos\alpha = 1600\text{ m}^2 + 4900\text{ m}^2 - 3600\text{ m}^2$

$5600\text{ m}^2 \cdot \cos\alpha = 2900\text{ m}^2 \quad | : 5600\text{ m}^2$

$\cos\alpha \approx 0{,}5178$

$\alpha \approx 58{,}8°$

$b^2 = a^2 + c^2 - 2 \cdot a \cdot c \cdot \cos\beta \quad | + 2 \cdot a \cdot c \cdot \cos\beta$

$b^2 + 2 \cdot a \cdot c \cdot \cos\beta = a^2 + c^2 \quad | - b^2$

$2 \cdot a \cdot c \cdot \cos\beta = a^2 + c^2 - b^2$

$2 \cdot 60\text{ m} \cdot 70\text{ m} \cdot \cos\beta = (60\text{ m})^2 + (70\text{ m})^2 - (40\text{ m})^2$

$8400\text{ m}^2 \cdot \cos\beta = 3600\text{ m}^2 + 4900\text{ m}^2 - 1600\text{ m}^2$

$8400\text{ m}^2 \cdot \cos\beta = 6900\text{ m}^2 \quad | : 8400\text{ m}^2$

$\cos\beta \approx 0{,}8214$

$\beta \approx 34{,}8°$

$\gamma = 180° - 58{,}8° - 34{,}8°$

$\gamma = 86{,}4°$

Die 3 Innenwinkel des dreieckigen Grundstückes sind ca. 58,8°, 34,8° und 86,4° groß.

<u>Hinweis</u>: Nach der *ersten* Verwendung des Kosinussatzes sind weitere Berechnungen auch mit dem Sinussatz möglich.

KOHL VERLAG Grundbildung Trigonometrie
Aus der Schulpraxis für die Schulpraxis - Bestell-Nr. 12 117

VII. Der Kosinussatz

7. Textaufgaben (Anwendungen des Kosinussatzes)

Mache bei jeder folgenden Aufgabe zuerst eine Skizze. Notiere dort ein Fragezeichen, was gesucht wird. Benenne in der Skizze, was gegeben ist. Rechne dann aus, was gesucht wird. Unterstreiche das Ergebnis mit zwei Linien. Schreibe zum Schluss einen (kurzen) Antwortsatz.

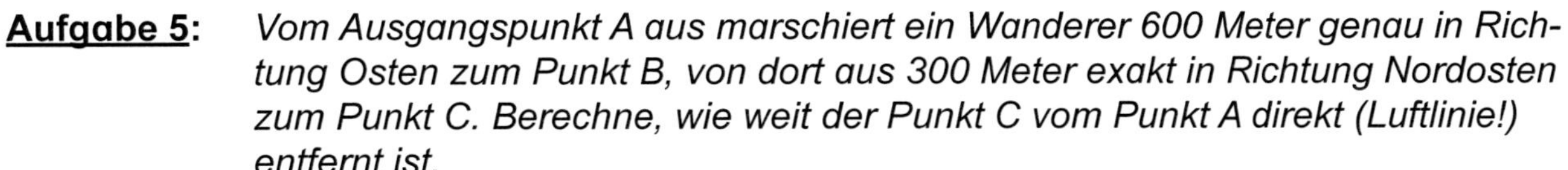

Aufgabe 5: *Vom Ausgangspunkt A aus marschiert ein Wanderer 600 Meter genau in Richtung Osten zum Punkt B, von dort aus 300 Meter exakt in Richtung Nordosten zum Punkt C. Berechne, wie weit der Punkt C vom Punkt A direkt (Luftlinie!) entfernt ist.*

Aufgabe 6: *Eine Wegstrecke führt vom Punkt A aus 800 Meter genau nach Norden zum Punkt B, von hier aus exakt 400 Meter nach Nordwesten zum Punkt C. Berechne die direkte Entfernung (Luftlinie!) zwischen den Punkten A und C.*

VII. Der Kosinussatz

7. <u>Textaufgaben (Anwendungen des Kosinussatzes)</u> – Lösungen

Mache bei jeder folgenden Aufgabe zuerst eine Skizze. Notiere dort ein Fragezeichen, was gesucht wird. Benenne in der Skizze, was gegeben ist. Rechne dann aus, was gesucht wird. Unterstreiche das Ergebnis mit zwei Linien. Schreibe zum Schluss einen (kurzen) Antwortsatz.

<u>Aufgabe 5</u>: *Vom Ausgangspunkt A aus marschiert ein Wanderer 600 Meter genau in Richtung Osten zum Punkt B, von dort aus 300 Meter exakt in Richtung Nordosten zum Punkt C. Berechne, wie weit der Punkt C vom Punkt A direkt (Luftlinie!) entfernt ist.*

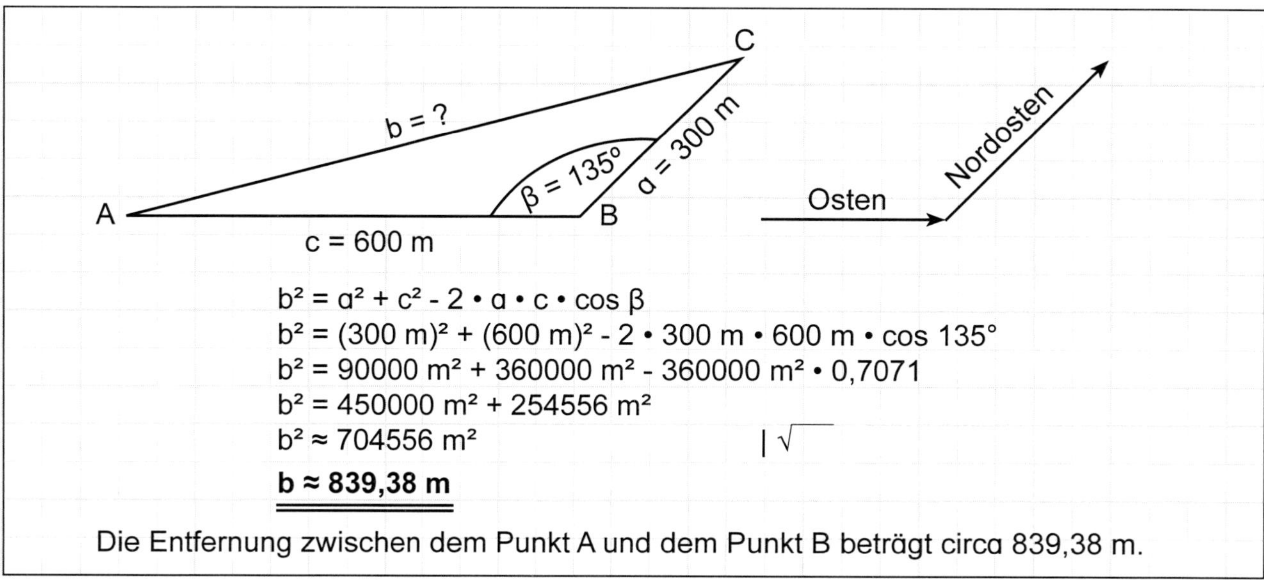

$b^2 = a^2 + c^2 - 2 \cdot a \cdot c \cdot \cos \beta$

$b^2 = (300\ m)^2 + (600\ m)^2 - 2 \cdot 300\ m \cdot 600\ m \cdot \cos 135°$

$b^2 = 90000\ m^2 + 360000\ m^2 - 360000\ m^2 \cdot 0{,}7071$

$b^2 = 450000\ m^2 + 254556\ m^2$

$b^2 \approx 704556\ m^2 \quad | \sqrt{\ }$

$b \approx 839{,}38\ m$

Die Entfernung zwischen dem Punkt A und dem Punkt B beträgt circa 839,38 m.

<u>Aufgabe 6</u>: *Eine Wegstrecke führt vom Punkt A aus 800 Meter genau nach Norden zum Punkt B, von hier aus exakt 400 Meter nach Nordwesten zum Punkt C. Berechne die direkte Entfernung (Luftlinie!) zwischen den Punkten A und C.*

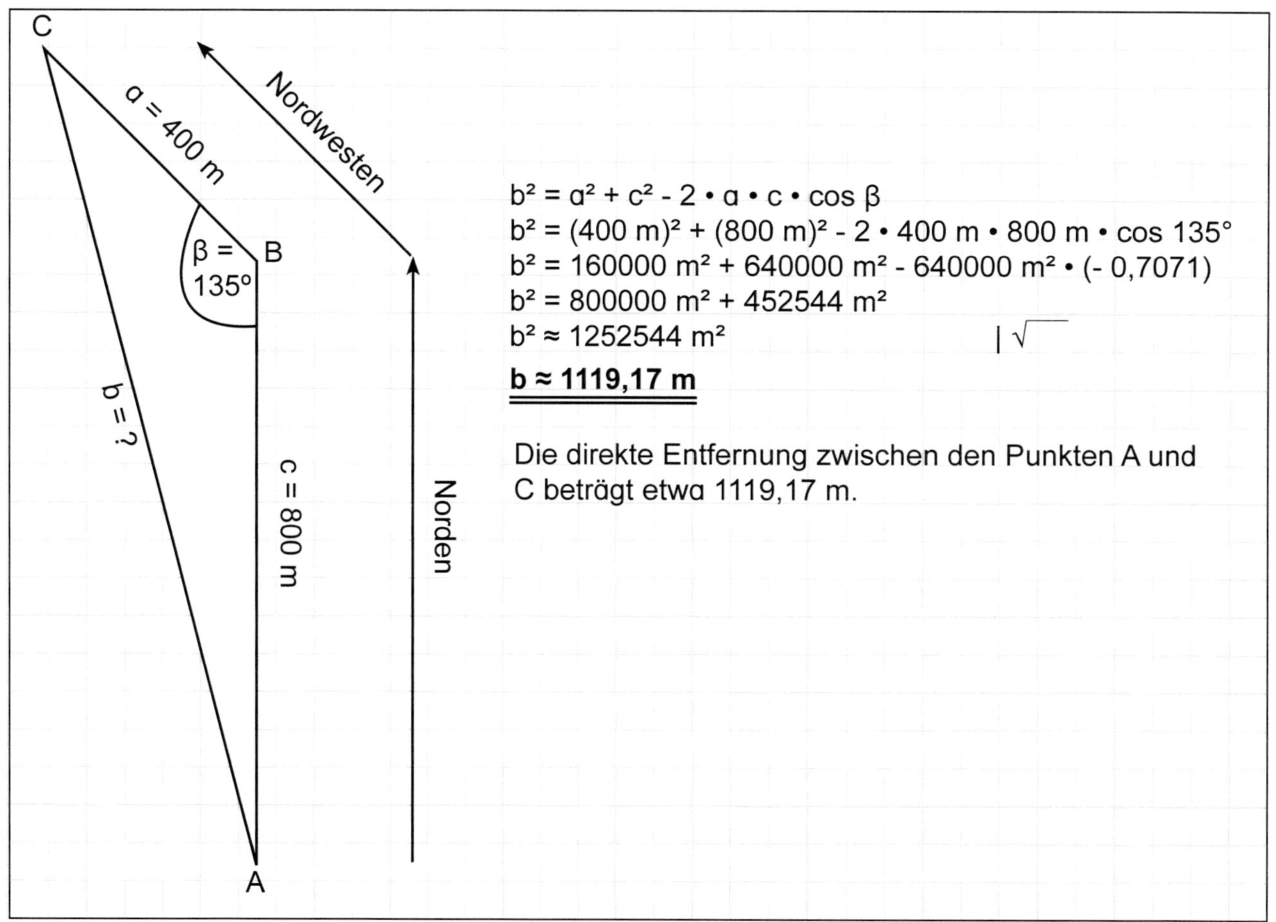

$b^2 = a^2 + c^2 - 2 \cdot a \cdot c \cdot \cos \beta$

$b^2 = (400\ m)^2 + (800\ m)^2 - 2 \cdot 400\ m \cdot 800\ m \cdot \cos 135°$

$b^2 = 160000\ m^2 + 640000\ m^2 - 640000\ m^2 \cdot (-\ 0{,}7071)$

$b^2 = 800000\ m^2 + 452544\ m^2$

$b^2 \approx 1252544\ m^2 \quad | \sqrt{\ }$

$b \approx 1119{,}17\ m$

Die direkte Entfernung zwischen den Punkten A und C beträgt etwa 1119,17 m.

KOHL VERLAG Grundbildung Trigonometrie Aus der Schulpraxis für die Schulpraxis - Bestell-Nr. 12 117

VII. Der Kosinussatz

7. Textaufgaben (Anwendungen des Kosinussatzes)

Mache bei jeder folgenden Aufgabe zuerst eine Skizze. Notiere dort ein Fragezeichen, was gesucht wird. Benenne in der Skizze, was gegeben ist. Rechne dann aus, was gesucht wird. Unterstreiche das Ergebnis mit zwei Linien. Schreibe zum Schluss einen (kurzen) Antwortsatz.

Aufgabe 7: *Drei Orte liegen geradlinig in der Form eines Dreiecks voneinander entfernt. Der Ort A ist vom Ort B 5,5 km entfernt, der Ort C vom Ort A 7,5 km und der Ort B von Ort C 3,5 km. Berechne, in welchen Winkeln die 3 Orte zueinander liegen.*

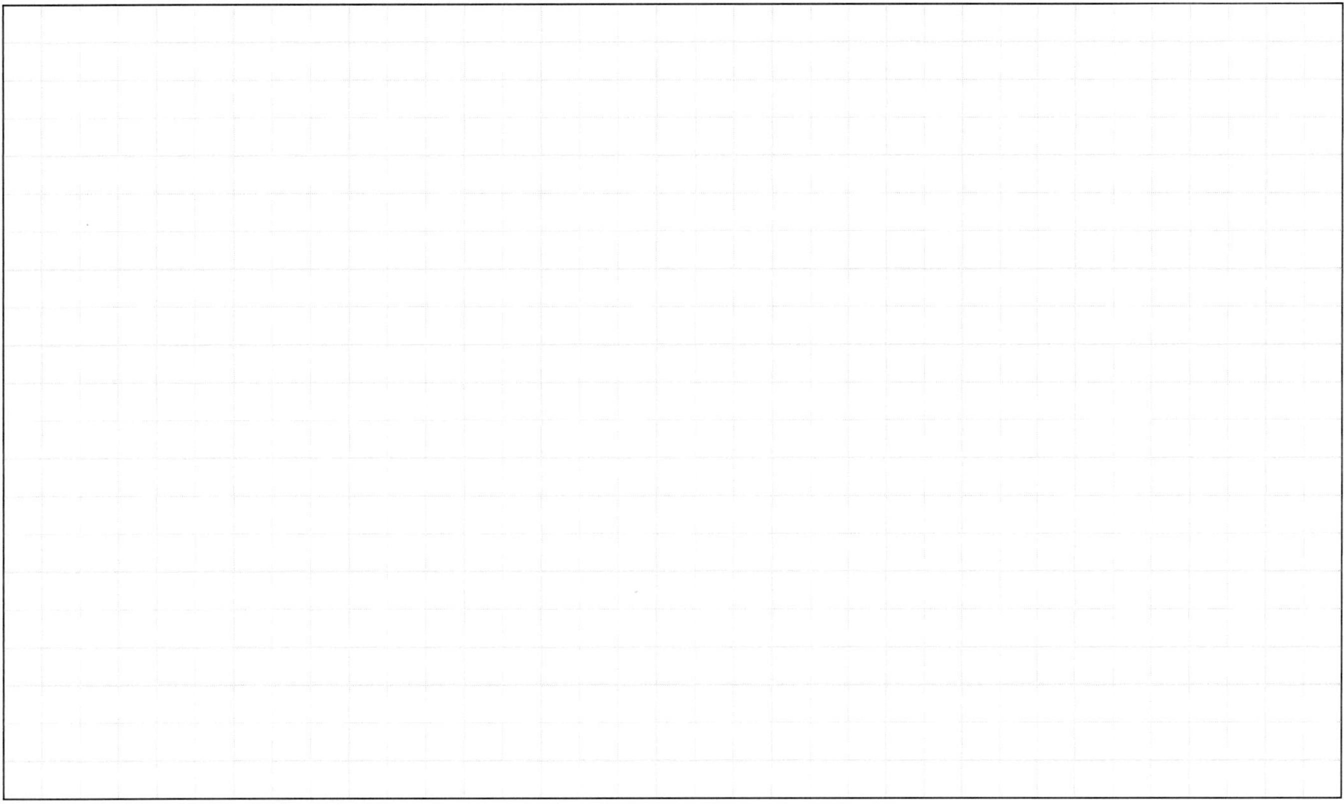

Aufgabe 8: *Einen Schiff peilt an der Küste zwei Häfen in einem Winkel von 65° an. Vom ersten Hafen befindet sich das Schiff 8,5 km entfernt, vom zweiten Hafen 12 km. Berechne, wie weit beide Häfen voneinander entfernt liegen.*

KOHL VERLAG Grundbildung Trigonometrie Aus der Schulpraxis für die Schulpraxis - Bestell-Nr. 12 117

VII. Der Kosinussatz

7. Textaufgaben (Anwendungen des Kosinussatzes) – Lösungen

Mache bei jeder folgenden Aufgabe zuerst eine Skizze. Notiere dort ein Fragezeichen, was gesucht wird. Benenne in der Skizze, was gegeben ist. Rechne dann aus, was gesucht wird. Unterstreiche das Ergebnis mit zwei Linien. Schreibe zum Schluss einen (kurzen) Antwortsatz.

Aufgabe 7: *Drei Orte liegen geradlinig in der Form eines Dreiecks voneinander entfernt. Der Ort A ist vom Ort B 5,5 km entfernt, der Ort C vom Ort A 7,5 km und der Ort B von Ort C 3,5 km. Berechne, in welchen Winkeln die 3 Orte zueinander liegen.*

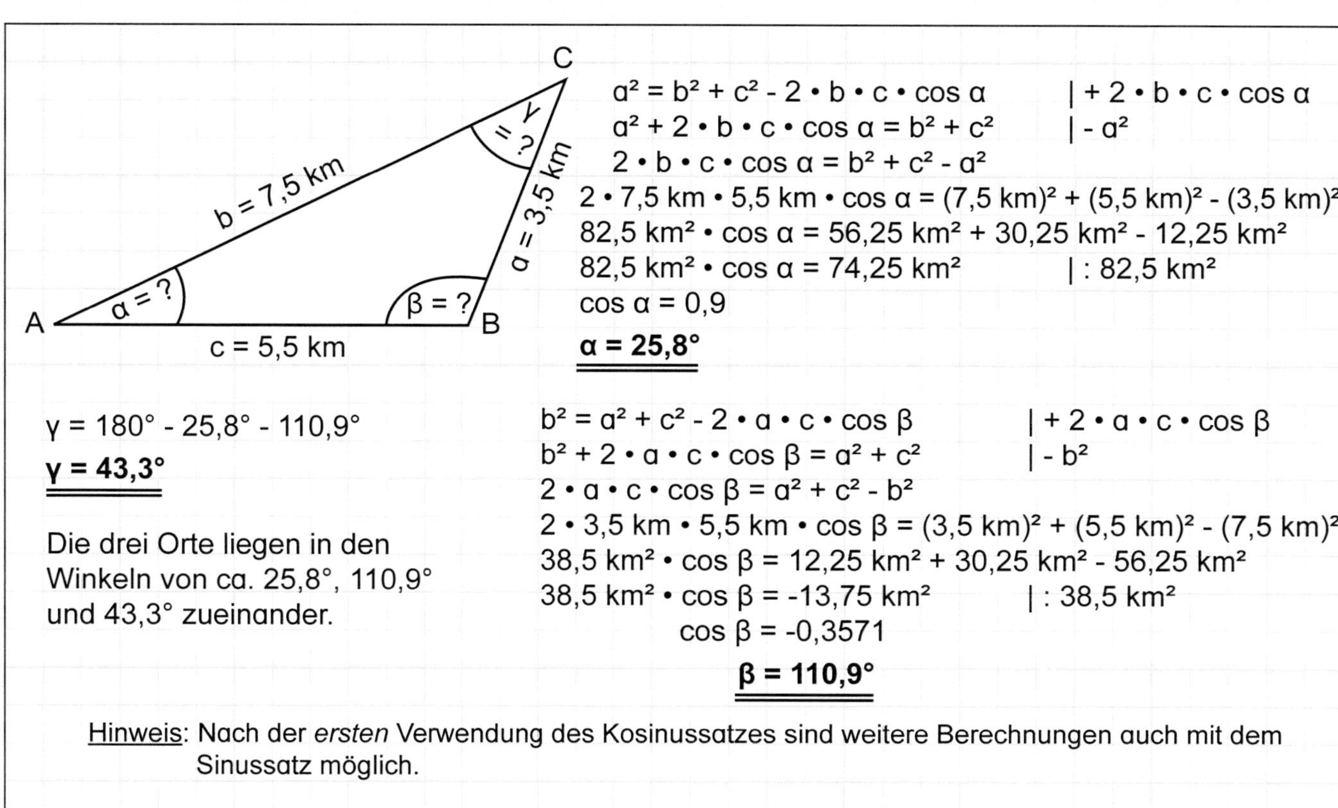

$a^2 = b^2 + c^2 - 2 \cdot b \cdot c \cdot \cos \alpha \quad | + 2 \cdot b \cdot c \cdot \cos \alpha$

$a^2 + 2 \cdot b \cdot c \cdot \cos \alpha = b^2 + c^2 \quad | - a^2$

$2 \cdot b \cdot c \cdot \cos \alpha = b^2 + c^2 - a^2$

$2 \cdot 7{,}5\text{ km} \cdot 5{,}5\text{ km} \cdot \cos \alpha = (7{,}5\text{ km})^2 + (5{,}5\text{ km})^2 - (3{,}5\text{ km})^2$

$82{,}5\text{ km}^2 \cdot \cos \alpha = 56{,}25\text{ km}^2 + 30{,}25\text{ km}^2 - 12{,}25\text{ km}^2$

$82{,}5\text{ km}^2 \cdot \cos \alpha = 74{,}25\text{ km}^2 \quad | : 82{,}5\text{ km}^2$

$\cos \alpha = 0{,}9$

$\mathbf{\alpha = 25{,}8°}$

$\gamma = 180° - 25{,}8° - 110{,}9°$

$\mathbf{\gamma = 43{,}3°}$

Die drei Orte liegen in den Winkeln von ca. 25,8°, 110,9° und 43,3° zueinander.

$b^2 = a^2 + c^2 - 2 \cdot a \cdot c \cdot \cos \beta \quad | + 2 \cdot a \cdot c \cdot \cos \beta$

$b^2 + 2 \cdot a \cdot c \cdot \cos \beta = a^2 + c^2 \quad | - b^2$

$2 \cdot a \cdot c \cdot \cos \beta = a^2 + c^2 - b^2$

$2 \cdot 3{,}5\text{ km} \cdot 5{,}5\text{ km} \cdot \cos \beta = (3{,}5\text{ km})^2 + (5{,}5\text{ km})^2 - (7{,}5\text{ km})^2$

$38{,}5\text{ km}^2 \cdot \cos \beta = 12{,}25\text{ km}^2 + 30{,}25\text{ km}^2 - 56{,}25\text{ km}^2$

$38{,}5\text{ km}^2 \cdot \cos \beta = -13{,}75\text{ km}^2 \quad | : 38{,}5\text{ km}^2$

$\cos \beta = -0{,}3571$

$\mathbf{\beta = 110{,}9°}$

Hinweis: Nach der *ersten* Verwendung des Kosinussatzes sind weitere Berechnungen auch mit dem Sinussatz möglich.

Aufgabe 8: *Einen Schiff peilt an der Küste zwei Häfen in einem Winkel von 65° an. Vom ersten Hafen befindet sich das Schiff 8,5 km entfernt, vom zweiten Hafen 12 km. Berechne, wie weit beide Häfen voneinander entfernt liegen.*

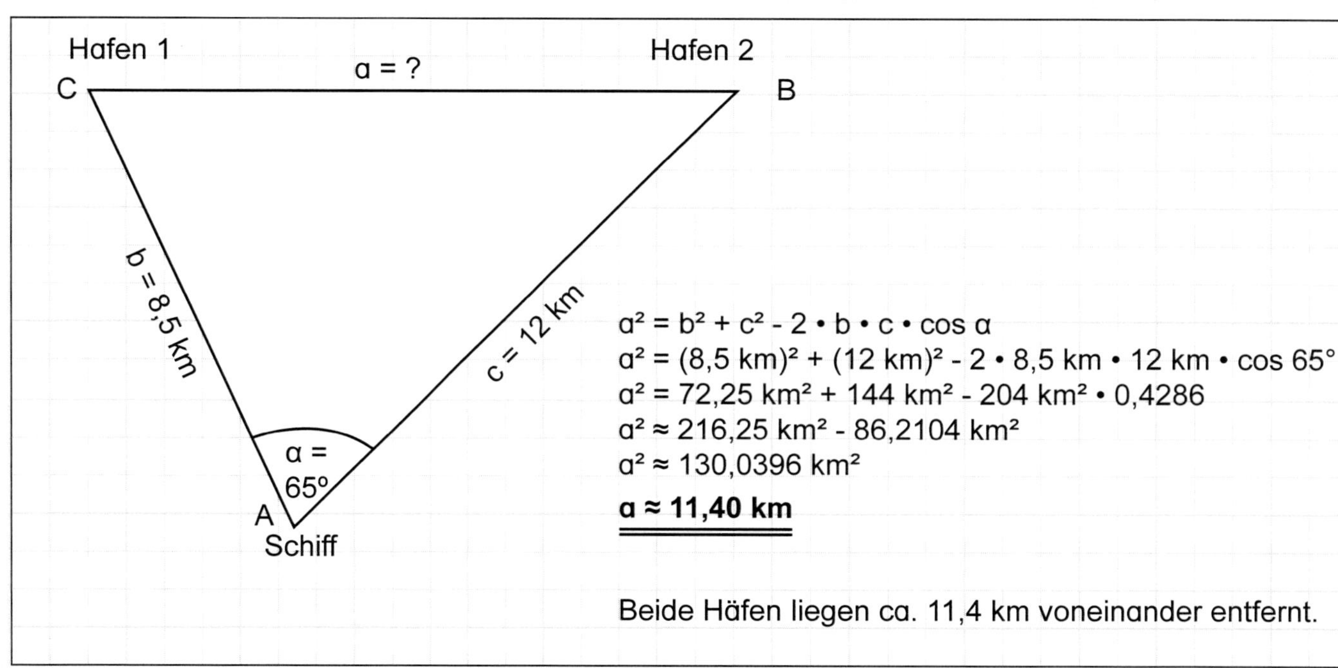

$a^2 = b^2 + c^2 - 2 \cdot b \cdot c \cdot \cos \alpha$

$a^2 = (8{,}5\text{ km})^2 + (12\text{ km})^2 - 2 \cdot 8{,}5\text{ km} \cdot 12\text{ km} \cdot \cos 65°$

$a^2 = 72{,}25\text{ km}^2 + 144\text{ km}^2 - 204\text{ km}^2 \cdot 0{,}4286$

$a^2 \approx 216{,}25\text{ km}^2 - 86{,}2104\text{ km}^2$

$a^2 \approx 130{,}0396\text{ km}^2$

$\mathbf{a \approx 11{,}40\text{ km}}$

Beide Häfen liegen ca. 11,4 km voneinander entfernt.

Grundbildung Trigonometrie
Aus der Schulpraxis für die Schulpraxis - Bestell-Nr. 12 117
KOHL VERLAG

VII. Der Kosinussatz

8. Zwischentest zum Kosinussatz

Aufgabe 1: *Für welche geometrischen Figuren gilt der Kosinussatz?*

____

Aufgabe 2: *Wie heißen die 3 Gleichungen des Kosinussatzes für die oben rechts vorgegebene geometrische Figur?*

Aufgabe 3: *Warum heißt der Kosinussatz so?*

____

Aufgabe 4: *Was besagt der Kosinussatz in Worten?*

____

____

____

____

____

Aufgabe 5: *Unter welchen Voraussetzungen lässt sich der Kosinussatz sofort anwenden?*

____

____

____

____

Aufgabe 6: *Wie kann man den Kosinussatz herleiten?*

____

____

____

____

____

KOHL VERLAG Grundbildung Trigonometrie Aus der Schulpraxis für die Schulpraxis - Bestell-Nr. 12 117

VII. Der Kosinussatz

8. Zwischentest zum Sinussatz – Lösungen

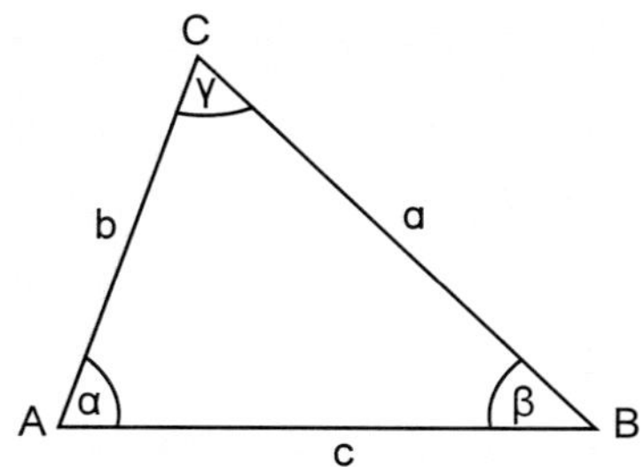

Aufgabe 1: *Für welche geometrischen Figuren gilt der Kosinussatz?*

für beliebige Dreiecke

Aufgabe 2: *Wie heißen die 3 Gleichungen des Kosinussatzes für die oben rechts vorgegebene geometrische Figur?*

$$a^2 = b^2 + c^2 - 2 \cdot b \cdot c \cdot \cos \alpha$$
$$b^2 = a^2 + c^2 - 2 \cdot a \cdot c \cdot \cos \beta$$
$$c^2 = a^2 + b^2 - 2 \cdot a \cdot b \cdot \cos \gamma$$

Aufgabe 3: *Warum heißt der Kosinussatz so?*

Die Anwendung des Satzes erfordert immer Kosinuswerte.

Aufgabe 4: *Was sagt der Kosinussatz in Worten?*

In jedem beliebigen Dreieck ist das Quadrat über einer Seite genauso groß wie die Summe der Quadrate über den beiden anderen Seiten, vermindert (= verringert) um das doppelte Produkt aus diesen zwei Seiten und dem Kosinus des eingeschlossenen Winkels.

Aufgabe 5: *Unter welchen Voraussetzungen lässt sich der Kosinussatz sofort anwenden?*

Wenn die Längen von 2 Seiten und die Größe des von ihnen eingeschlossenen Winkels gegeben sind

oder

3 Seitenlängen

Aufgabe 6: *Wie kann man den Kosinussatz herleiten?*

Beweis siehe Seite 104.

VIII. Der Sinussatz & der Kosinussatz

1. Richtig oder falsch?

Kreuze an, welche der nachfolgenden Aussagen richtig und welche falsch sind.

	Richtig	Falsch
1. Nach der Winkelgröße unterscheidet man rechtwinklige, spitzwinklige und stumpfwinklige Dreiecke.	☐	☐
2. In einem beliebigen Dreieck verhalten sich gemäß dem Sinussatz 2 Seiten zueinander wie die Sinuswerte ihrer Winkel.	☐	☐
3. Um trigonometrische Berechnungen in einem beliebigen Dreieck durchführen zu können, werden 2 Zahlenangaben benötigt.	☐	☐
4. Der Sinussatz gilt nicht nur für stumpfwinklige und spitzwinklige, sondern auch für rechtwinklige Dreiecke.	☐	☐
5. Für den Sinussatz gibt es 3 Formeln: $\frac{a}{b} = \frac{\sin\alpha}{\sin\beta}$ $\frac{b}{c} = \frac{\sin\beta}{\sin\gamma}$ $\frac{a}{c} = \frac{\sin\alpha}{\sin\gamma}$	☐	☐
6. Die Sinuswerte für Winkel von 90° bis 180° liegen im Zahlenbereich 1 bis 2.	☐	☐
7. Der Sinussatz lässt sich sofort anwenden, wenn die Längen von 2 Seiten sowie die Größe des von ihnen eingeschlossenen Winkels bekannt sind oder die Längen von 2 Seiten sowie die Größe eines Gegenwinkels.	☐	☐
8. Auch beim Kosinussatz kommen 3 Formeln vor: $a^2 = b^2 + c^2 - 2 \cdot b \cdot c \cdot \cos\alpha$ $b^2 = a^2 + c^2 - 2 \cdot a \cdot c \cdot \cos\beta$ $c^2 = a^2 + b^2 - 2 \cdot a \cdot b \cdot \cos\gamma$	☐	☐
9. Der Kosinussatz ist nur anwendbar bei spitzwinkligen und stumpfwinkligen Dreiecken.	☐	☐
10. Den Kosinussatz kann man unter anderem anwenden, wenn die Längen von 3 Seiten gegeben sind.	☐	☐

KOHL VERLAG Grundbildung Trigonometrie
Aus der Schulpraxis für die Schulpraxis - Bestell-Nr. 12 117

VIII. Der Sinussatz & der Kosinussatz

1. Richtig oder falsch? – Lösungen

Kreuze an, welche der nachfolgenden Aussagen richtig und welche falsch sind.

	Aussage	Richtig	Falsch
1.	Nach der Winkelgröße unterscheidet man rechtwinklige, spitzwinklige und stumpfwinklige Dreiecke.	☒	☐
2.	In einem beliebigen Dreieck verhalten sich gemäß dem Sinussatz 2 Seiten zueinander wie die Sinuswerte ihrer Winkel.	☐	☒
3.	Um trigonometrischen Berechnungen in einem beliebigen Dreieck durchführen zu können, werden 2 Zahlenangaben benötigt.	☐	☒
4.	Der Sinussatz gilt nicht nur für stumpfwinklige und spitzwinklige, sondern auch für rechtwinklige Dreiecke.	☒	☐
5.	Für den Sinussatz gibt es 3 Formeln: $\frac{a}{b} = \frac{\sin \alpha}{\sin \beta}$ $\frac{b}{c} = \frac{\sin \beta}{\sin \gamma}$ $\frac{a}{c} = \frac{\sin \alpha}{\sin \gamma}$	☒	☐
6.	Die Sinuswerte für Winkel von 90° bis 180° liegen im Zahlenbereich 1 bis 2.	☐	☒
7.	Der Sinussatz lässt sich sofort anwenden, wenn die Längen von 2 Seiten sowie die Größe des von ihnen eingeschlossenen Winkels bekannt sind oder die Längen von 2 Seiten sowie die Größe eines Gegenwinkels.	☐	☒
8.	Auch beim Kosinussatz kommen 3 Formeln vor: $a^2 = b^2 + c^2 - 2 \cdot b \cdot c \cdot \cos \alpha$ $b^2 = a^2 + c^2 - 2 \cdot a \cdot c \cdot \cos \beta$ $c^2 = a^2 + b^2 - 2 \cdot a \cdot b \cdot \cos \gamma$	☐	☒
9.	Der Kosinussatz ist nur anwendbar bei spitzwinkligen und stumpfwinkligen Dreiecken.	☐	☒
10.	Den Kosinussatz kann man unter anderem anwenden, wenn die Längen von 3 Seiten gegeben sind.	☒	☐

KOHL VERLAG Lernen mit Erfolg
Grundbildung Trigonometrie
Aus der Schulpraxis für die Schulpraxis - Bestell-Nr. 12 117

VIII. Der Sinussatz & der Kosinussatz

1. Richtig oder falsch?

Kreuze an, welche der nachfolgenden Aussagen richtig und welche falsch sind.

	Richtig	Falsch
11. Ebenfalls lässt sich der Kosinussatz anwenden, falls 2 Winkelgrößen mit der von diesen beiden Winkeln eingeschlossene Seitenlänge bekannt sind.	☐	☐
12. Die Kosinuswerte für Winkel von 90° bis 180° liegen im Zahlenbereich 0 bis -1.	☐	☐

Verbessere nun die Sätze, die falsche Aussagen enthalten:

Grundbildung Trigonometrie
Aus der Schulpraxis für die Schulpraxis - Bestell-Nr. 12 117
KOHL VERLAG

VIII. Der Sinussatz & der Kosinussatz

1. Richtig oder falsch? – Lösungen

Kreuze an, welche der nachfolgenden Aussagen richtig und welche falsch sind.

	Richtig	Falsch
11. Ebenfalls lässt sich der Kosinussatz anwenden, falls 2 Winkelgrößen mit der von diesen beiden Winkeln eingeschlossene Seitenlänge bekannt sind.	☐	☒
12. Die Kosinuswerte für Winkel von 90° bis 180° liegen im Zahlenbereich 0 bis -1.	☒	☐

Verbessere nun die Sätze, die falsche Aussagen enthalten:

2. In einem beliebigen Dreieck verhalten sich gemäß dem Sinussatz 2 Seiten zueinander wie die Sinuswerte Ihrer Gegenwinkel.

3. Um trigonometrische Berechnungen in einem beliebigen Dreieck durchführen zu können, werden 3 Zahlenangaben benötigt.

6. Die Sinuswerte für Winkel von 90° bis 180° liegen im Zahlenbereich 1 bis 0.

7. Der Sinussatz lässt sich sofort anwenden, wenn 2 Winkelgrößen und eine von beiden Winkeln nicht eingeschlossene Seitenlänge bekannt sind oder die Längen von 2 Seiten sowie die Größe eines Gegenwinkels.

8. Auch beim Kosinussatz kommen 3 Formeln vor:

$a^2 = b^2 + c^2 - 2 \cdot b \cdot c \cdot \cos \alpha$
$b^2 = a^2 + c^2 - 2 \cdot a \cdot c \cdot \cos \beta$
$c^2 = a^2 + b^2 - 2 \cdot a \cdot b \cdot \cos \gamma$

9. Der Kosinussatz ist anwendbar bei beliebigen Dreiecken.

11. Ebenfalls lässt sich der Kosinussatz anwenden, falls 2 Seitenlängen mit der von diesen beiden Seiten eingeschlossenen Winkelgröße bekannt sind.

KOHL VERLAG Grundbildung Trigonometrie
Aus der Schulpraxis für die Schulpraxis - Bestell-Nr. 12 117

VIII. Der Sinussatz & der Kosinussatz

2. Der Sinussatz und der Kosinussatz auf einen Blick

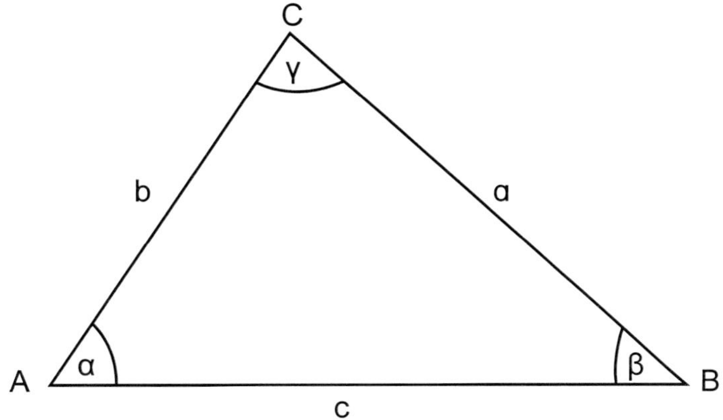

Der Sinussatz:

$$\frac{a}{b} = \frac{\sin \alpha}{\sin \beta} \qquad \frac{b}{c} = \frac{\sin \beta}{\sin \gamma} \qquad \frac{a}{c} = \frac{\sin \alpha}{\sin \gamma}$$

In jedem beliebigen Dreieck verhalten sich 2 Seiten zueinander wie die Sinuswerte ihrer Gegenwinkel.

Der Sinussatz ist anwendbar, wenn im Dreieck gegeben sind:

- 2 Seitenlängen und die Größe eines Gegenwinkels

oder

- 2 Winkelgrößen und eine von beiden Winkeln nicht eingeschlossene Seitenlänge.

Der Kosinussatz:

$$a^2 = b^2 + c^2 - 2 \cdot b \cdot c \cdot \cos \alpha$$
$$b^2 = a^2 + c^2 - 2 \cdot a \cdot c \cdot \cos \beta$$
$$c^2 = a^2 + b^2 - 2 \cdot a \cdot b \cdot \cos \gamma$$

In jedem beliebigen Dreieck ist das Quadrat über einer Seite genauso groß wie die Summe der Quadrate über den beiden anderen Seiten vermindert (= verringert) um das doppelte Produkt aus diesen zwei Seiten und dem Kosinus des eingeschlossenen Winkels.

Der Kosinussatz ist sofort anwendbar, wenn im Dreieck gegeben sind:

- Die Längen von 2 Seiten und die Größe des von ihnen eingeschlossenen Winkels

oder

- 3 Seitenlängen.

KOHL VERLAG Grundbildung Trigonometrie
Aus der Schulpraxis für die Schulpraxis - Bestell-Nr. 12 117

VIII. Der Sinussatz & der Kosinussatz

3. Arbeit/Test zum Thema: Trigonometrie bei beliebigen Dreiecken

Name ______________________

Datum ______________________

Aufgabe 1: *Ergänze die fehlenden Wörter im nachfolgenden Text:*

In ________________ beliebigen Dreieck verhalten sich zwei ______________ zueinander wie die ____________________ ihrer ____________________.

Aufgabe 2: *Gegeben ist dieses Dreieck:*

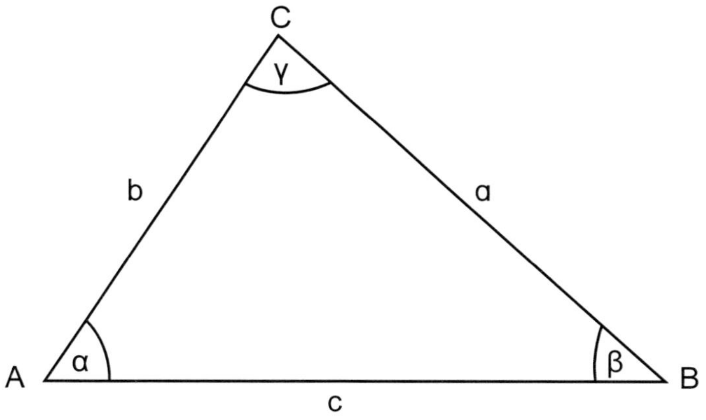

C
γ
b
a
α
A
β
B
c

Schreibe die drei Gleichungen des Sinussatzes auf, die für das obere Dreieck gelten.

Aufgabe 3: *Welche Voraussetzungen müssen gegeben sein, um den Sinussatz anwenden zu können?*

____

____

____

____

____

KOHL VERLAG Grundbildung Trigonometrie
Aus der Schulpraxis für die Schulpraxis - Bestell-Nr. 12 117

VIII. Der Sinussatz & der Kosinussatz

3. Arbeit/Test zum Thema: Trigonometrie bei beliebigen Dreiecken – Lösungen

Name ______________________

Datum ______________________

Aufgabe 1: *Ergänze die fehlenden Wörter im nachfolgenden Text:*

In **jedem** beliebigen Dreieck verhalten sich zwei **Seiten** zueinander wie die **Sinuswerte** ihrer **Gegenwinkel**.

Aufgabe 2: *Gegeben ist dieses Dreieck:*

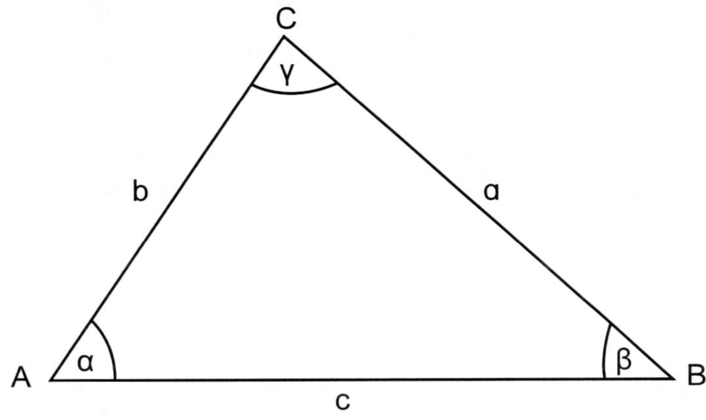

Schreibe die drei Gleichungen des Sinussatzes auf, die für das obere Dreieck gelten.

$$\frac{a}{b} = \frac{\sin \alpha}{\sin \beta} \qquad \frac{b}{c} = \frac{\sin \beta}{\sin \gamma} \qquad \frac{a}{c} = \frac{\sin \alpha}{\sin \gamma}$$

Aufgabe 3: *Welche Voraussetzungen müssen gegeben sein, um den Sinussatz anwenden zu können?*

Der Sinussatz lässt sich anwenden, wenn im Dreieck gegeben sind:

2 Seitenlängen und die Größe eines Gegenwinkels

oder

2 Winkelgrößen und eine von beiden Winkeln nicht eingeschlossene Seitenlänge.

KOHL VERLAG Grundbildung Trigonometrie
Aus der Schulpraxis für die Schulpraxis - Bestell-Nr. 12 117

VIII. Der Sinussatz & der Kosinussatz

3. Arbeit/Test zum Thema: Trigonometrie bei beliebigen Dreiecken

Name ____________________

Datum ____________________

Aufgabe 4: *Berechne die Größe des Winkels γ sowie die Längen der Seiten a und c.*

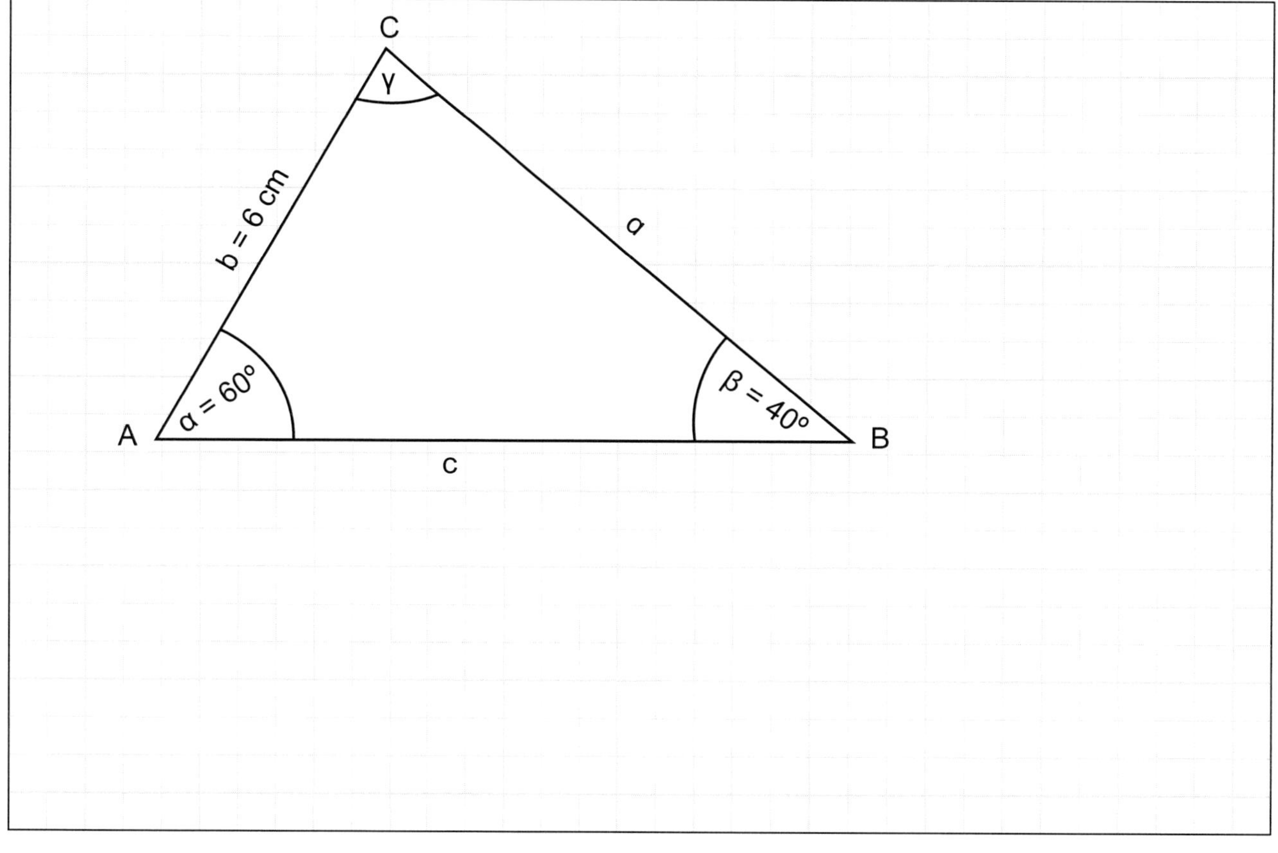

Aufgabe 5: *Berechne die Länge der Seite c sowie die Größen der Winkel α und γ.*

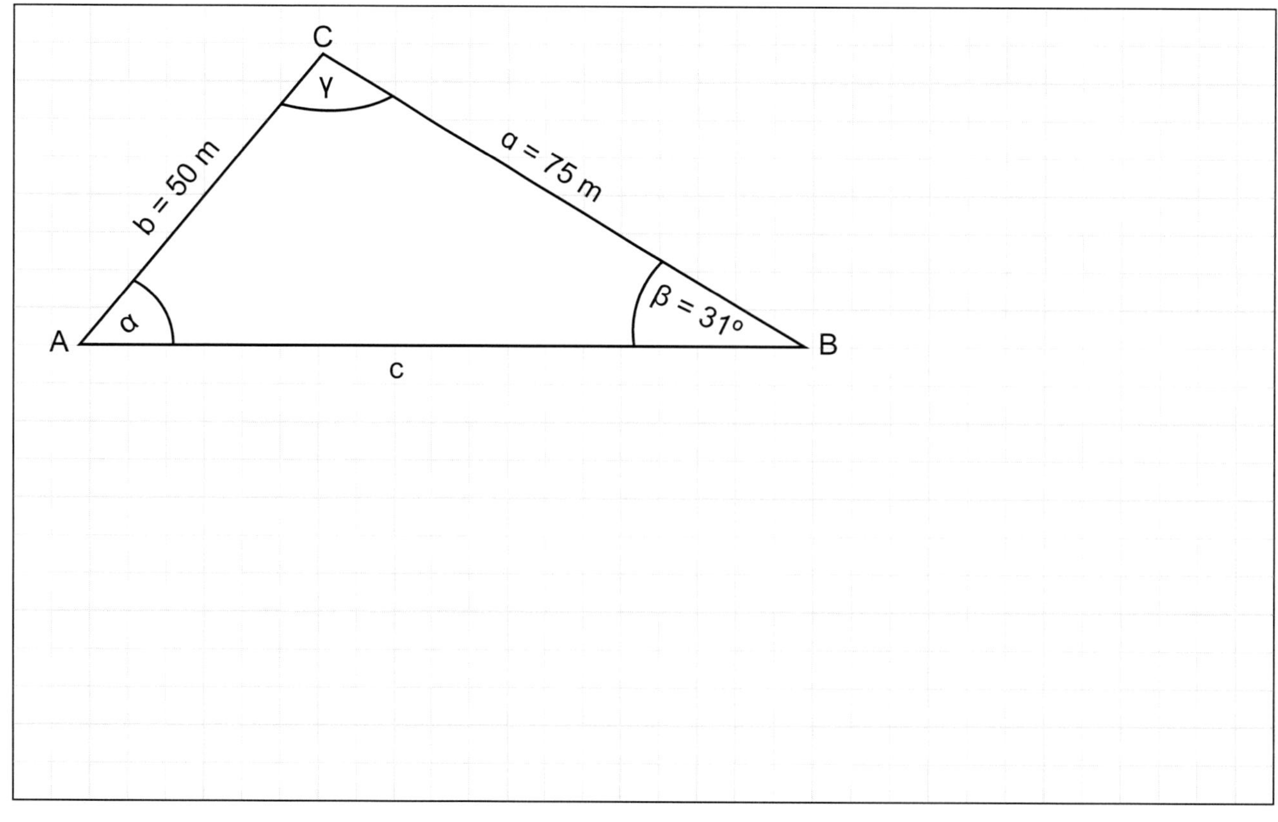

VIII. Der Sinussatz & der Kosinussatz

3. <u>Arbeit/Test zum Thema</u>: <u>Trigonometrie bei beliebigen Dreiecken</u> – Lösungen

Name ______________________

Datum ______________________

<u>Aufgabe 4</u>: *Berechne die Größe des Winkels γ sowie die Längen der Seiten a und c.*

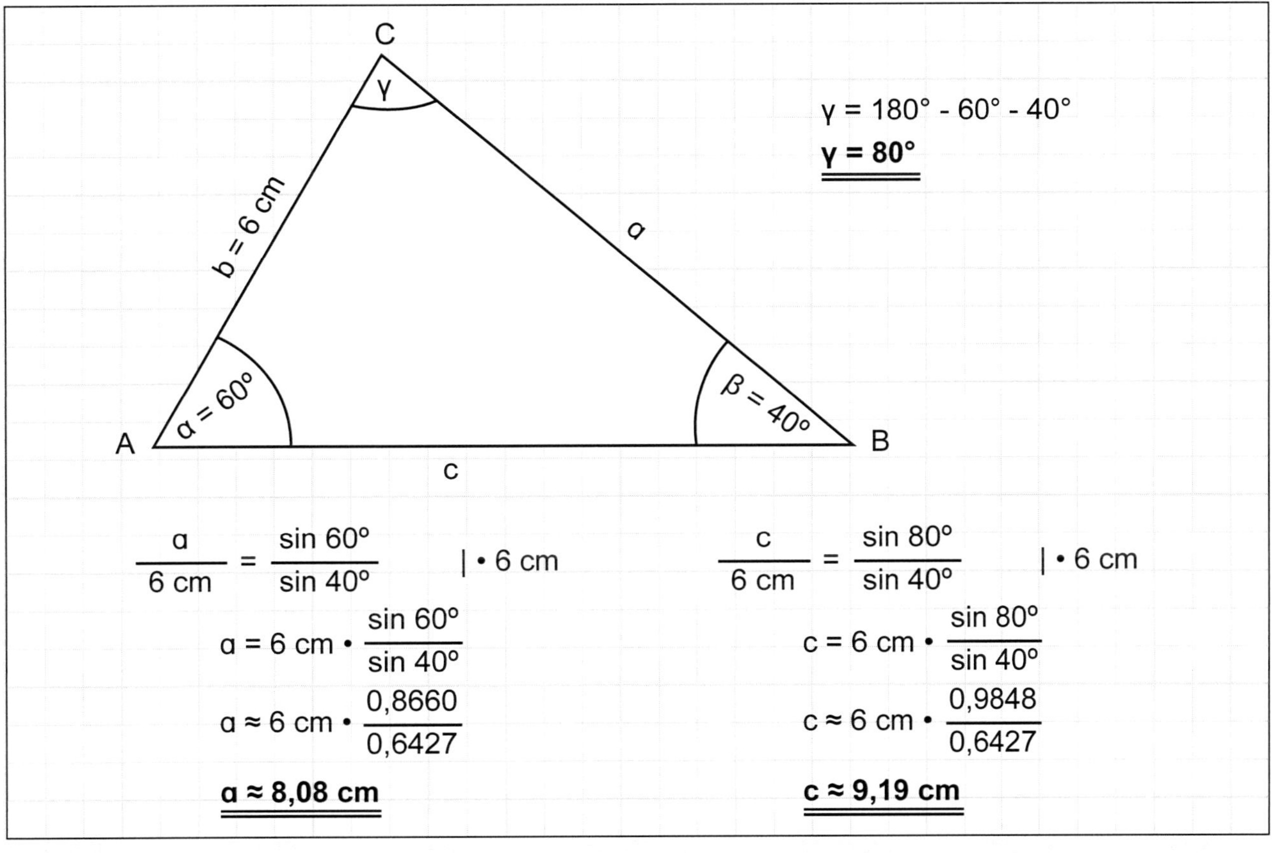

$\gamma = 180° - 60° - 40°$

$\underline{\underline{\gamma = 80°}}$

$$\frac{a}{6\text{ cm}} = \frac{\sin 60°}{\sin 40°} \quad |\cdot 6\text{ cm}$$

$$a = 6\text{ cm} \cdot \frac{\sin 60°}{\sin 40°}$$

$$a \approx 6\text{ cm} \cdot \frac{0{,}8660}{0{,}6427}$$

$$\underline{\underline{a \approx 8{,}08\text{ cm}}}$$

$$\frac{c}{6\text{ cm}} = \frac{\sin 80°}{\sin 40°} \quad |\cdot 6\text{ cm}$$

$$c = 6\text{ cm} \cdot \frac{\sin 80°}{\sin 40°}$$

$$c \approx 6\text{ cm} \cdot \frac{0{,}9848}{0{,}6427}$$

$$\underline{\underline{c \approx 9{,}19\text{ cm}}}$$

<u>Aufgabe 5</u>: *Berechne die Länge der Seite c sowie die Größen der Winkel α und γ.*

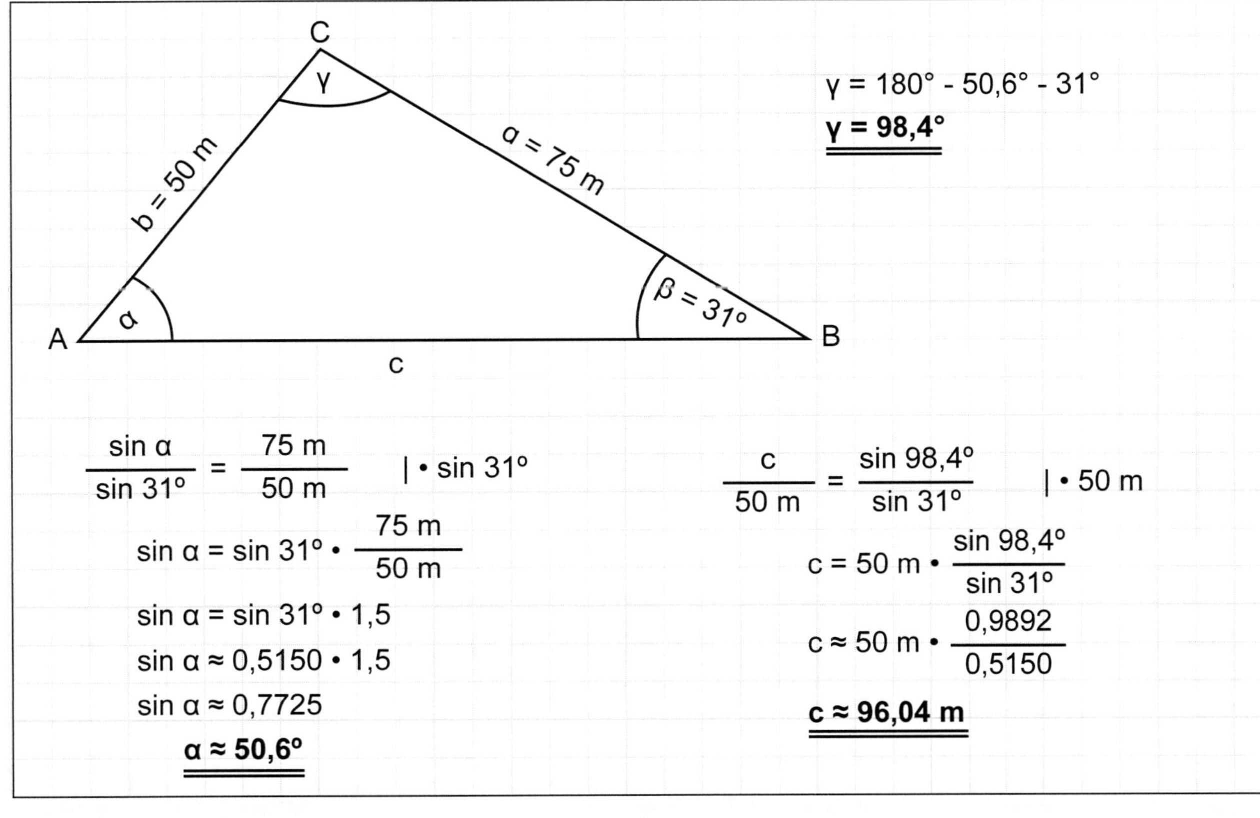

$\gamma = 180° - 50{,}6° - 31°$

$\underline{\underline{\gamma = 98{,}4°}}$

$$\frac{\sin \alpha}{\sin 31°} = \frac{75\text{ m}}{50\text{ m}} \quad |\cdot \sin 31°$$

$$\sin \alpha = \sin 31° \cdot \frac{75\text{ m}}{50\text{ m}}$$

$$\sin \alpha = \sin 31° \cdot 1{,}5$$

$$\sin \alpha \approx 0{,}5150 \cdot 1{,}5$$

$$\sin \alpha \approx 0{,}7725$$

$$\underline{\underline{\alpha \approx 50{,}6°}}$$

$$\frac{c}{50\text{ m}} = \frac{\sin 98{,}4°}{\sin 31°} \quad |\cdot 50\text{ m}$$

$$c = 50\text{ m} \cdot \frac{\sin 98{,}4°}{\sin 31°}$$

$$c \approx 50\text{ m} \cdot \frac{0{,}9892}{0{,}5150}$$

$$\underline{\underline{c \approx 96{,}04\text{ m}}}$$

KOHL VERLAG
Grundbildung Trigonometrie
Aus der Schulpraxis für die Schulpraxis - Bestell-Nr. 12 117

VIII. Der Sinussatz & der Kosinussatz

3. Arbeit/Test zum Thema: Trigonometrie bei beliebigen Dreiecken

Name ____________________

Datum ____________________

Aufgabe 6: *Ergänze die fehlenden Wörter im nachfolgenden Text:*

In jedem ______________ Dreieck ist das ______________ über einer Seite genauso groß wie die ______________ der ______________ über den beiden anderen Seiten ______________ um das doppelte ______________ aus diesen zwei Seiten und dem ______________ des eingeschlossenen ______________.

Aufgabe 7: *Schreibe die 3 Gleichungen des Kosinussatzes auf, die für das angegebene Dreieck gelten.*

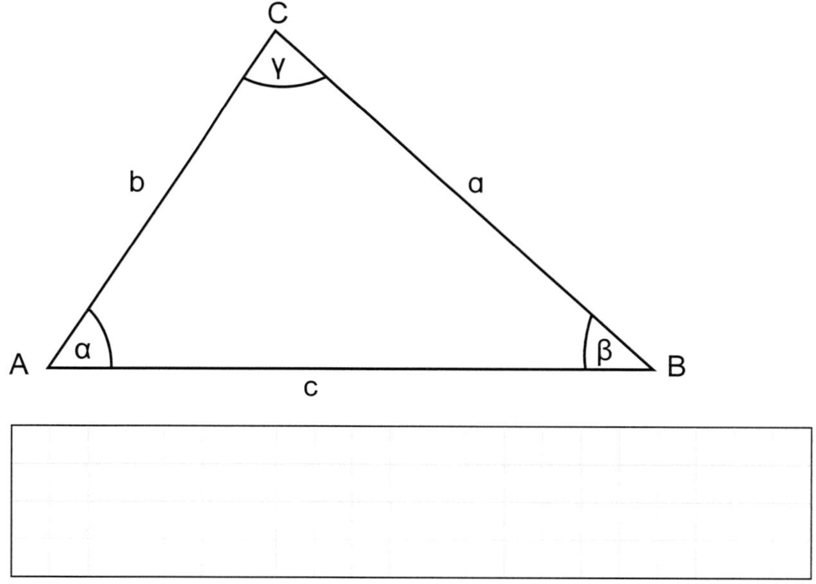

Aufgabe 8: *Welche Voraussetzungen müssen gegeben sein, um den Kosinussatz anwenden zu können?*

____

____

____

____

____

KOHL VERLAG Grundbildung Trigonometrie – Aus der Schulpraxis für die Schulpraxis - Bestell-Nr. 12 117

VIII. Der Sinussatz & der Kosinussatz

3. **Arbeit/Test zum Thema: Trigonometrie bei beliebigen Dreiecken** – Lösungen

Name ______________________

Datum ______________________

Aufgabe 6: *Ergänze die fehlenden Wörter im nachfolgenden Text:*

In jedem **beliebigen** Dreieck ist das **Quadrat** über einer Seite genauso groß wie die **Summe** der **Quadrate** über den beiden anderen Seiten **vermindert** um das doppelte **Produkt** aus diesen zwei Seiten und dem **Kosinus** des eingeschlossenen **Winkels**.

Aufgabe 7: *Schreibe die 3 Gleichungen des Kosinussatzes auf, die für das angegebene Dreieck gelten.*

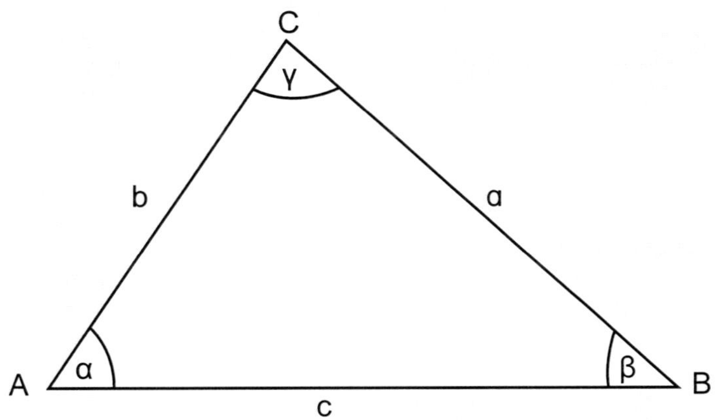

$$a^2 = b^2 + c^2 - 2 \cdot b \cdot c \cdot \cos \alpha$$
$$b^2 = a^2 + c^2 - 2 \cdot a \cdot c \cdot \cos \beta$$
$$c^2 = a^2 + b^2 - 2 \cdot a \cdot b \cdot \cos \gamma$$

Aufgabe 8: *Welche Voraussetzungen müssen gegeben sein, um den Kosinussatz anwenden zu können?*

Der Kosinussatz lässt sich anwenden, wenn im Dreieck gegeben sind:

Zwei Winkelgrößen und die von diesen beiden Winkeln eingeschlossene Seitenlänge

oder

3 Seitenlängen.

Grundbildung Trigonometrie
Aus der Schulpraxis für die Schulpraxis - Bestell-Nr. 12 117

VIII. Der Sinussatz & der Kosinussatz

3. Arbeit/Test zum Thema: Trigonometrie bei beliebigen Dreiecken

Name ____________________

Datum ____________________

Aufgabe 9: *Berechne die Länge der Seite c sowie die Größen der Winkel α und β.*

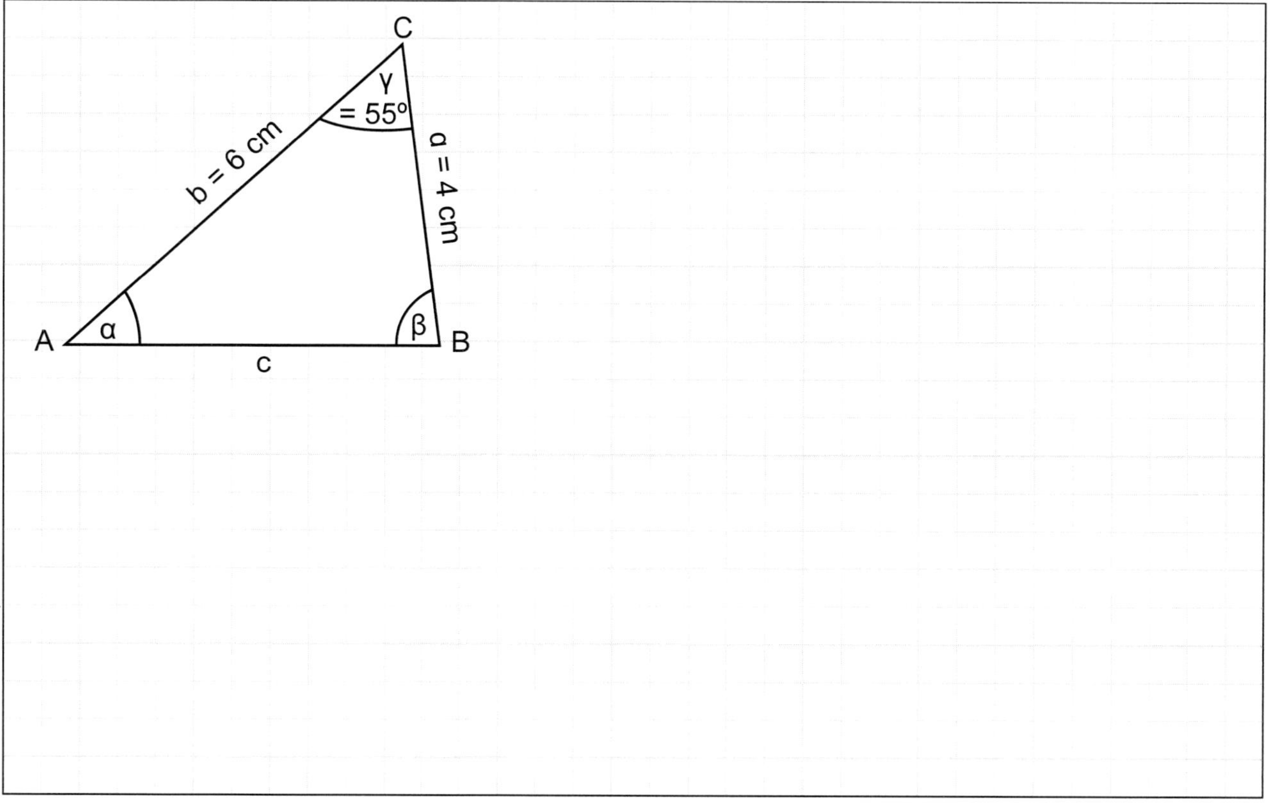

Aufgabe 10: *Berechne die Größen der Winkel α, β und γ.*

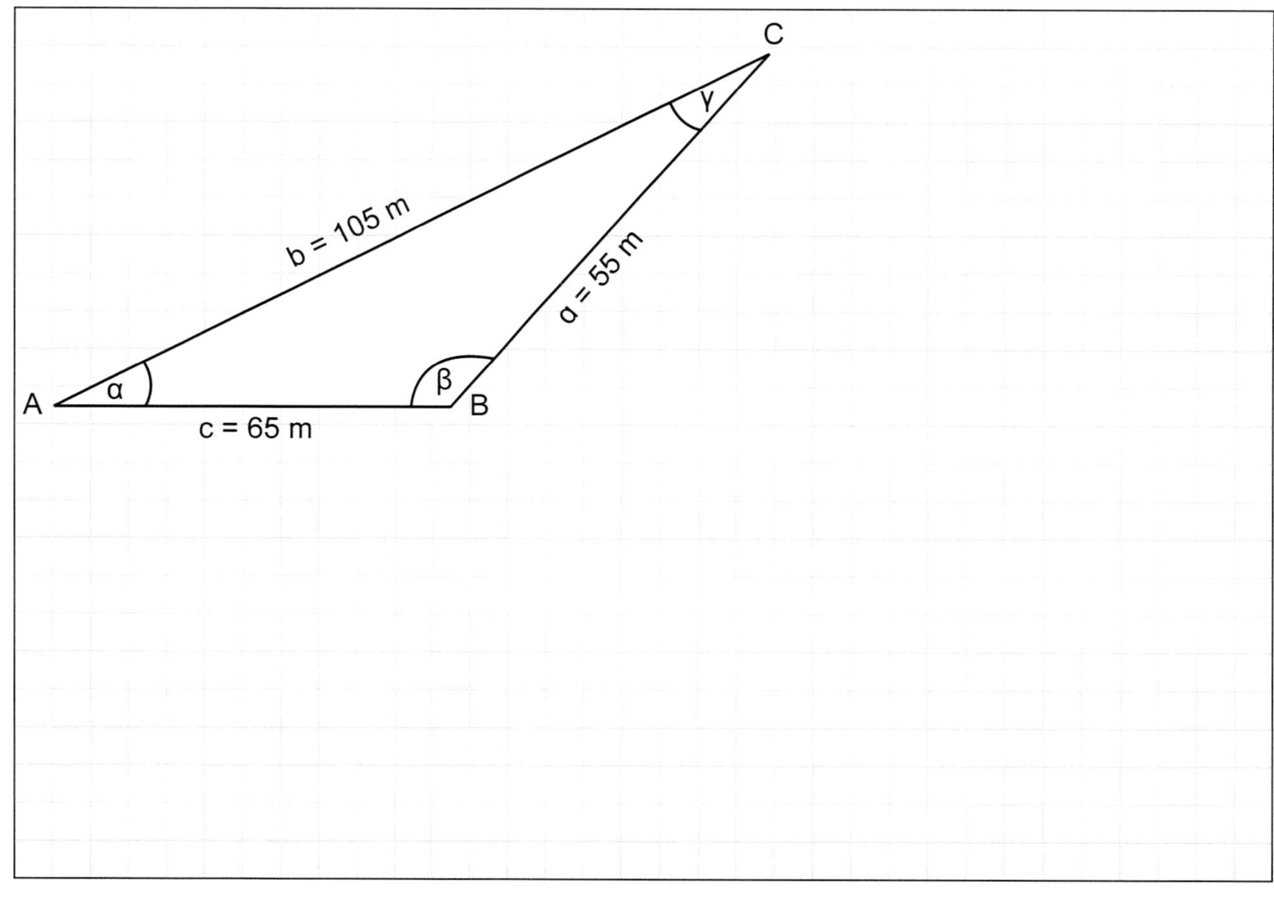

KOHL VERLAG Grundbildung Trigonometrie
Aus der Schulpraxis für die Schulpraxis - Bestell-Nr. 12 117

VIII. Der Sinussatz & der Kosinussatz

3. Arbeit/Test zum Thema: Trigonometrie bei beliebigen Dreiecken – Lösungen

Name ______________________

Datum ______________________

Aufgabe 9: *Berechne die Länge der Seite c sowie die Größen der Winkel α und β.*

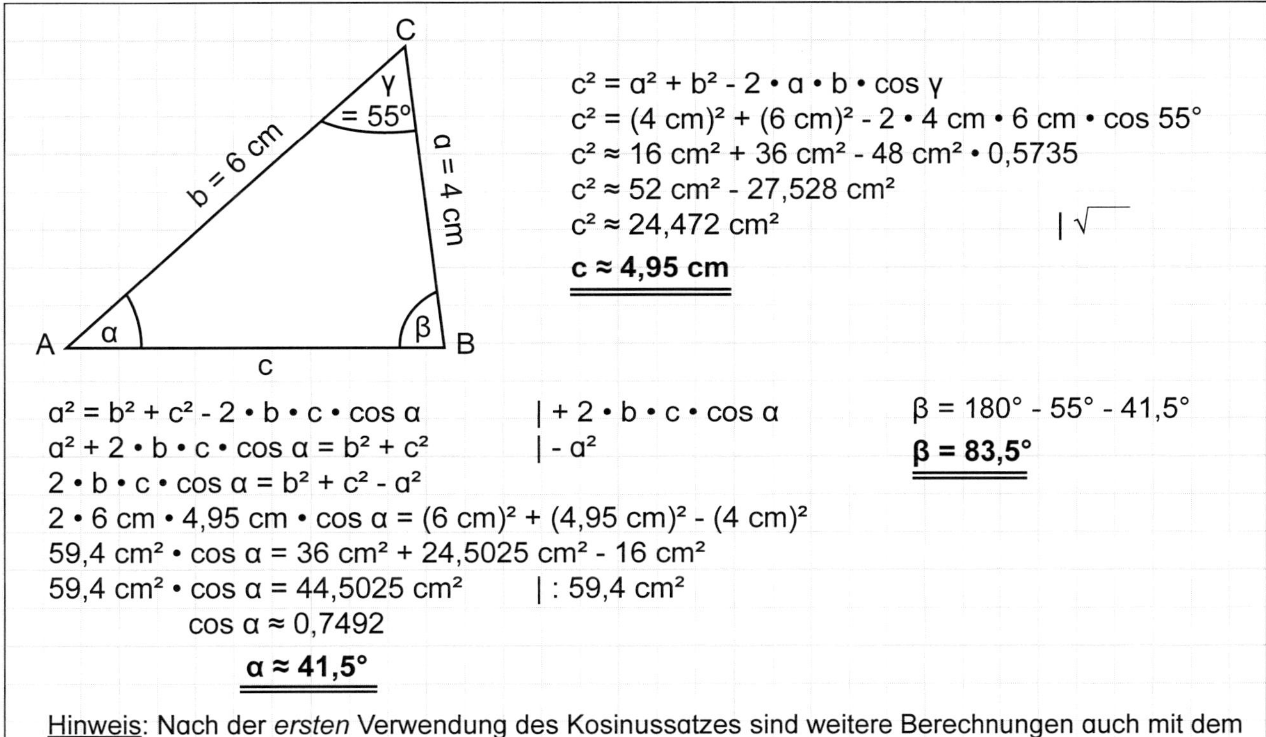

$c^2 = a^2 + b^2 - 2 \cdot a \cdot b \cdot \cos \gamma$

$c^2 = (4\text{ cm})^2 + (6\text{ cm})^2 - 2 \cdot 4\text{ cm} \cdot 6\text{ cm} \cdot \cos 55°$

$c^2 \approx 16\text{ cm}^2 + 36\text{ cm}^2 - 48\text{ cm}^2 \cdot 0{,}5735$

$c^2 \approx 52\text{ cm}^2 - 27{,}528\text{ cm}^2$

$c^2 \approx 24{,}472\text{ cm}^2 \quad | \sqrt{\;}$

$\mathbf{c \approx 4{,}95\text{ cm}}$

$a^2 = b^2 + c^2 - 2 \cdot b \cdot c \cdot \cos \alpha \quad | + 2 \cdot b \cdot c \cdot \cos \alpha$

$a^2 + 2 \cdot b \cdot c \cdot \cos \alpha = b^2 + c^2 \quad | - a^2$

$2 \cdot b \cdot c \cdot \cos \alpha = b^2 + c^2 - a^2$

$2 \cdot 6\text{ cm} \cdot 4{,}95\text{ cm} \cdot \cos \alpha = (6\text{ cm})^2 + (4{,}95\text{ cm})^2 - (4\text{ cm})^2$

$59{,}4\text{ cm}^2 \cdot \cos \alpha = 36\text{ cm}^2 + 24{,}5025\text{ cm}^2 - 16\text{ cm}^2$

$59{,}4\text{ cm}^2 \cdot \cos \alpha = 44{,}5025\text{ cm}^2 \quad | : 59{,}4\text{ cm}^2$

$\cos \alpha \approx 0{,}7492$

$\mathbf{\alpha \approx 41{,}5°}$

$\beta = 180° - 55° - 41{,}5°$

$\mathbf{\beta = 83{,}5°}$

Hinweis: Nach der *ersten* Verwendung des Kosinussatzes sind weitere Berechnungen auch mit dem Sinussatz möglich.

Aufgabe 10: *Berechne die Größen der Winkel α, β und γ.*

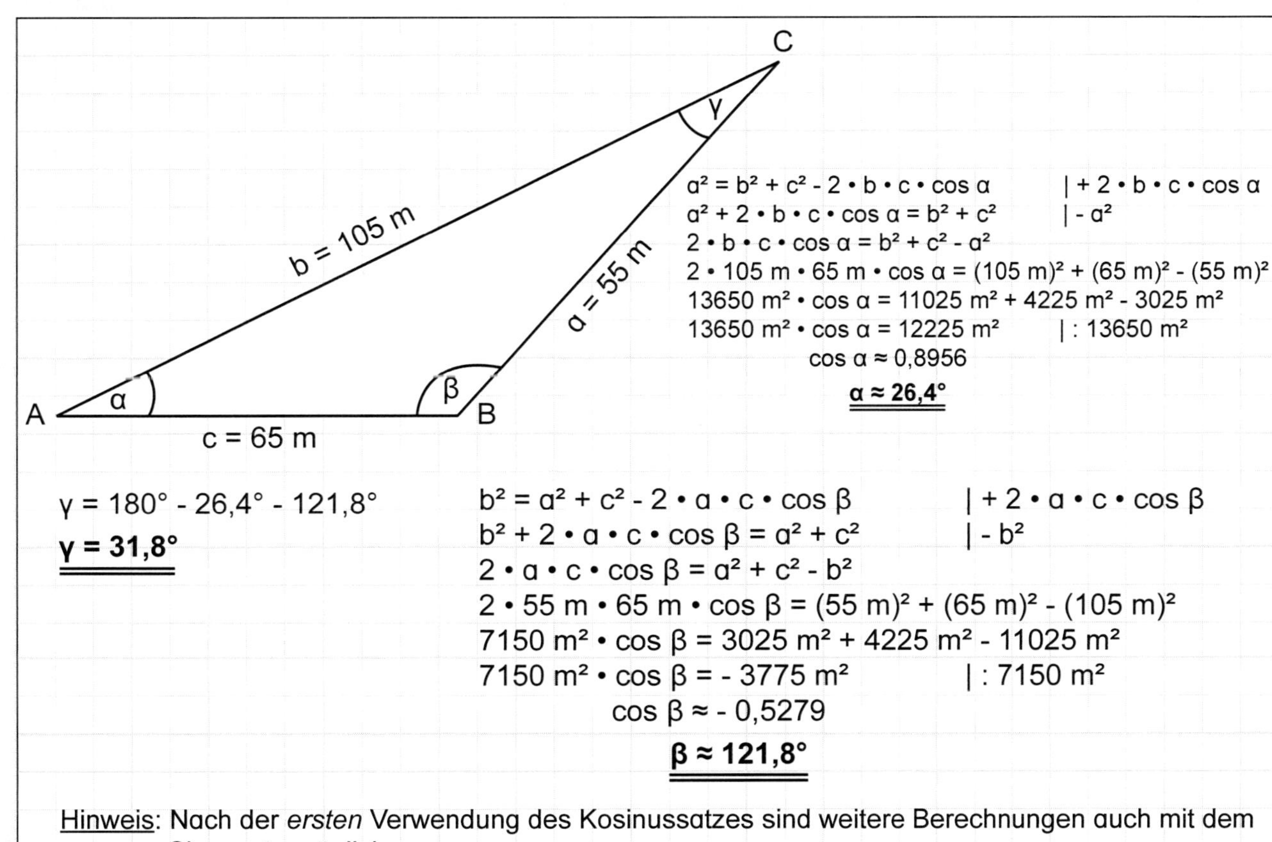

$a^2 = b^2 + c^2 - 2 \cdot b \cdot c \cdot \cos \alpha \quad | + 2 \cdot b \cdot c \cdot \cos \alpha$

$a^2 + 2 \cdot b \cdot c \cdot \cos \alpha = b^2 + c^2 \quad | - a^2$

$2 \cdot b \cdot c \cdot \cos \alpha = b^2 + c^2 - a^2$

$2 \cdot 105\text{ m} \cdot 65\text{ m} \cdot \cos \alpha = (105\text{ m})^2 + (65\text{ m})^2 - (55\text{ m})^2$

$13650\text{ m}^2 \cdot \cos \alpha = 11025\text{ m}^2 + 4225\text{ m}^2 - 3025\text{ m}^2$

$13650\text{ m}^2 \cdot \cos \alpha = 12225\text{ m}^2 \quad | : 13650\text{ m}^2$

$\cos \alpha \approx 0{,}8956$

$\mathbf{\alpha \approx 26{,}4°}$

$\gamma = 180° - 26{,}4° - 121{,}8°$

$\mathbf{\gamma = 31{,}8°}$

$b^2 = a^2 + c^2 - 2 \cdot a \cdot c \cdot \cos \beta \quad | + 2 \cdot a \cdot c \cdot \cos \beta$

$b^2 + 2 \cdot a \cdot c \cdot \cos \beta = a^2 + c^2 \quad | - b^2$

$2 \cdot a \cdot c \cdot \cos \beta = a^2 + c^2 - b^2$

$2 \cdot 55\text{ m} \cdot 65\text{ m} \cdot \cos \beta = (55\text{ m})^2 + (65\text{ m})^2 - (105\text{ m})^2$

$7150\text{ m}^2 \cdot \cos \beta = 3025\text{ m}^2 + 4225\text{ m}^2 - 11025\text{ m}^2$

$7150\text{ m}^2 \cdot \cos \beta = -3775\text{ m}^2 \quad | : 7150\text{ m}^2$

$\cos \beta \approx -0{,}5279$

$\mathbf{\beta \approx 121{,}8°}$

Hinweis: Nach der *ersten* Verwendung des Kosinussatzes sind weitere Berechnungen auch mit dem Sinussatz möglich.

Grundbildung Trigonometrie
Aus der Schulpraxis für die Schulpraxis - Bestell-Nr. 12 117
KOHL VERLAG

VIII. Der Sinussatz & der Kosinussatz

3. Arbeit/Test zum Thema: Trigonometrie bei beliebigen Dreiecken

Name ______________________

Datum ______________________

Aufgabe 11: *Ein Schiff ist 14 km von einem Leuchtturm entfernt und peilt diesen unter dem Winkel 25° an. Das Schiff fährt geradeaus weiter und peilt später den Leuchtturm unter dem Winkel 60° an. Berechne, wie weit das Schiff bei der 2. Peilung vom Leuchtturm entfernt ist.*

Aufgabe 12: *Senkrecht von oben aus der Luft gesehen bilden 3 Kirchen die Eckpunkte eines Dreiecks. Die Kirche A steht 12 km von der Kirche B und 15 km von der Kirche C entfernt. Die Entfernung zwischen den Kirchen B und C beträgt 18 km. Berechne, in welchen Winkelgrößen die 3 Kirchen zueinander stehen.*

KOHL VERLAG Grundbildung Trigonometrie Aus der Schulpraxis für die Schulpraxis - Bestell-Nr. 12 117

VIII. Der Sinussatz & der Kosinussatz

3. Arbeit/Test zum Thema: Trigonometrie bei beliebigen Dreiecken – Lösungen

Name ______________________

Datum ______________________

Aufgabe 11: *Ein Schiff ist 14 km von einem Leuchtturm entfernt und peilt diesen unter dem Winkel 25° an. Das Schiff fährt geradeaus weiter und peilt später den Leuchtturm unter dem Winkel 60° an. Berechne, wie weit das Schiff bei der 2. Peilung vom Leuchtturm entfernt ist.*

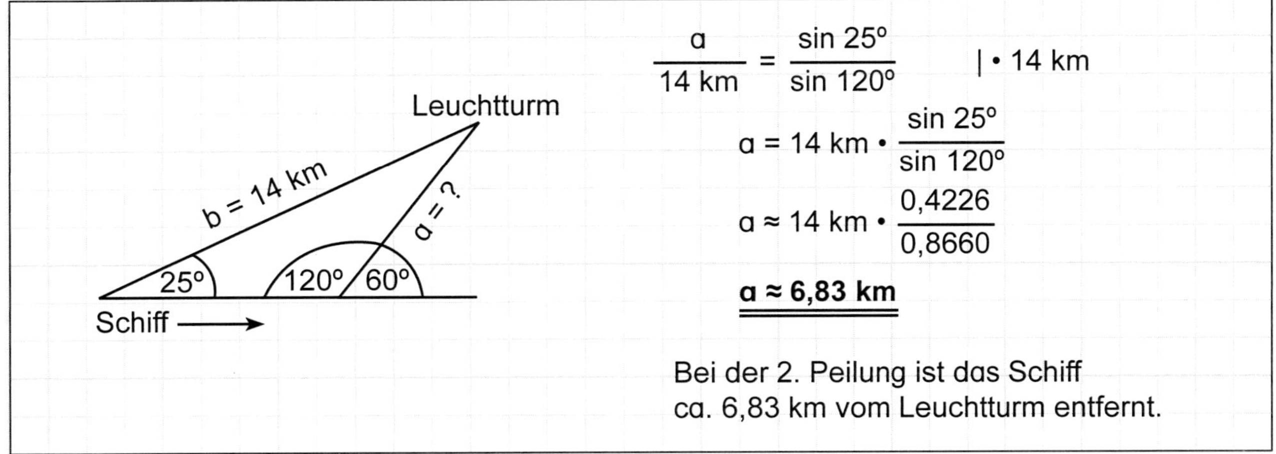

$$\frac{a}{14\text{ km}} = \frac{\sin 25°}{\sin 120°} \qquad | \cdot 14\text{ km}$$

$$a = 14\text{ km} \cdot \frac{\sin 25°}{\sin 120°}$$

$$a \approx 14\text{ km} \cdot \frac{0{,}4226}{0{,}8660}$$

$$\mathbf{a \approx 6{,}83\text{ km}}$$

Bei der 2. Peilung ist das Schiff ca. 6,83 km vom Leuchtturm entfernt.

Aufgabe 12: *Senkrecht von oben aus der Luft gesehen bilden 3 Kirchen die Eckpunkte eines Dreiecks. Die Kirche A steht 12 km von der Kirche B und 15 km von der Kirche C entfernt. Die Entfernung zwischen den Kirchen B und C beträgt 18 km. Berechne, in welchen Winkelgrößen die 3 Kirchen zueinander stehen.*

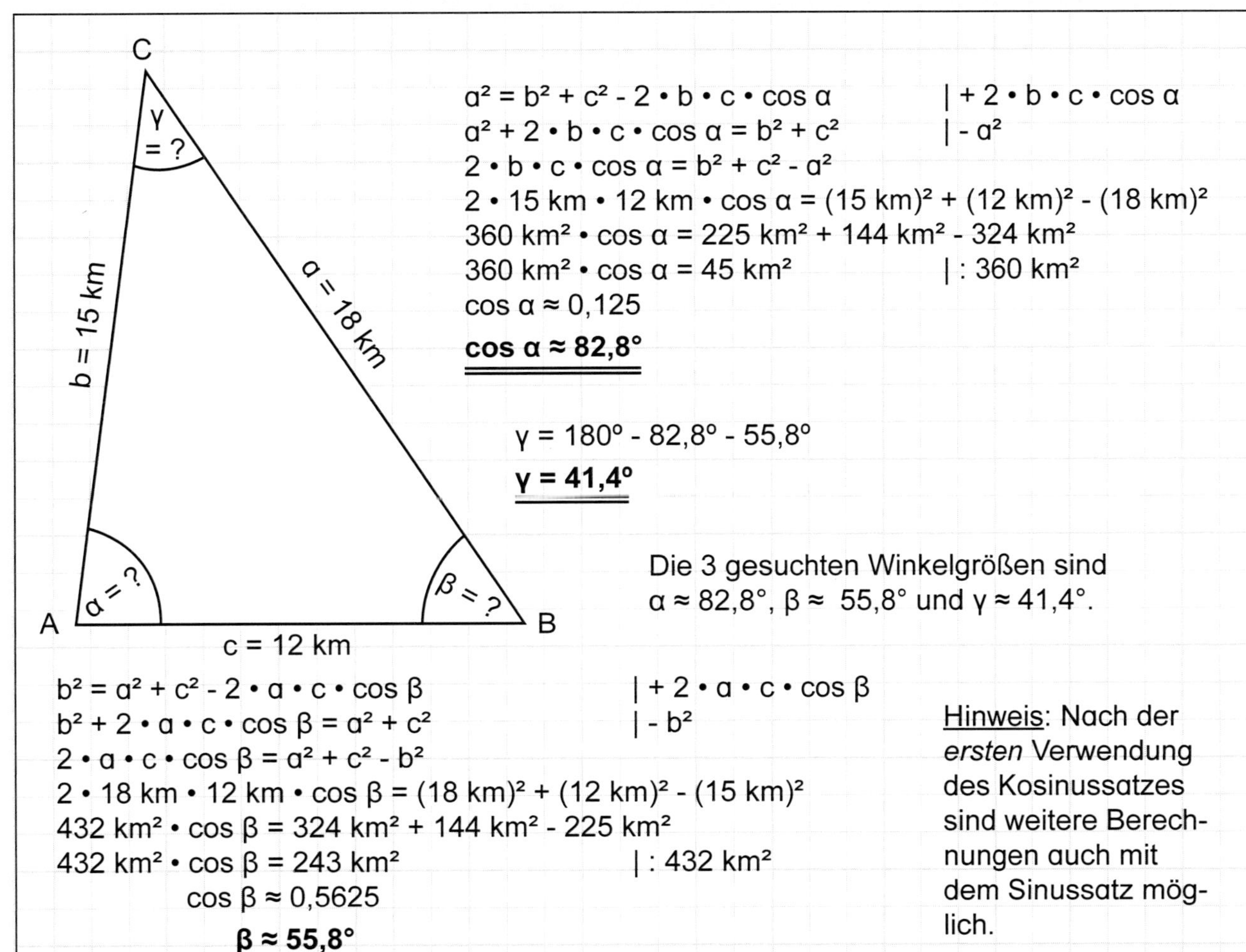

$$a^2 = b^2 + c^2 - 2 \cdot b \cdot c \cdot \cos\alpha \qquad | + 2 \cdot b \cdot c \cdot \cos\alpha$$

$$a^2 + 2 \cdot b \cdot c \cdot \cos\alpha = b^2 + c^2 \qquad | - a^2$$

$$2 \cdot b \cdot c \cdot \cos\alpha = b^2 + c^2 - a^2$$

$$2 \cdot 15\text{ km} \cdot 12\text{ km} \cdot \cos\alpha = (15\text{ km})^2 + (12\text{ km})^2 - (18\text{ km})^2$$

$$360\text{ km}^2 \cdot \cos\alpha = 225\text{ km}^2 + 144\text{ km}^2 - 324\text{ km}^2$$

$$360\text{ km}^2 \cdot \cos\alpha = 45\text{ km}^2 \qquad | : 360\text{ km}^2$$

$$\cos\alpha \approx 0{,}125$$

$$\mathbf{\cos\alpha \approx 82{,}8°}$$

$$\gamma = 180° - 82{,}8° - 55{,}8°$$

$$\mathbf{\gamma = 41{,}4°}$$

Die 3 gesuchten Winkelgrößen sind $\alpha \approx 82{,}8°$, $\beta \approx 55{,}8°$ und $\gamma \approx 41{,}4°$.

$$b^2 = a^2 + c^2 - 2 \cdot a \cdot c \cdot \cos\beta \qquad | + 2 \cdot a \cdot c \cdot \cos\beta$$

$$b^2 + 2 \cdot a \cdot c \cdot \cos\beta = a^2 + c^2 \qquad | - b^2$$

$$2 \cdot a \cdot c \cdot \cos\beta = a^2 + c^2 - b^2$$

$$2 \cdot 18\text{ km} \cdot 12\text{ km} \cdot \cos\beta = (18\text{ km})^2 + (12\text{ km})^2 - (15\text{ km})^2$$

$$432\text{ km}^2 \cdot \cos\beta = 324\text{ km}^2 + 144\text{ km}^2 - 225\text{ km}^2$$

$$432\text{ km}^2 \cdot \cos\beta = 243\text{ km}^2 \qquad | : 432\text{ km}^2$$

$$\cos\beta \approx 0{,}5625$$

$$\mathbf{\beta \approx 55{,}8°}$$

Hinweis: Nach der *ersten* Verwendung des Kosinussatzes sind weitere Berechnungen auch mit dem Sinussatz möglich.

Grundbildung Trigonometrie
Aus der Schulpraxis für die Schulpraxis - Bestell-Nr. 12 117
KOHL VERLAG

VIII. Der Sinussatz & der Kosinussatz

3. Arbeit/Test zum Thema: Trigonometrie bei beliebigen Dreiecken

Name ____________________

Datum ____________________

Aufgabe 13: *Um eine dreieckige Fläche soll ein Zaun errichtet werden. Berechne die Gesamtlänge des Zaunes, wenn die eine Seite des Zaunes 45 Meter lang ist, eine weitere Seite 55 Meter lang ist und der von diesen beiden Seiten eingeschlossene Winkel 50° Ist.*

Aufgabe 14: *Vom Endpunkt A einer geraden Straße zweigt ein ebenfalls gerader, 1200 Meter langer Weg im Winkel von 45° zu einem Teich ab. Vom Endpunkt B der Straße führt ein anderer gerader Weg unter dem Winkel von 35° zum Teich. Berechne die Länge der Straße vom Endpunkt A zum Endpunkt B sowie die Länge des Weges vom Endpunkt B zum Teich.*

KOHL VERLAG Grundbildung Trigonometrie
Aus der Schulpraxis für die Schulpraxis - Bestell-Nr. 12 117

VIII. Der Sinussatz & der Kosinussatz

3. <u>Arbeit/Test zum Thema</u>: <u>Trigonometrie bei beliebigen Dreiecken</u> – Lösungen

Name ______________________

Datum ______________________

<u>Aufgabe 13</u>: *Um eine dreieckige Fläche soll ein Zaun errichtet werden. Berechne die Gesamtlänge des Zaunes, wenn die eine Seite des Zaunes 45 Meter lang ist, eine weitere Seite 55 Meter lang ist und der von diesen beiden Seiten eingeschlossene Winkel 50° Ist.*

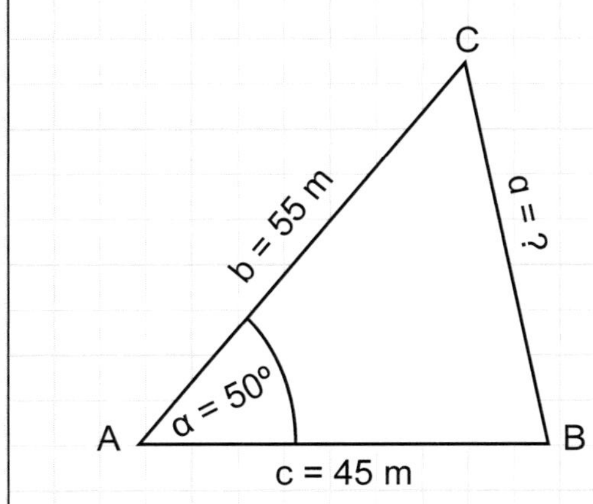

$a^2 = b^2 + c^2 - 2 \cdot b \cdot c \cdot \cos \alpha$

$a^2 = (55\text{ m})^2 + (45\text{ m})^2 - 2 \cdot 55\text{ m} \cdot 45\text{ m} \cdot \cos 50°$

$a^2 = 3025\text{ m}^2 + 2025\text{ m}^2 - 4950\text{ m}^2 \cdot 0{,}6427$

$a^2 = 5050\text{ m}^2 - 3181{,}365\text{ m}^2$

$a^2 \approx 1868{,}635\text{ m}^2 \quad | \sqrt{}$

$\underline{\underline{\mathbf{a \approx 43{,}23\text{ m}}}}$

Gesamtlänge des Zaunes:
45 m + 55 m + 43,23 m = 143,23 m

Der Zaun ist insgesamt 143,23 Meter lang.

<u>Aufgabe 14</u>: *Vom Endpunkt A einer geraden Straße zweigt ein ebenfalls gerader, 1200 Meter langer Weg im Winkel von 45° zu einem Teich ab. Vom Endpunkt B der Straße führt ein anderer gerader Weg unter dem Winkel von 35° zum Teich. Berechne die Länge der Straße vom Endpunkt A zum Endpunkt B sowie die Länge des Weges vom Endpunkt B zum Teich.*

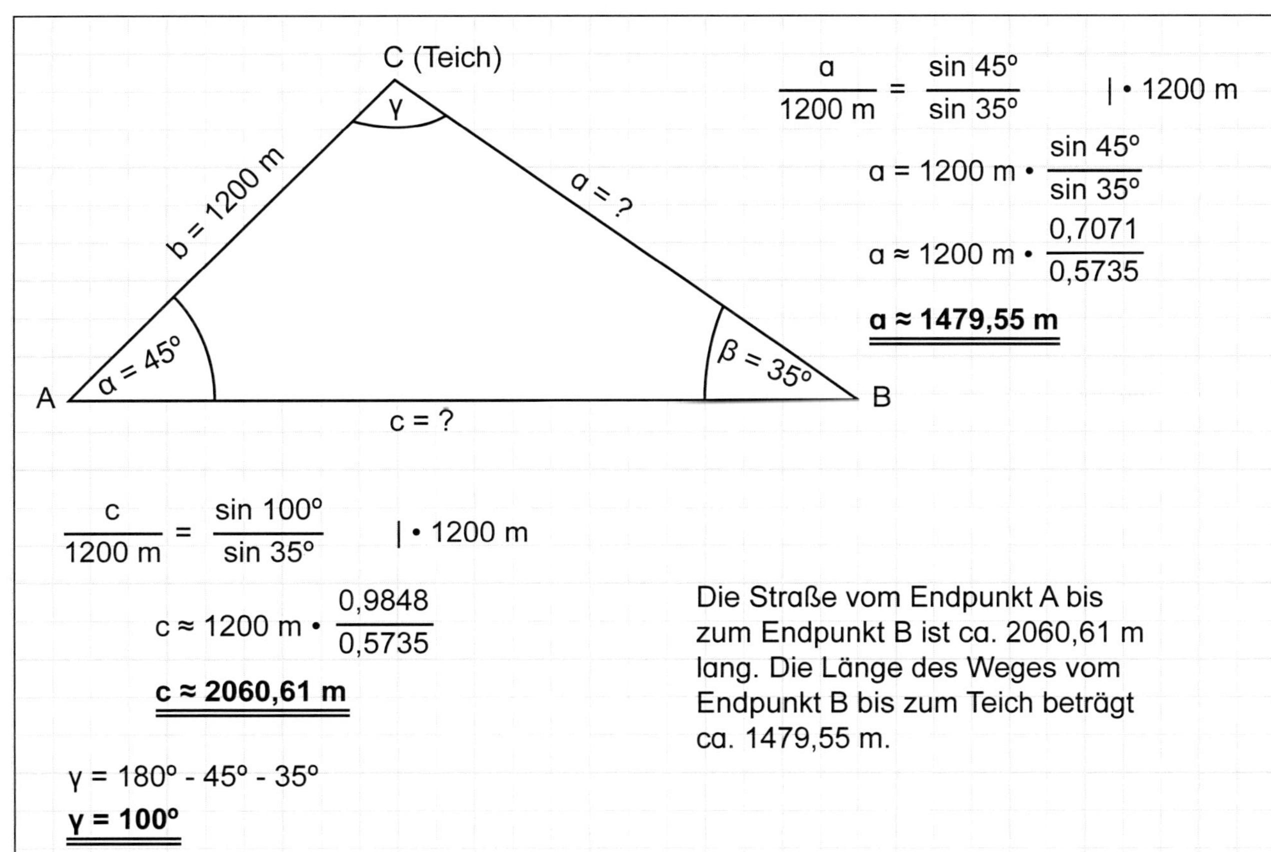

$\frac{a}{1200\text{ m}} = \frac{\sin 45°}{\sin 35°} \quad | \cdot 1200\text{ m}$

$a = 1200\text{ m} \cdot \frac{\sin 45°}{\sin 35°}$

$a \approx 1200\text{ m} \cdot \frac{0{,}7071}{0{,}5735}$

$\underline{\underline{\mathbf{a \approx 1479{,}55\text{ m}}}}$

$\frac{c}{1200\text{ m}} = \frac{\sin 100°}{\sin 35°} \quad | \cdot 1200\text{ m}$

$c \approx 1200\text{ m} \cdot \frac{0{,}9848}{0{,}5735}$

$\underline{\underline{\mathbf{c \approx 2060{,}61\text{ m}}}}$

$\gamma = 180° - 45° - 35°$

$\underline{\underline{\mathbf{\gamma = 100°}}}$

Die Straße vom Endpunkt A bis zum Endpunkt B ist ca. 2060,61 m lang. Die Länge des Weges vom Endpunkt B bis zum Teich beträgt ca. 1479,55 m.

Grundbildung Trigonometrie
Aus der Schulpraxis für die Schulpraxis - Bestell-Nr. 12 117
KOHL VERLAG

VIX. Was kannst du?

Kreuze an, was du kannst!

- ☐ • ...die Eckpunkte, Seiten und Winkel von **Dreiecken** bezeichnen.
- ☐ • ...verschiedene Arten von Dreiecken gemäß ihrer Winkel unterscheiden.
- ☐ • ...bei rechtwinkligen Dreiecken die Hypotenuse und die Katheten benennen.
- ☐ • ...den Inhalt des **Satzes des Pythagoras** nennen.
- ☐ • ...den Satz des Pythagoras anwenden.
- ☐ • ...den Winkelsummensatz für Dreiecke benutzen

- ☐ • ...sagen, was bei rechtwinkligen Dreiecken mit dem **Sinuswert** gemeint ist.
- ☐ • ...Sinuswerte für Winkelgrößen von 0° bis 90° zeichnerisch darstellen.
- ☐ • ...angeben, in welchem Zahlenbereich die Sinuswerte für Winkelgrößen von 0° bis 90° liegen.
- ☐ • ...trigonometrische Berechnungen zum Sinus in rechtwinkligen Dreiecken durchführen, dabei Seitenlängen und Winkelgrößen bestimmen können.
- ☐ • ...Textaufgaben zum Sinus in rechtwinkligen Dreiecken lösen.

- ☐ • ...sagen, was bei rechtwinkligen Dreiecken mit dem **Kosinuswert** gemeint ist.
- ☐ • ...Kosinuswerte für Winkelgrößen von 0° bis 90° zeichnerisch darstellen.
- ☐ • ...angeben, in welchem Zahlenbereich die Kosinuswerte für Winkelgrößen von 0° bis 90° liegen.
- ☐ • ...trigonometrische Berechnungen zum Kosinus in rechtwinkligen Dreiecken durchführen, dabei Seitenlängen und Winkelgrößen bestimmen können.
- ☐ • ...Textaufgaben zum Kosinus in rechtwinkligen Dreiecken lösen.

- ☐ • ...sagen, was bei rechtwinkligen Dreiecken mit dem **Tangeswert** gemeint ist.
- ☐ • ...Tangenswerte für Winkelgrößen von 0° bis < 90° zeichnerisch darstellen
- ☐ • ...angeben, in welchem Zahlenbereich die Tangenswerte für Winkelgrößen von 0° bis < 90° liegen.
- ☐ • ...trigonometrische Berechnungen zum Tangens in rechtwinkligen Dreiecken durchführen, dabei Seitenlängen und Winkelgrößen bestimmen können.
- ☐ • ...Textaufgaben zum Tangens in rechtwinkligen Dreiecken lösen.

- ☐ • ...bei trigonometrischen Berechnungen mit dem **Taschenrechner** umgehen.
- ☐ • ...Textaufgaben lösen, in denen es um den Sinus, Kosinus oder Tanges in rechtwinkligen Dreiecken geht.

- ☐ • ...den **Sinussatz** nennen und erklären.
- ☐ • ...den Sinussatz beweisen.
- ☐ • ...anführen, unter welchen Voraussetzungen der Sinussatz anwendbar ist.
- ☐ • ...die Sinuswerte für Winkelgrößen von 0° bis 180° zeichnerisch darstellen.
- ☐ • ...angeben, in welchem Zahlenbereich die Sinuswerte für Winkelgrößen von 0° bis 180° liegen.
- ☐ • ...den Sinussatz anwenden.
- ☐ • ...Textaufgaben zum Sinussatz lösen.

- ☐ • ...den **Kosinussatz** nennen und erklären.
- ☐ • ...den Kosinussatz beweisen.
- ☐ • ...anführen, unter welchen Voraussetzungen der Kosinussatz anwendbar ist.
- ☐ • ...die Kosinuswerte für Winkelgrößen von 0° bis 180° zeichnerisch darstellen.
- ☐ • ...angeben, in welchem Zahlenbereich die Kosinuswerte für Winkelgrößen von 0° bis 180° liegen.
- ☐ • ...den Kosinussatz anwenden.
- ☐ • ...Textaufgaben zum Kosinussatz lösen.

KOHL VERLAG Grundbildung Trigonometrie - Bestell-Nr. 12 117
Aus der Schulpraxis für die Schulpraxis